수학 좀 한다면

디딤돌 초등수학 원리 2-2

펴낸날 [초판 1쇄] 2024년 4월 9일 | **펴낸이** 이기열 | **펴낸곳** (주)디딤돌 교육 | **주소** (03972) 서울특별시 마포구 월드컵북로 122 청원선와이즈타워 | **대표전화** 02-3142-9000 | **구입문의** 02-322-8451 | **내용문의** 02-323-9166 | **팩시밀리** 02-338-3231 | **홈페이지** www.didimdol.co.kr | **등록번호** 제10-718호 | 구입한 후에는 철회되지 않으며 잘못 인쇄된 책은 바꾸어 드립니다.

내 실력에 딱!
최상위로 가는 '맞춤 학습 플랜'

STEP 1 On-line

나에게 맞는 공부법은?
맞춤 학습 가이드를 만나요.

교재 선택부터 공부법까지! 디딤돌에서 제공하는 시기별 맞춤 학습 가이드를 통해 아이에게 맞는 학습 계획을 세워 주세요. (학습 가이드는 디딤돌 학부모카페 '맘이가'를 통해 상시 공지합니다. cafe.naver.com/didimdolmom)

STEP 2 Book

맞춤 학습 스케줄표
계획에 따라 공부해요.

교재에 첨부된 '맞춤 학습 스케줄표'에 맞춰 공부 목표를 달성합니다.

STEP 3 On-line

이럴 땐 이렇게!
'맞춤 Q&A'로 해결해요.

궁금하거나 모르는 문제가 있다면, '맘이가' 카페를 통해 질문을 남겨 주세요. 디딤돌 수학쌤 및 선배맘님들이 친절히 답변해 드립니다.

STEP 4 Book

다음에는 뭐 풀지?
다음 교재를 추천받아요.

학습 결과에 따라 후속 학습에 사용할 교재를 제시해 드립니다. (교재 마지막 페이지 수록)

★ 디딤돌 플래너 만나러 가기

디딤돌 초등수학 원리 2-2

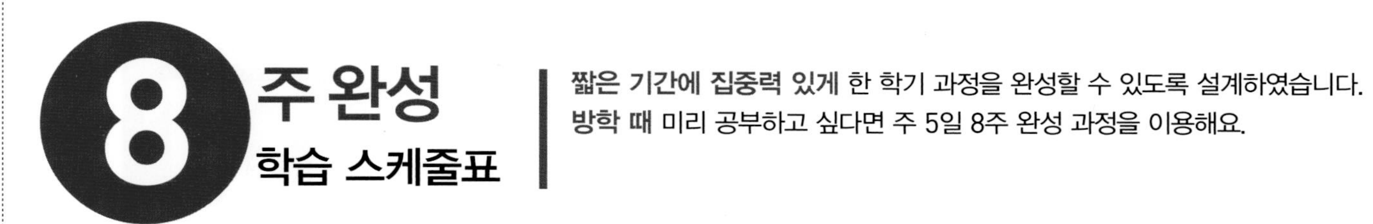

공부한 날짜를 쓰고 하루 분량 학습을 마친 후, 부모님께 확인 check ☑를 받으세요.

1 네 자리 수						
1주					2주	
☐	☐	☐	☐	☐	☐	☐
월 일	월 일	월 일	월 일	월 일	월 일	월 일
8~11쪽	12~15쪽	16~19쪽	20~23쪽	24~27쪽	28~29쪽	30~31쪽

					3 길이 재기	
3주					4주	
☐	☐	☐	☐	☐	☐	☐
월 일	월 일	월 일	월 일	월 일	월 일	월 일
46~51쪽	52~56쪽	57~61쪽	62~63쪽	64~65쪽	68~71쪽	72~75쪽

		4 시각과 시간				
5주					6주	
☐	☐	☐	☐	☐	☐	☐
월 일	월 일	월 일	월 일	월 일	월 일	월 일
86~87쪽	88~89쪽	92~95쪽	96~99쪽	100~103쪽	104~107쪽	108~111쪽

5 표와 그래프					6 규칙 찾기	
7주					8주	
☐	☐	☐	☐	☐	☐	☐
월 일	월 일	월 일	월 일	월 일	월 일	월 일
122~129쪽	130~133쪽	134~137쪽	138~139쪽	140~141쪽	144~151쪽	152~156쪽

MEMO

자르는 선 ✂

2 곱셈구구		
☐ 월 일 34~37쪽	☐ 월 일 38~41쪽	☐ 월 일 42~45쪽

☐ 월 일 76~79쪽	☐ 월 일 80~83쪽	☐ 월 일 84~85쪽

☐ 월 일 112~115쪽	☐ 월 일 116~117쪽	☐ 월 일 118~119쪽

☐ 월 일 157~161쪽	☐ 월 일 162~163쪽	☐ 월 일 164~165쪽

효과적인 수학 공부 비법

X 시켜서 억지로

O 내가 스스로

억지로 하는 일과 즐겁게 하는 일은 결과가 달라요.
목표를 가지고 스스로 즐기면 능률이 배가 돼요.

X 가끔 한꺼번에

O 매일매일 꾸준히

급하게 쌓은 실력은 무너지기 쉬워요.
조금씩이라도 매일매일 단단하게 실력을 쌓아가요.

X 정답을 몰래

O 개념을 꼼꼼히

모든 문제는 개념을 바탕으로 출제돼요.
쉽게 풀리지 않을 땐, 개념을 펼쳐 봐요.

X 채점하면 끝

O 틀린 문제는 다시

왜 틀렸는지 알아야 다시 틀리지 않겠죠?
틀린 문제와 어림짐작으로 맞힌 문제는
꼭 다시 풀어 봐요.

자르는 선

수학 좀 한다면 디딤돌

초등수학 원리

상위권을 향한 첫걸음

2-2

교과서의 핵심 개념을 한눈에 이해하고

교과서 개념

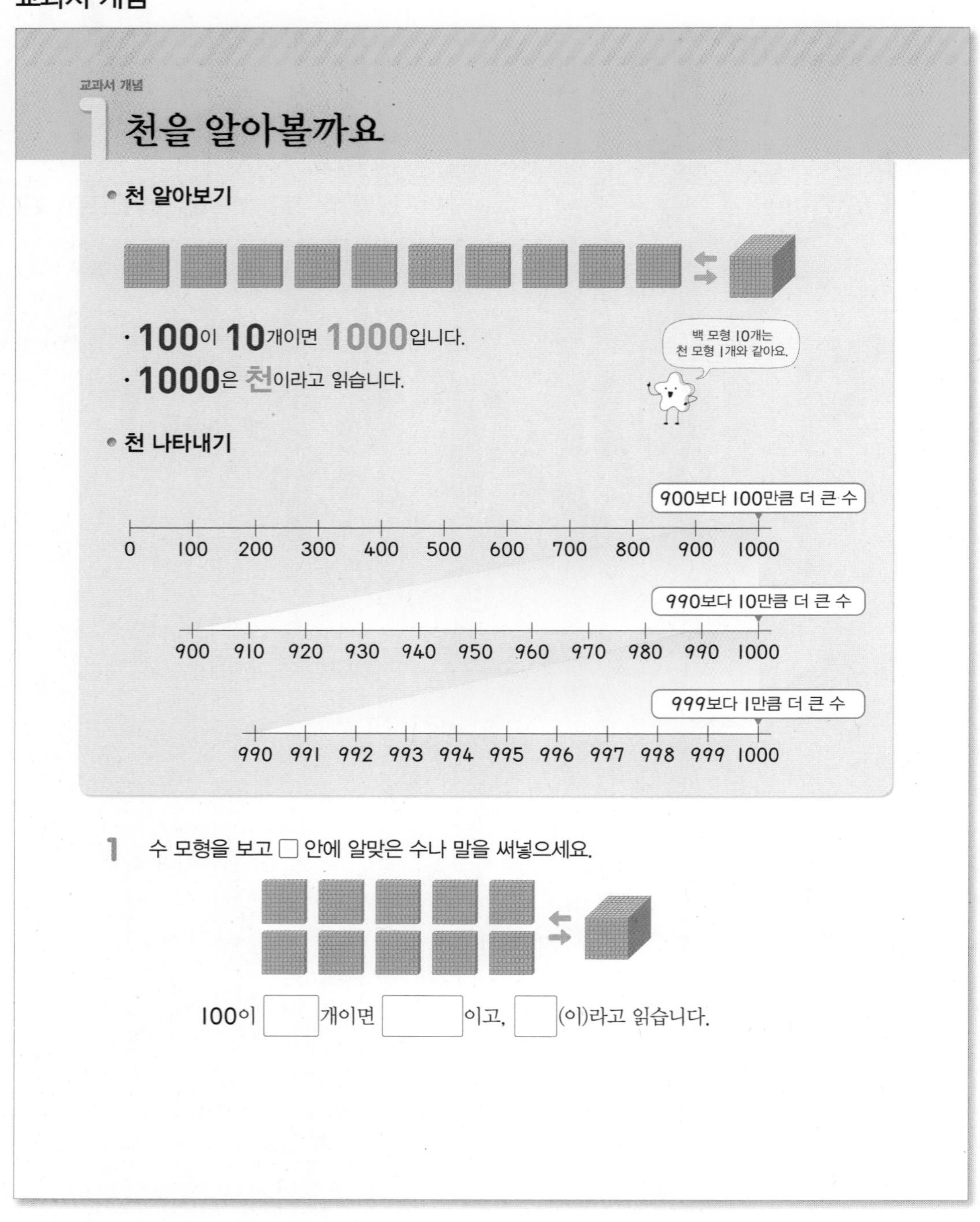

쉬운 유형의 문제를 반복 연습하여 기본기를 강화하는 학습

기본기 강화 문제

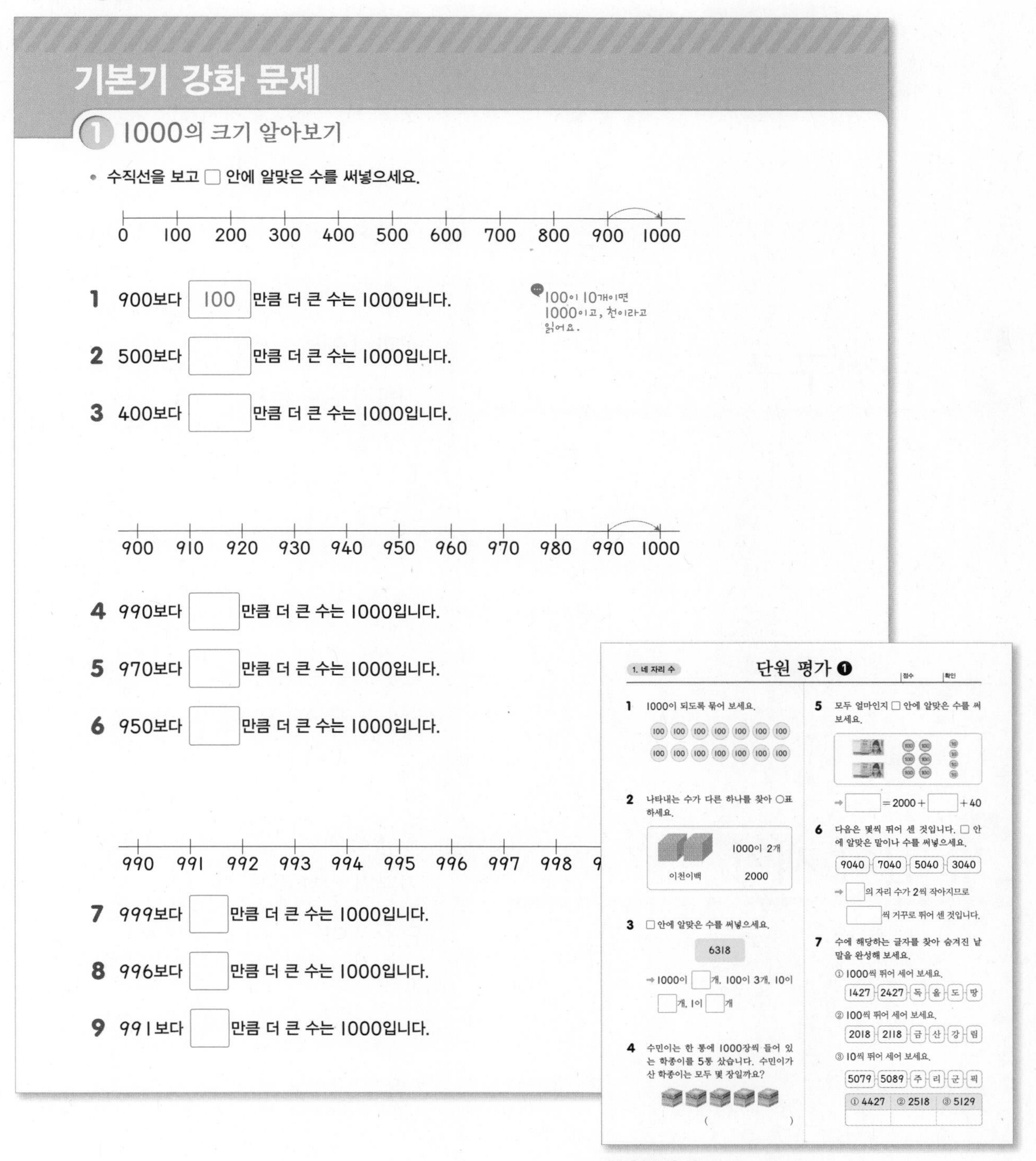

기본기 강화 문제

1 1000의 크기 알아보기

• 수직선을 보고 □ 안에 알맞은 수를 써넣으세요.

0 100 200 300 400 500 600 700 800 900 1000

1 900보다 [100] 만큼 더 큰 수는 1000입니다.

100이 10개이면 1000이고, 천이라고 읽어요.

2 500보다 □ 만큼 더 큰 수는 1000입니다.

3 400보다 □ 만큼 더 큰 수는 1000입니다.

900 910 920 930 940 950 960 970 980 990 1000

4 990보다 □ 만큼 더 큰 수는 1000입니다.

5 970보다 □ 만큼 더 큰 수는 1000입니다.

6 950보다 □ 만큼 더 큰 수는 1000입니다.

990 991 992 993 994 995 996 997 998

7 999보다 □ 만큼 더 큰 수는 1000입니다.

8 996보다 □ 만큼 더 큰 수는 1000입니다.

9 991보다 □ 만큼 더 큰 수는 1000입니다.

1. 네 자리 수 단원 평가 ❶

1 1000이 되도록 묶어 보세요.

2 나타내는 수가 다른 하나를 찾아 ○표 하세요.

1000이 2개 / 이천이백 / 2000

3 □ 안에 알맞은 수를 써넣으세요.

6318

→ 1000이 □개, 100이 3개, 10이 □개, 1이 □개

4 수민이는 한 통에 1000장씩 들어 있는 학종이를 5통 샀습니다. 수민이가 산 학종이는 모두 몇 장일까요?

( )

5 모두 얼마인지 □ 안에 알맞은 수를 써 보세요.

→ □ = 2000 + □ + 40

6 다음은 몇씩 뛰어 센 것입니다. □ 안에 알맞은 말이나 수를 써넣으세요.

9040 7040 5040 3040

→ □의 자리 수가 2씩 작아지므로 □씩 거꾸로 뛰어 센 것입니다.

7 수에 해당하는 글자를 찾아 숨겨진 낱말을 완성해 보세요.

① 1000씩 뛰어 세어 보세요.

1427 2427 독 울 도 땅

② 100씩 뛰어 세어 보세요.

2018 2118 금 산 강 림

③ 10씩 뛰어 세어 보세요.

5079 5089 주 리 균 피

① 4427	② 2518	③ 5129

단원 평가

차례

1 네 자리 수

나래네 학교에서 나눔장터가 열렸어요. 나눔장터에는 나래와 친구들이 사고 싶은 물건이 많이 있었어요.
친구들이 사고 싶어 하는 물건의 가격만큼 지폐와 동전 스티커를 붙여 보세요.

스티커 붙이기

1 천을 알아볼까요

천 알아보기

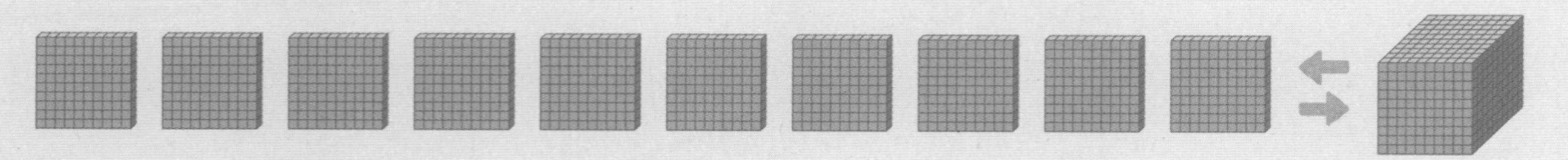

- **100**이 **10**개이면 **1000**입니다.
- **1000**은 **천**이라고 읽습니다.

백 모형 10개는
천 모형 1개와 같아요.

천 나타내기

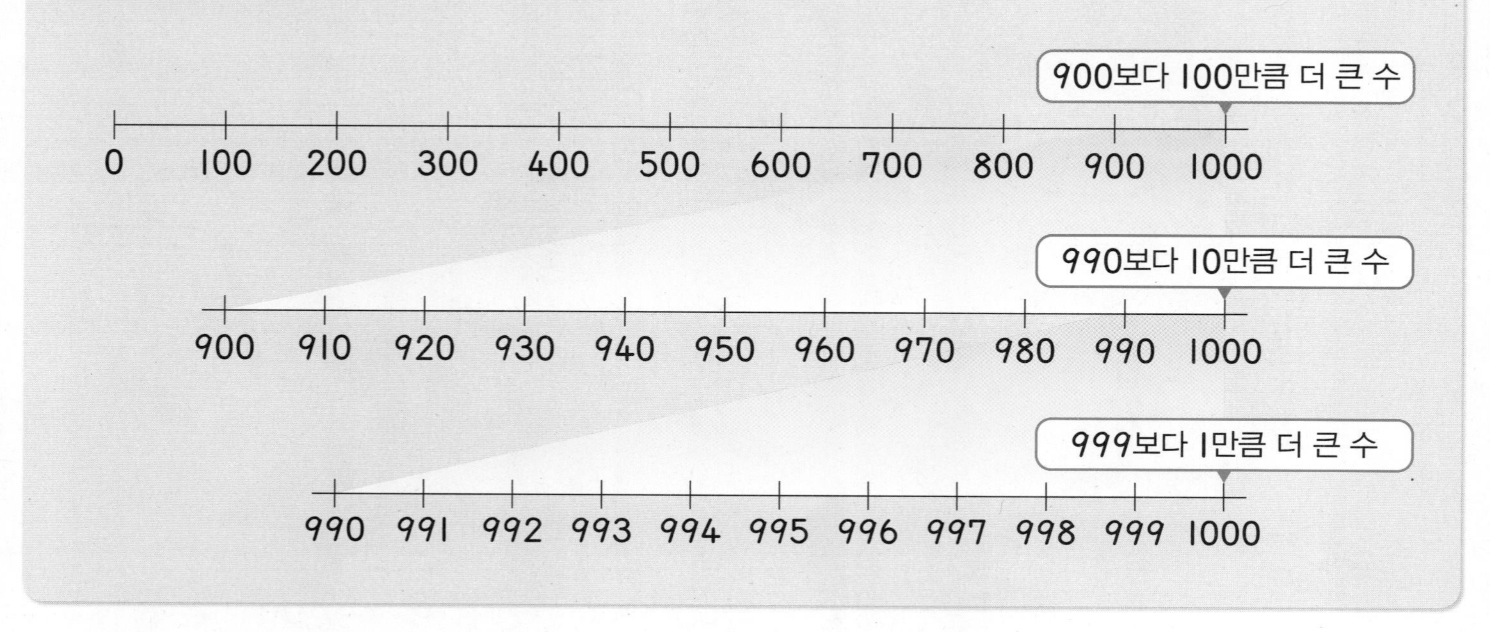

1 수 모형을 보고 □ 안에 알맞은 수나 말을 써넣으세요.

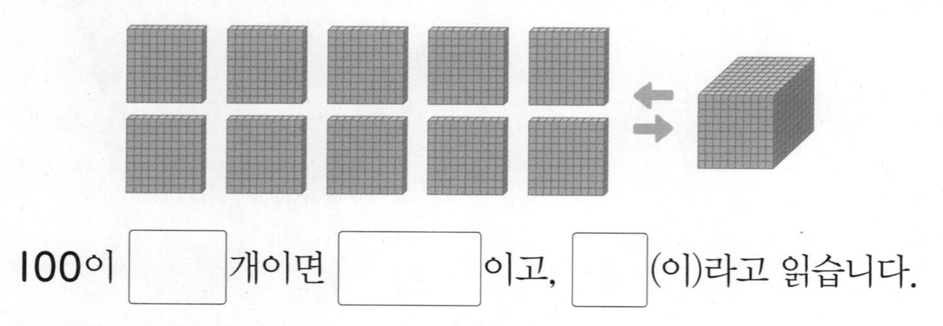

100이 □ 개이면 □ 이고, □ (이)라고 읽습니다.

2 수직선을 보고 □ 안에 알맞은 수를 써넣으세요.

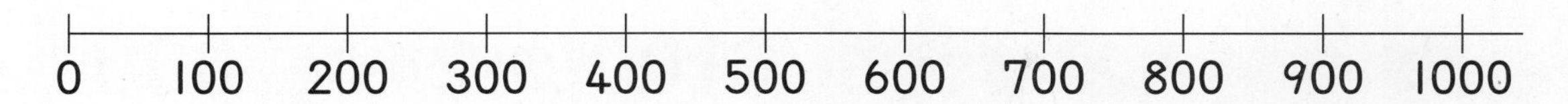

(1) □ 은 900보다 100만큼 더 큰 수입니다.

(2) 700보다 □ 만큼 더 큰 수는 1000입니다.

(3) 600보다 □ 만큼 더 큰 수는 1000입니다.

3 □ 안에 알맞은 수를 써넣으세요.

(1)

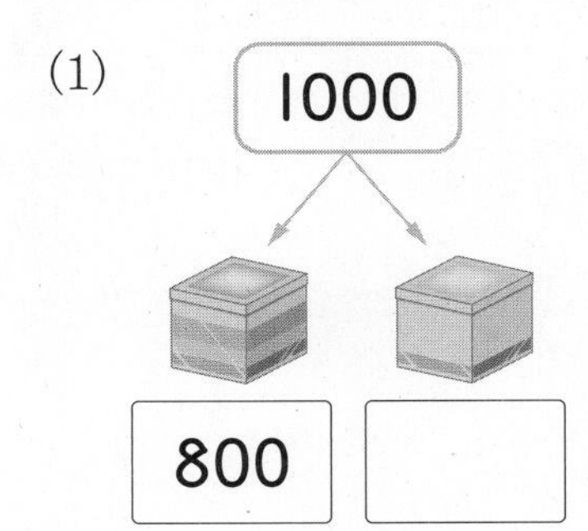

(2)

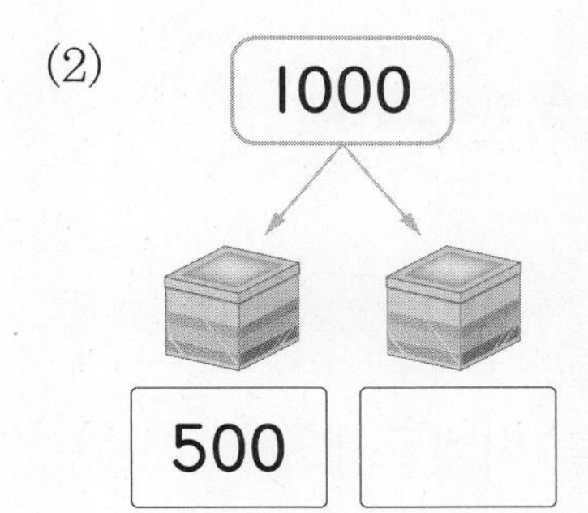

4 동전을 1000이 되도록 묶어 보세요.

(1)

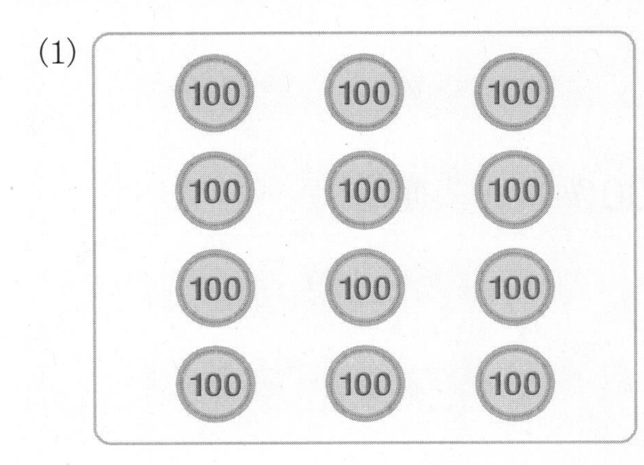

(2)

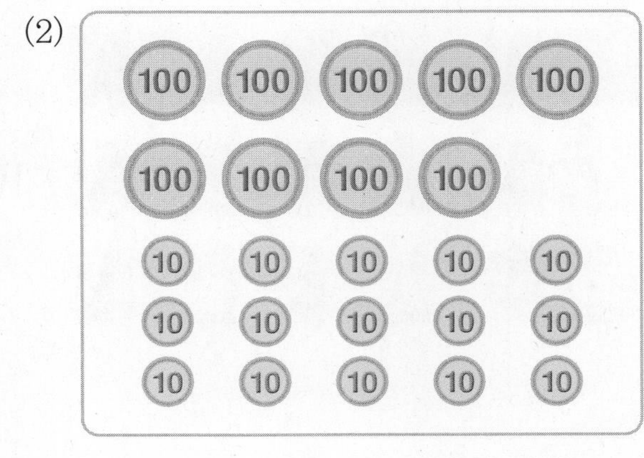

2 몇천을 알아볼까요

● 몇천 알아보기

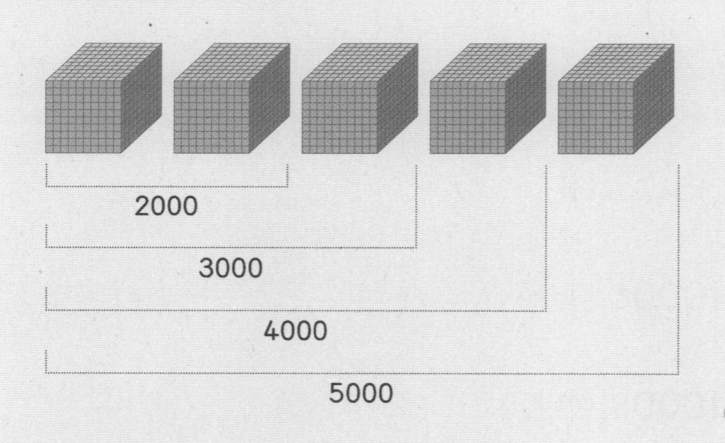

1000이 **2**개이면 **2000**입니다.
1000이 **3**개이면 **3000**입니다.
1000이 **4**개이면 **4000**입니다.
1000이 **5**개이면 **5000**입니다.
➡ **1000**이 ■개이면 ■**000**입니다.

● 몇천 읽기

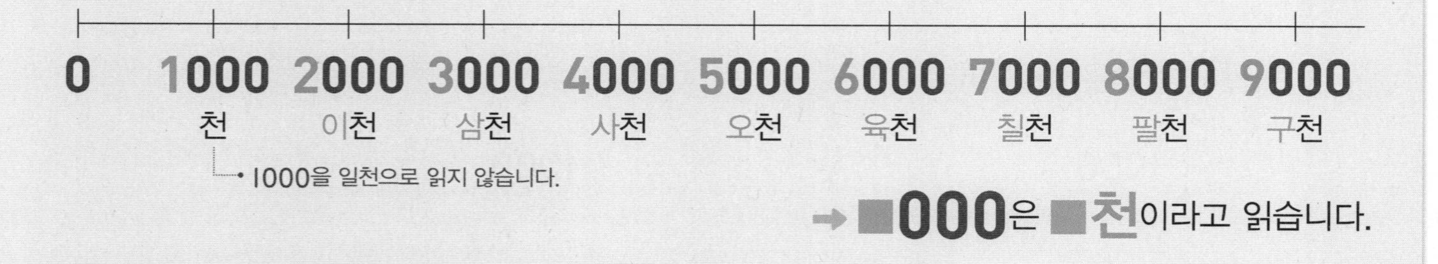

➡ ■**000**은 ■**천**이라고 읽습니다.

1 □ 안에 알맞은 수를 써넣으세요.

(1)

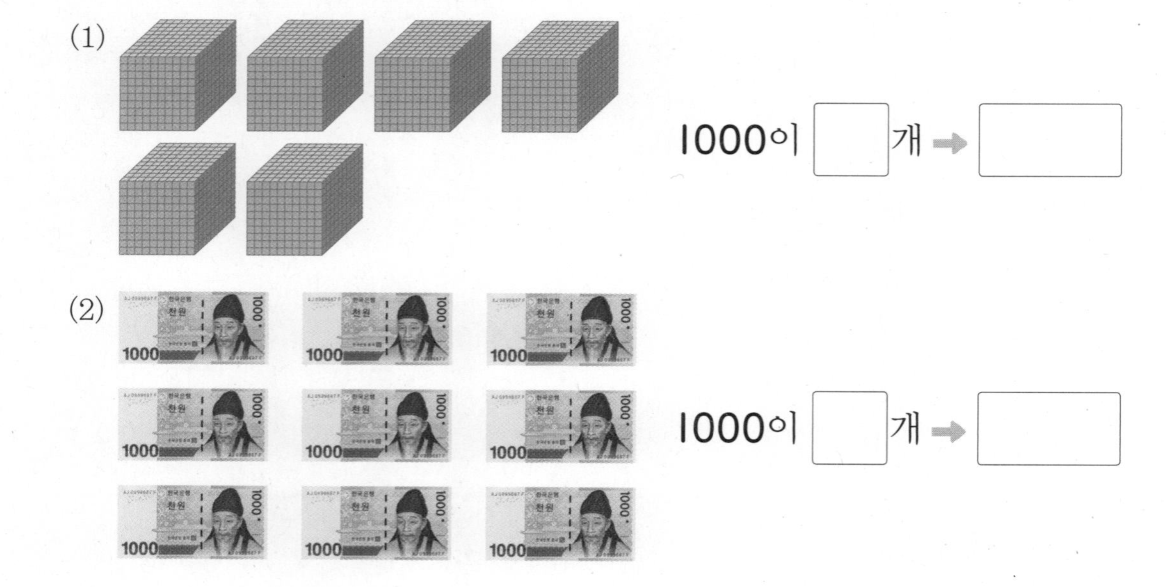

1000이 □개 ➡ □

(2)

1000이 □개 ➡ □

2 수직선을 보고 □ 안에 알맞은 수나 말을 써넣으세요.

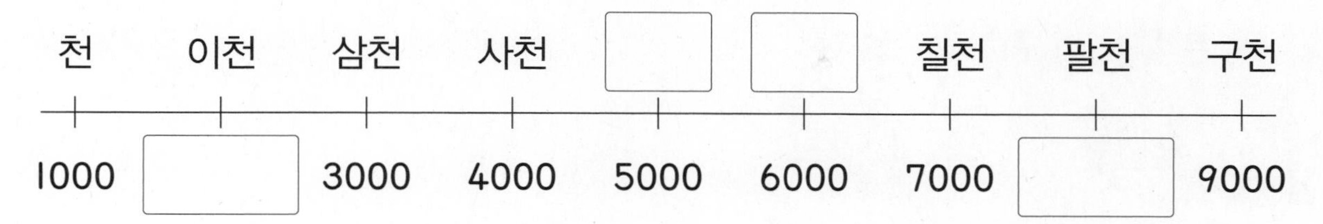

3 알맞은 것끼리 이어 보세요.

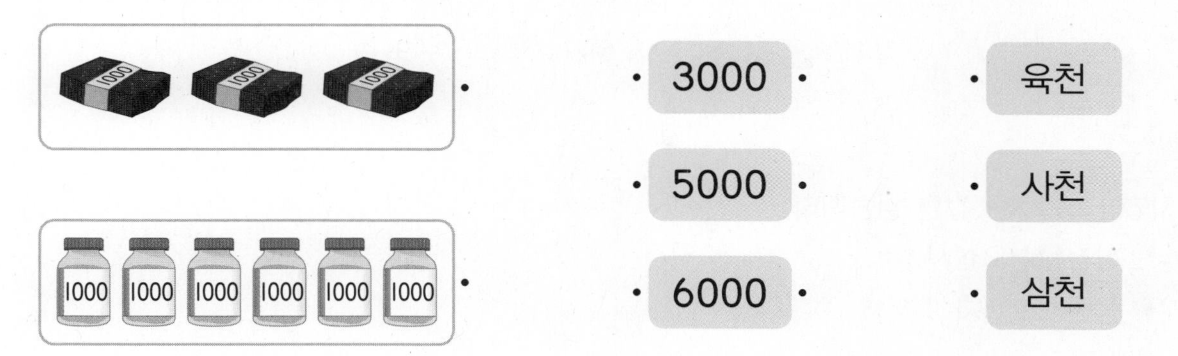

4 돈을 4000이 되도록 묶어 보고, 수를 읽어 보세요.

읽기 ....

5 □ 안에 알맞은 수를 써넣으세요.

3 네 자리 수를 알아볼까요

네 자리 수 쓰고 읽기

천 모형	백 모형	십 모형	일 모형
1000이 2개	100이 4개	10이 3개	1이 5개
이천	사백	삼십	오

쓰기 **2435** 읽기 이천사백삼십오

!

자리의 숫자가 1이면 자릿값만 읽습니다.

예 3154 → 삼천~~일백~~오십사

→ 삼천백오십사

1 □ 안에 알맞은 수를 써넣으세요.

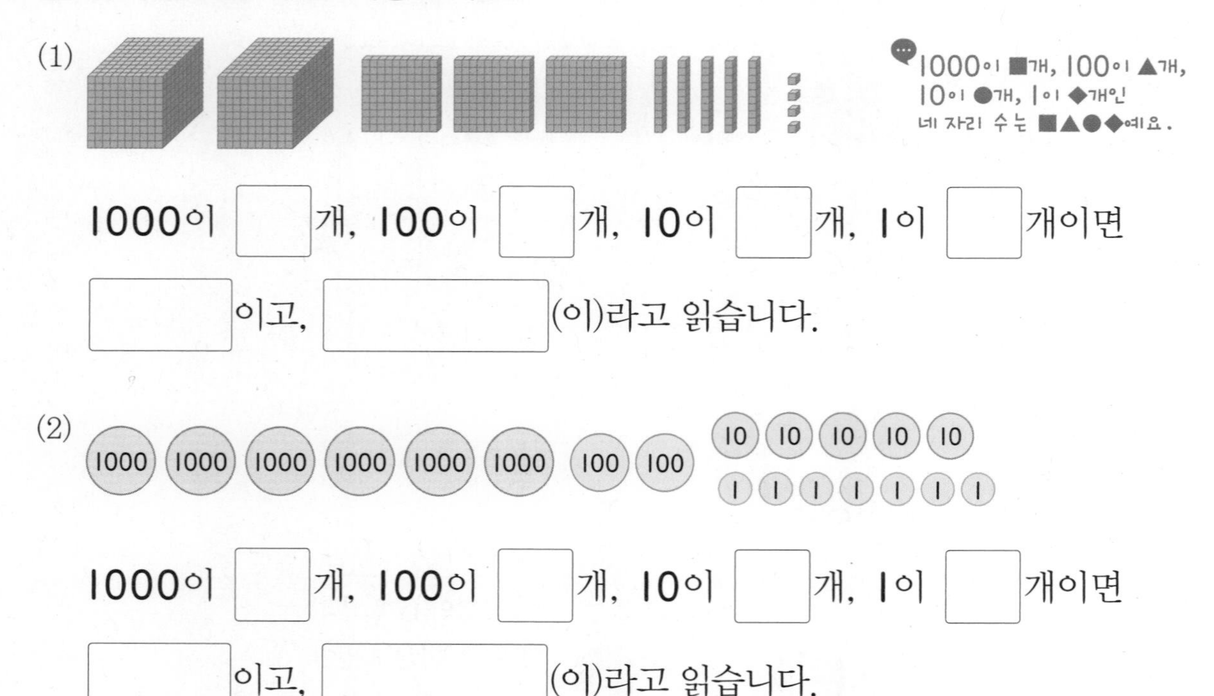

(1)

1000이 □개, 100이 □개, 10이 □개, 1이 □개이면

□이고, □(이)라고 읽습니다.

(2)

1000이 □개, 100이 □개, 10이 □개, 1이 □개이면

□이고, □(이)라고 읽습니다.

➔ 정답과 풀이 19쪽

• 0이 있는 네 자리 수 쓰고 읽기

천 모형	백 모형	십 모형	일 모형
1000이 2개	100이 0개	10이 4개	1이 7개
이천		사십	칠

쓰기 2047 읽기 이천사십칠

• 자리의 숫자가 0이면 읽지 않습니다.

1

2 모형이 나타내는 수를 쓰고 읽어 보세요.

(1)

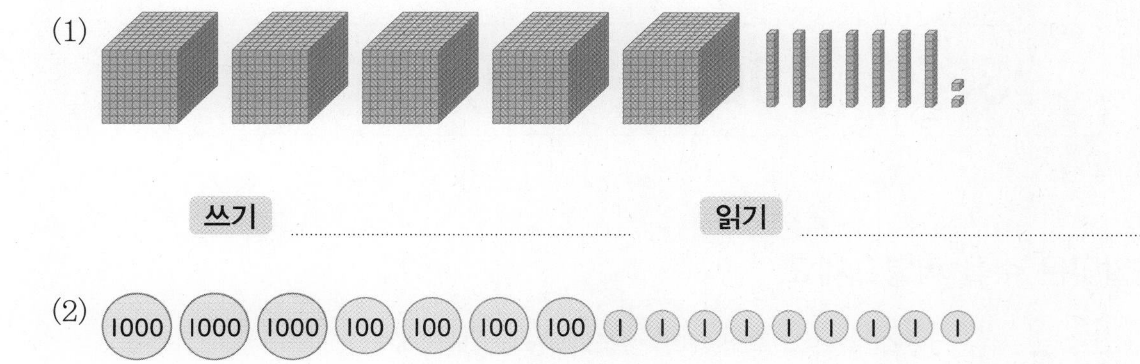

쓰기 .... 읽기 ....

(2) 1000 1000 1000 100 100 100 100 1 1 1 1 1 1 1 1 1

쓰기 .... 읽기 ....

3 4205를 (1000), (100), (10), (1)을 이용하여 그림으로 나타내 보세요.

4 각 자리의 숫자는 얼마를 나타낼까요

각 자리의 숫자가 나타내는 수 알아보기

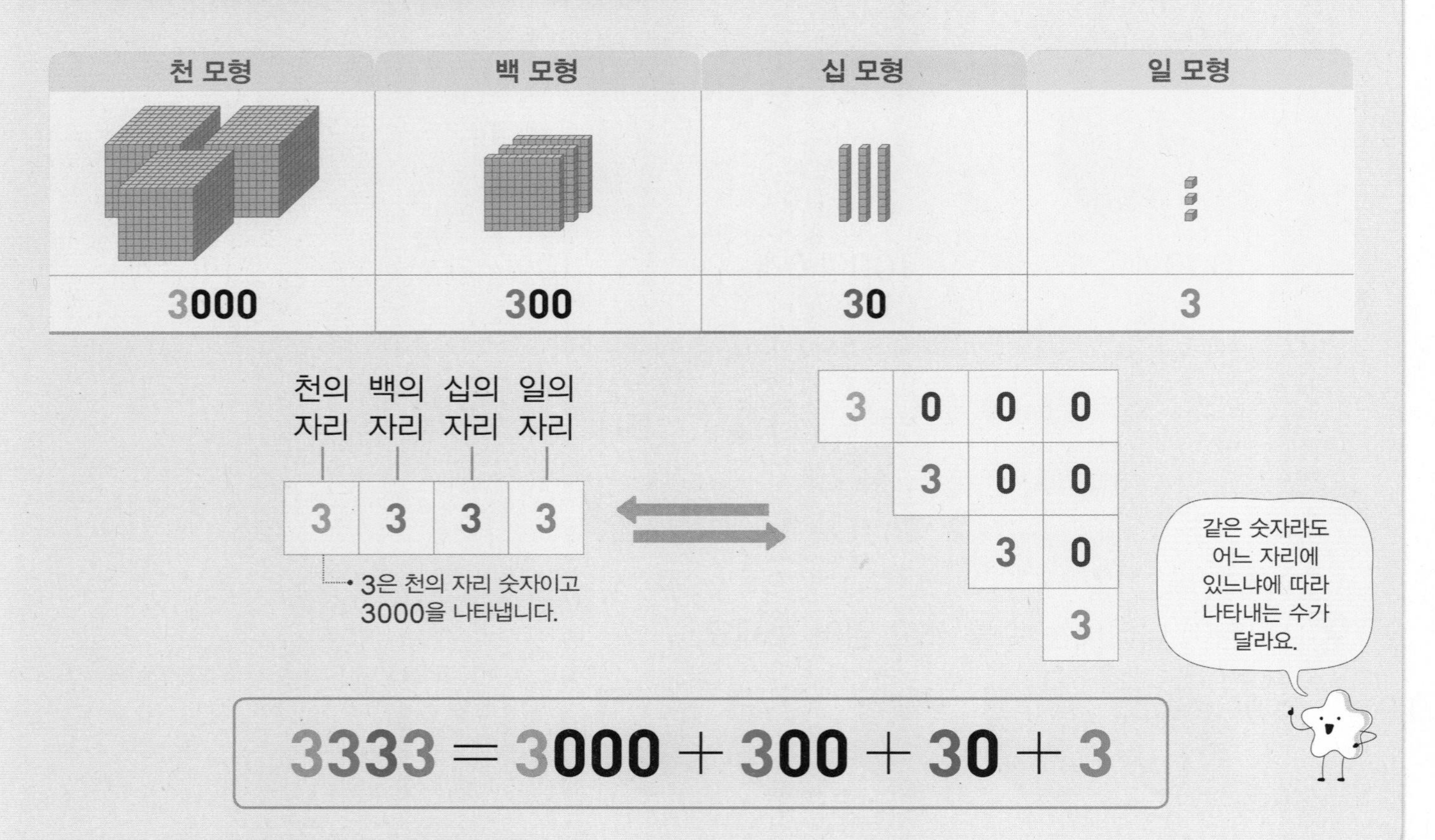

1 빈칸에 알맞은 수를 써넣으세요.

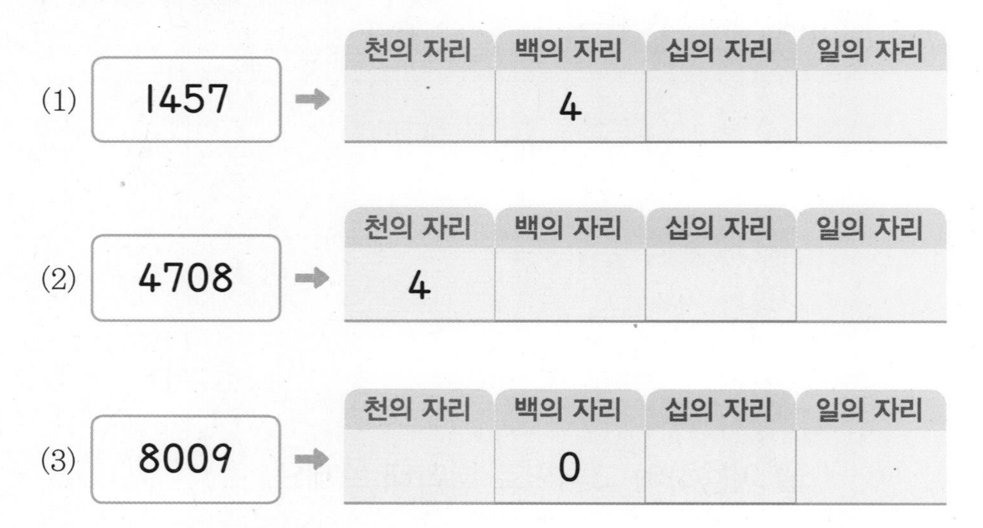

(1) 1457 ➡

천의 자리	백의 자리	십의 자리	일의 자리
	4		

(2) 4708 ➡

천의 자리	백의 자리	십의 자리	일의 자리
4			

(3) 8009 ➡

천의 자리	백의 자리	십의 자리	일의 자리
	0		

정답과 풀이 19쪽

2 □ 안에 알맞은 수를 써넣으세요.

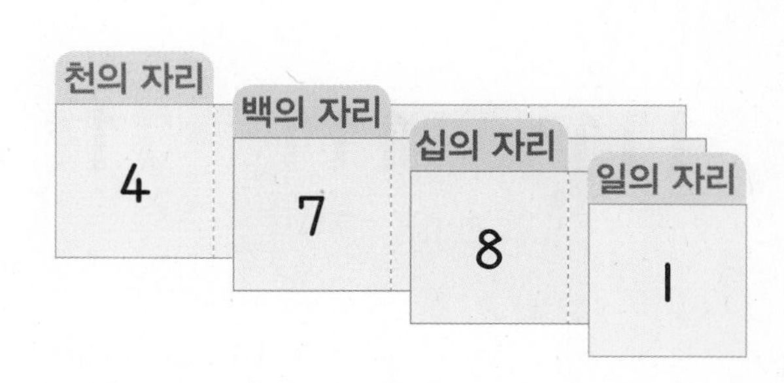

4가 나타내는 수 ➡ □

7이 나타내는 수 ➡ □

8이 나타내는 수 ➡ □

1이 나타내는 수 ➡ □

3 밑줄 친 숫자가 나타내는 수만큼 색칠해 보세요.

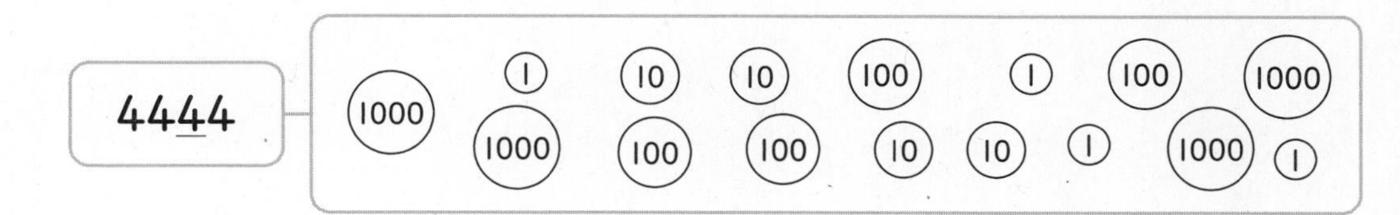

4 네 자리 수를 각 자리의 숫자가 나타내는 수의 합으로 나타내 보세요.

(1) 6215 = 6000 + 200 + □ + 5

(2) 5038 = 5000 + □ + □

5 밑줄 친 숫자가 나타내는 수를 써 보세요.

(1) 2<u>6</u>69 ➡ □

(2) 3<u>4</u>04 ➡ □

(3) <u>7</u>078 ➡ □

(4) 55<u>5</u>5 ➡ □

5 뛰어 세어 볼까요

몇씩 뛰어 세기

• 1000씩 뛰어 세기 → 천의 자리 수가 1씩 커집니다.

• 100씩 뛰어 세기 → 백의 자리 수가 1씩 커집니다.

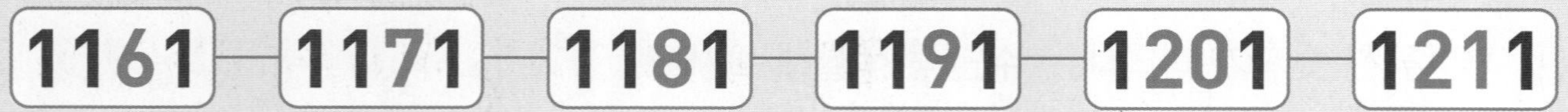

→ 백의 자리 수가 0이 되고, 천의 자리 수가 1만큼 커집니다.

• 10씩 뛰어 세기 → 십의 자리 수가 1씩 커집니다.

1161 — 1171 — 1181 — 1191 — 1201 — 1211

→ 십의 자리 수가 0이 되고, 백의 자리 수가 1만큼 커집니다.

1 수직선을 보고 □ 안에 알맞은 수를 써넣으세요.

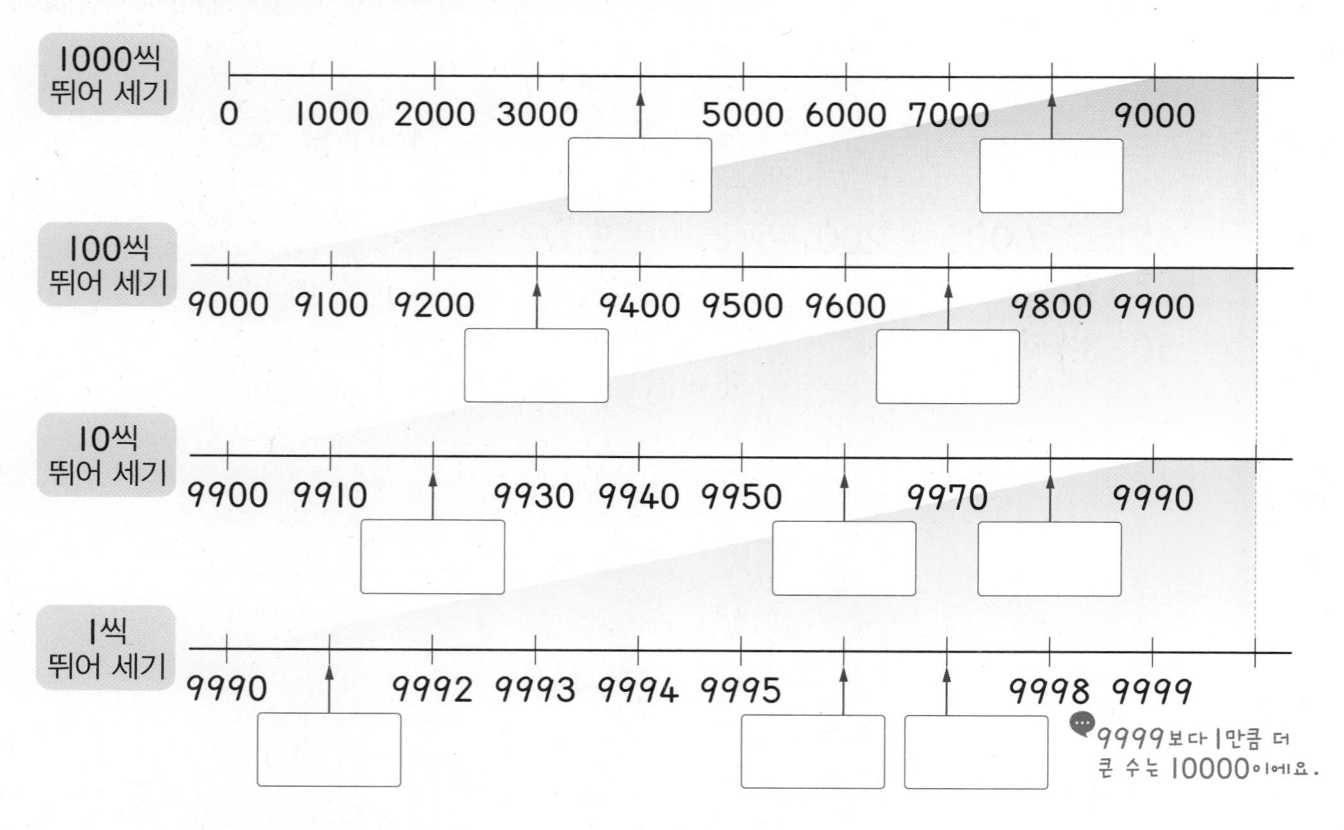

2 주어진 수만큼 뛰어 세어 보세요.

(1) 10씩

5253 — 5263 — 5273 — ☐ — ☐ — ☐

(2) 1000씩

4087 — 5087 — 6087 — ☐ — ☐ — ☐

3 모두 얼마인지 뛰어 세려고 합니다. 빈칸에 알맞은 수를 써넣으세요.

(1)

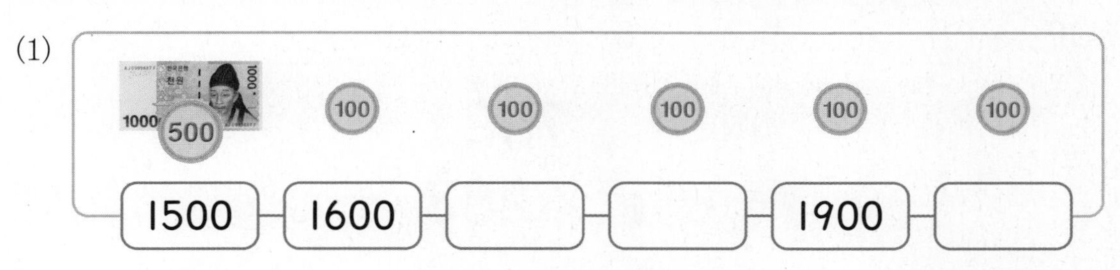

(2)

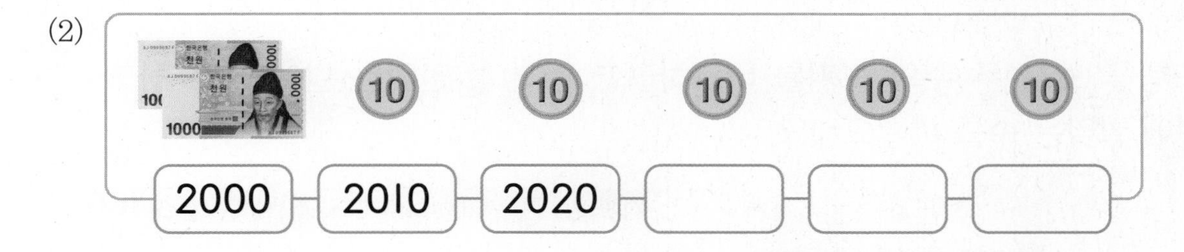

4 연우의 방법으로 뛰어 세려고 합니다. 빈칸에 알맞은 수를 써넣으세요.

수의 크기를 비교해 볼까요

네 자리 수의 크기 비교하기

네 자리 수의 크기 비교는 천의 자리부터 순서대로 합니다.

	천의 자리	백의 자리	십의 자리	일의 자리
2481 →	2	4	8	1
3045 →	3	0	4	5

• 천의 자리 수를 비교하면 2<3입니다.

2481 < 3045

가장 큰 수와 가장 작은 수

	천의 자리	백의 자리	십의 자리	일의 자리
7031 →	7	0	3	1
6283 →	6	2	8	3
6809 →	6	8	0	9

• 천의 자리 수를 비교하면 7>6입니다.

가장 큰 수 **7031**

가장 작은 수 **6283**

6283과 6809의 백의 자리 수를 비교하면 2<8이므로 6283<6809예요.

1 수 모형을 보고 두 수의 크기를 비교하려고 합니다. 알맞은 말에 ○표 하고 □ 안에 알맞은 수를 써넣으세요.

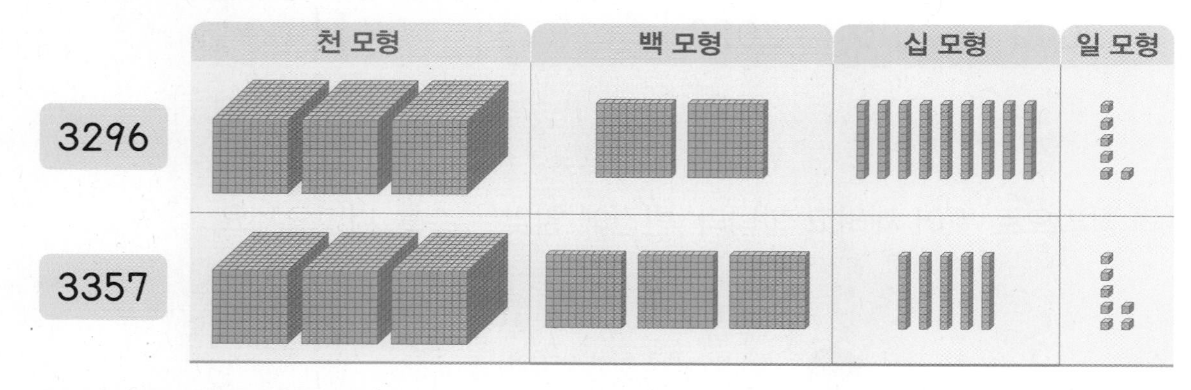

(1) 3296과 3357의 천 모형의 수는 (같습니다 , 다릅니다).

(2) 3296과 3357 중에서 백 모형의 수가 더 많은 수는 □ 입니다.

(3) 3296과 3357 중에서 더 큰 수는 □ 입니다.

➔ 정답과 풀이 20쪽

2 빈칸에 알맞은 수를 써넣고 두 수의 크기를 비교하여 ○ 안에 >, <를 알맞게 써넣으세요.

(1)

	천의 자리	백의 자리	십의 자리	일의 자리
2704			0	4
5236		2		6

➔ 2704 ○ 5236

높은 자리부터 순서대로 비교해요.

(2)

	천의 자리	백의 자리	십의 자리	일의 자리
4715	4		1	
4290	4			0

➔ 4715 ○ 4290

3 수직선에 두 수를 찾아 점을 찍고 두 수의 크기를 비교하여 ○ 안에 >, <를 알맞게 써넣으세요.

(1) 3995 3996 3997 3998 3999 4000 4001 4002 4003 4004

➔ 4002 ○ 3998

수직선에서 오른쪽에 있을수록 큰 수예요.

(2) 5030 5040 5050 5060 5070 5080 5090 5100 5110 5120

➔ 5050 ○ 5100

4 수의 크기를 비교하여 가장 큰 수에 ○표 하세요.

(1) 2950 2936 3097

(2) 8907 9234 9271

기본기 강화 문제

1 1000의 크기 알아보기

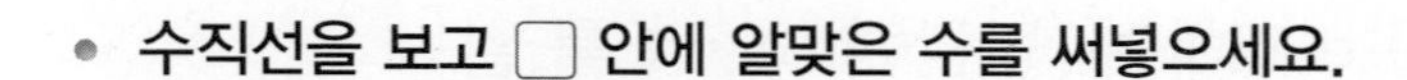

• 수직선을 보고 □ 안에 알맞은 수를 써넣으세요.

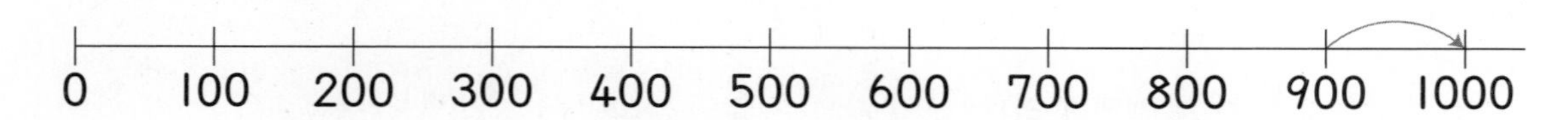

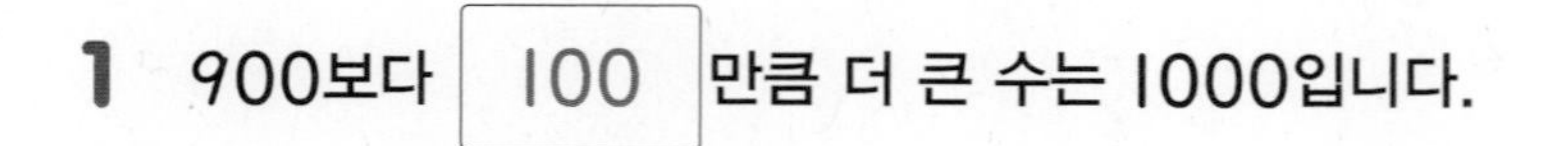

1 900보다 [100] 만큼 더 큰 수는 1000입니다.

100이 10개이면 1000이고, 천이라고 읽어요.

2 500보다 [ ] 만큼 더 큰 수는 1000입니다.

3 400보다 [ ] 만큼 더 큰 수는 1000입니다.

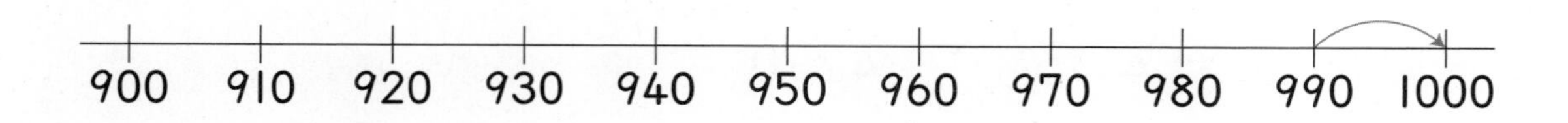

4 990보다 [ ] 만큼 더 큰 수는 1000입니다.

5 970보다 [ ] 만큼 더 큰 수는 1000입니다.

6 950보다 [ ] 만큼 더 큰 수는 1000입니다.

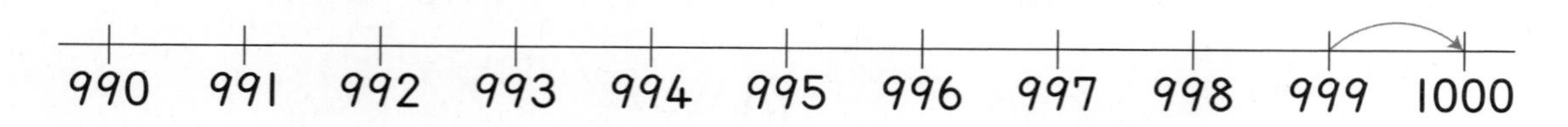

7 999보다 [ ] 만큼 더 큰 수는 1000입니다.

8 996보다 [ ] 만큼 더 큰 수는 1000입니다.

9 991보다 [ ] 만큼 더 큰 수는 1000입니다.

2 몇천 알아보기

• 주어진 수만큼 묶어 보세요.

■000은 1000이 ■개인 수예요.

1 3000

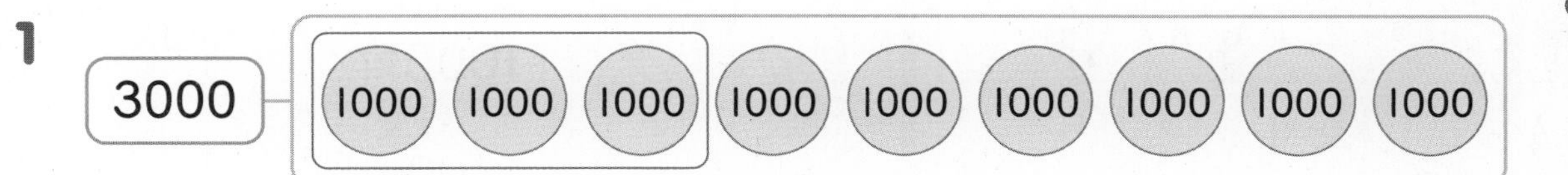

2 5000

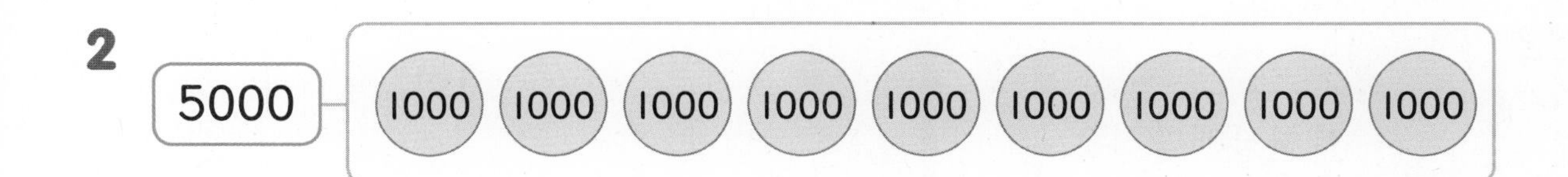

3 4000

1000 1000 1000 1000 1000 1000 1000 1000 1000

4 8000

1000 1000 1000 1000 1000 1000 1000 1000 1000

5 2000

100 100 100 100 100 100 100 100 100 100
100 100 100 100 100 100 100 100 100 100
100 100 100 100 100 100 100 100 100 100

6 3000

1000 100 100 100 100 100 100 100 100
1000 100 100 100 100 100 100 100 100

1

③ 네 자리 수 쓰고 읽기

• 빈칸에 알맞은 말이나 수를 써넣으세요.

1

쓰기	읽기
5374	오천삼백칠십사
3259	삼천이백오십구
1682	
	사천삼백팔십오
9217	
	팔천사백이십육
5764	
	육천구백십삼
2175	
	삼천팔백사십일
7451	
	구천육백육십이
4048	
	칠천오백삼
6810	
	사천칠십
1900	
	이천칠
8030	

④ 네 자리 수 나타내기

• □ 안에 알맞은 수를 써넣으세요.

1

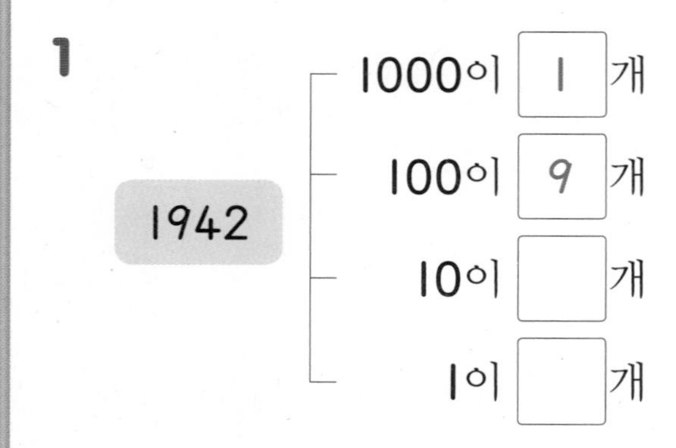

2

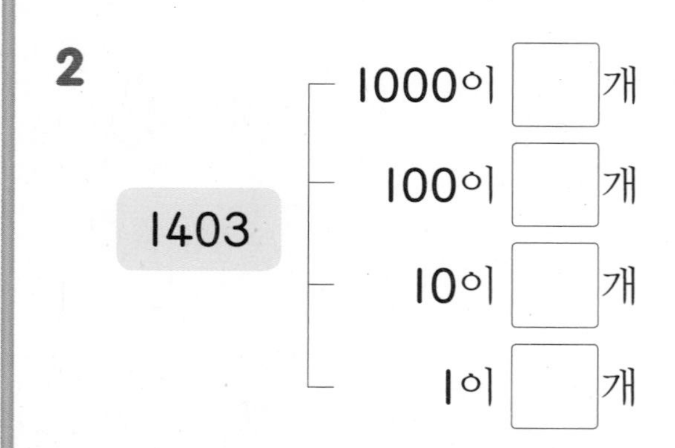

3

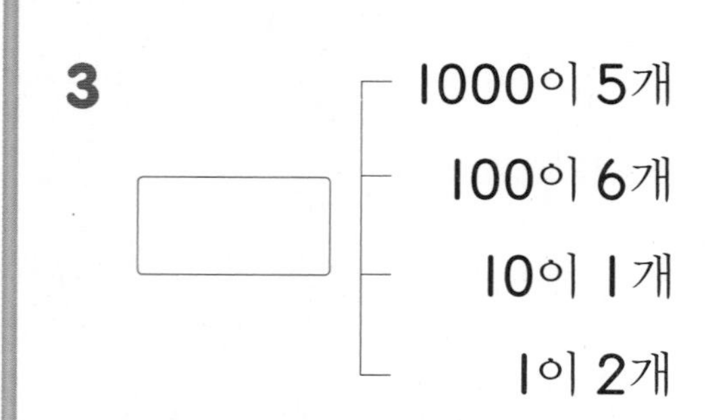

4

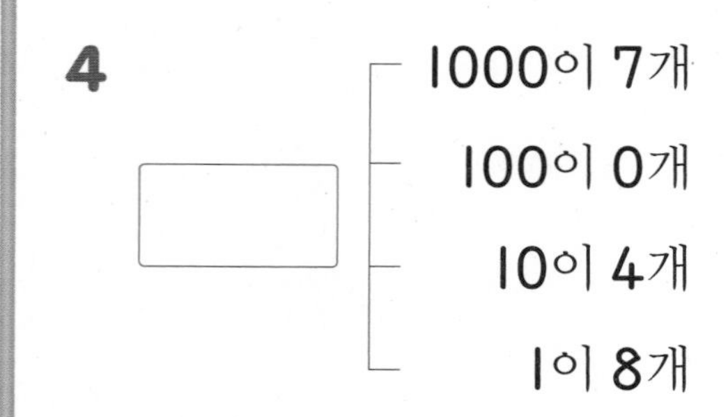

➔ 정답과 풀이 21쪽

5 뛰어 세기

• 일정한 규칙으로 뛰어 센 것입니다. 빈칸에 알맞은 수를 써넣으세요.

1

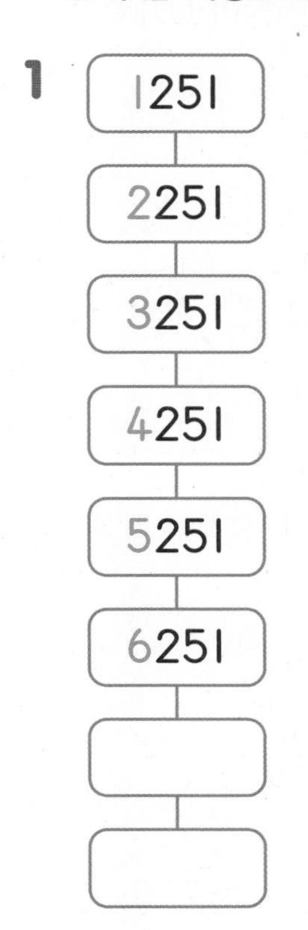

2

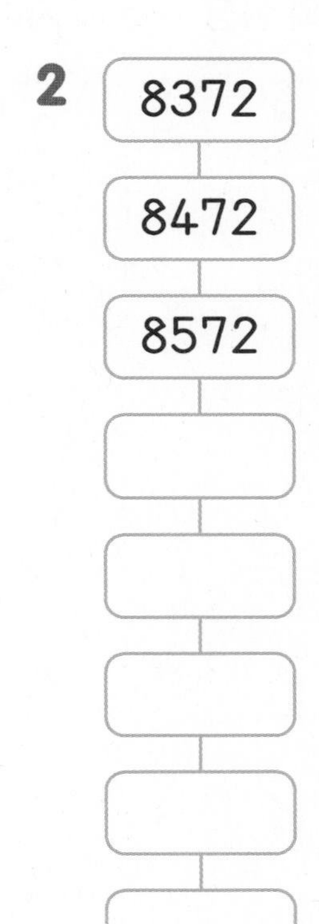

3

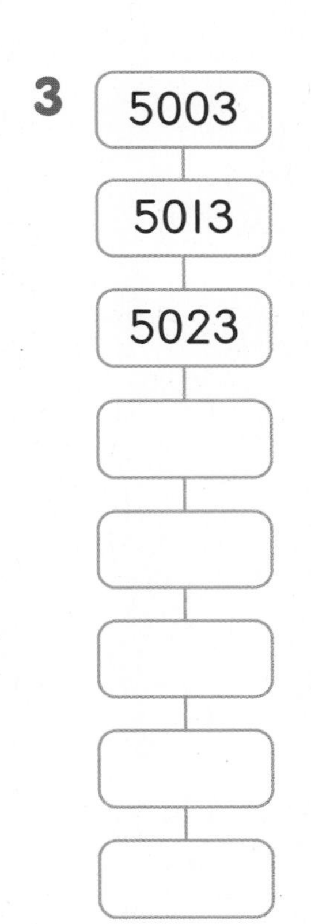

4

6 수 배열표 채우기

• 수 배열표에서 규칙을 찾아 물음에 답하세요.

1

3050	4050	5050	6050	7050
3150	4150			7150
3250	4250	5250	6250	7250
3350	4350	5350	6350	7350

(1) ➡ 위의 수들은 몇씩 뛰어 세었나요?

( )

(2) ⬇ 위의 수들은 몇씩 뛰어 세었나요?

( )

(3) 수 배열표의 빈칸을 채워 보세요.

2

2440	2540	2640	2740	2840
2450	2550	2650	2750	2850
2460	2560		2760	2860
2470	2570	2670	2770	

(1) ➡ 위의 수들은 몇씩 뛰어 세었나요?

( )

(2) ⬇ 위의 수들은 몇씩 뛰어 세었나요?

( )

(3) 수 배열표의 빈칸을 채워 보세요.

7 가장 큰 수, 가장 작은 수 찾기

• 가장 큰 수에 ○표, 가장 작은 수에 △표 하세요.

1
9540 4590 5409

네 자리 수의 크기 비교는 천의 자리부터 순서대로 해요.

2
3761 1376 7613

3
2451 5124 4521

4
1503 1500 1035

5
4613 4631 3416

6
6022 6602 6220

7
9009 9090 9900

8 수 카드로 네 자리 수 만들기

• 수 카드를 한 번씩만 사용하여 가장 큰 네 자리 수와 가장 작은 네 자리 수를 만들어 보세요.

1
4 5 2 7

가장 큰 수: 7542

가장 작은 수:

2
3 6 2 5

가장 큰 수:

가장 작은 수:

3
0 2 8 6

가장 큰 수:

가장 작은 수:

4
4 0 1 9

가장 큰 수:

가장 작은 수:

정답과 풀이 22쪽

9 낱말 만들기

- 밑줄 친 숫자가 나타내는 수를 표에서 찾아 낱말을 만들어 보세요.

1 6792 → ①　2156 → ②　9230 → ③　5328 → ④

수	100	600	1000	30	8	6000	3	80
글자	리	한	국	나	라	우	대	민

낱말	①	②	③	④

2 4902 → ①　1537 → ②　2584 → ③　3024 → ④　7929 → ⑤

수	500	50	1000	20	2	4000	4	200
글자	수	경	도	대	라	독	호	비

낱말	①	②	③	④	⑤

3 4503 → ①　8862 → ②　5184 → ③　3047 → ④　1963 → ⑤

수	500	3	40	90	5000	8	900	800
글자	발	우	사	로	탐	켓	선	주

낱말	①	②	③	④	⑤

10 지폐를 동전으로 바꾸기

STEP 1
구하려는 것을 찾아요.

1 은세는 3000원을 가지고 있습니다. 3000원을 모두 **100원짜리 동전으로 바꾸면 동전은 모두 몇 개**가 될까요?

STEP 2
문제를 간단히 나타내요.

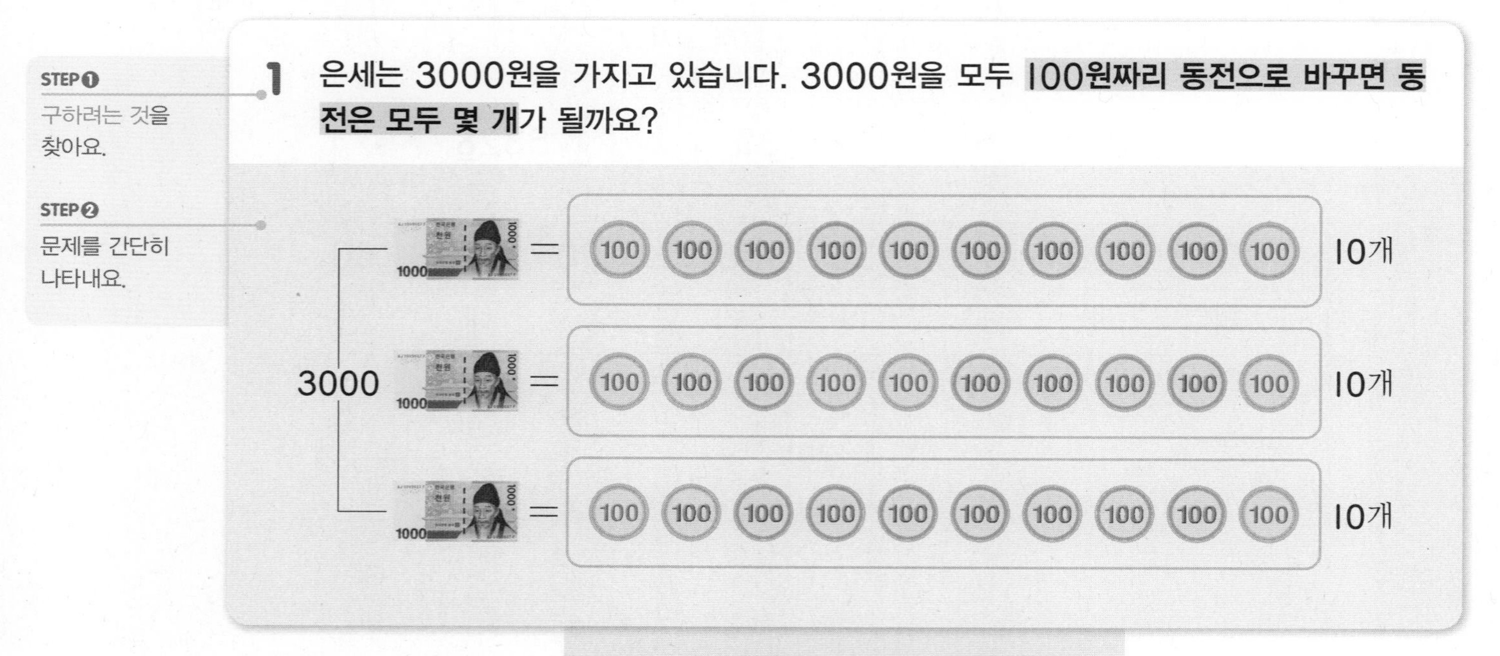

3000은 100이 몇 개?

STEP 3
문제를 해결해요.

1000은 100이 [ ] 개

1000은 100이 [ ] 개

1000은 100이 [ ] 개

3000은 100이 [ ] 개

100원짜리 동전 10개는 1000원이에요.

➡ 3000은 100이 [ ] 개인 수이므로

3000원을 모두 100원짜리 동전으로 바꾸면 동전은 모두 [ ] 개가 됩니다.

2 준규는 4000원을 가지고 있습니다. 4000원을 모두 **500원짜리 동전으로 바꾸면 동전은 모두 몇 개**가 될까요?

( )

정답과 풀이 22쪽

11 네 자리 수의 크기 비교하기

STEP❶ 구하려는 것을 찾아요.

1 초등학교에 은희는 2024년에 입학했고, 준서는 2019년에 입학했습니다. 둘 중 **먼저 입학한 사람**은 누구일까요?

연도를 나타내는 수가 작은 쪽이 '먼저'예요.

STEP❷ 문제를 간단히 나타내요.

은희

천의 자리	백의 자리	십의 자리	일의 자리
2	0	2	4

준서

천의 자리	백의 자리	십의 자리	일의 자리
2	0	1	9

➡ 두 수의 크기를 비교합니다.

2024와 2019 중 더 작은 수는?

STEP❸ 문제를 해결해요.

	천의 자리	백의 자리	십의 자리	일의 자리
2024	2	0	2	4
2019	2	0	1	9

➡ 2024 ◯ 2019

천, 백의 자리 수가 각각 같으므로 ☐의 자리 수를 비교합니다.

☐ > ☐ 이므로 더 작은 수는 ☐입니다.

따라서 둘 중 먼저 입학한 사람은 ☐입니다.

2 지후는 2020년에, 하린이는 2024년에 태어났습니다. 둘 중 **먼저 태어난 사람**은 누구일까요?

(　　　　　　)

단원 평가 ❶

점수 | 확인

1 1000이 되도록 묶어 보세요.

100 100 100 100 100 100 100
100 100 100 100 100 100 100

2 나타내는 수가 다른 하나를 찾아 ○표 하세요.

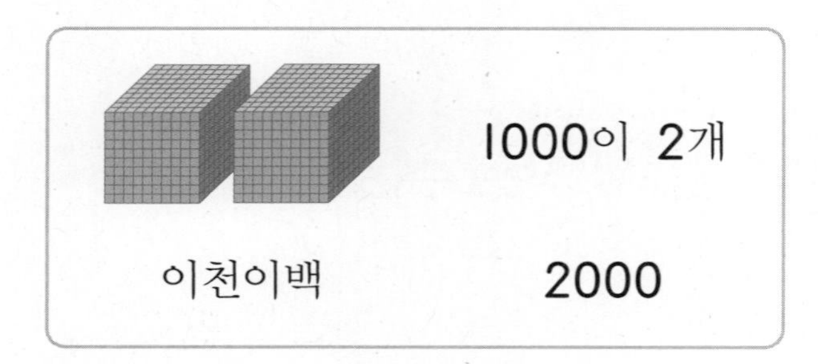

1000이 2개

이천이백 2000

3 □ 안에 알맞은 수를 써넣으세요.

6318

→ 1000이 □개, 100이 3개, 10이 □개, 1이 □개

4 수민이는 한 통에 1000장씩 들어 있는 학종이를 5통 샀습니다. 수민이가 산 학종이는 모두 몇 장일까요?

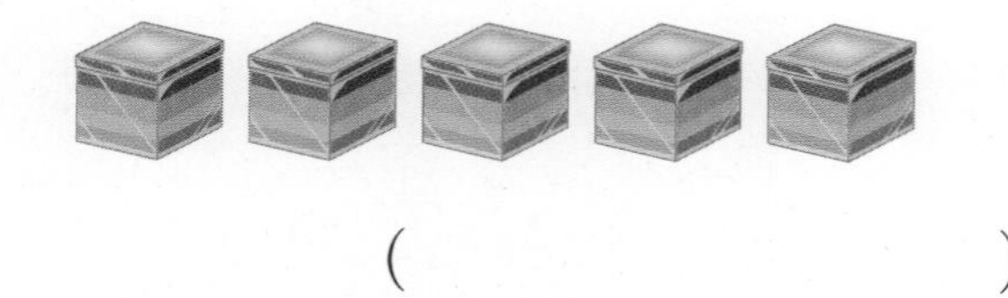

( )

5 모두 얼마인지 □ 안에 알맞은 수를 써 보세요.

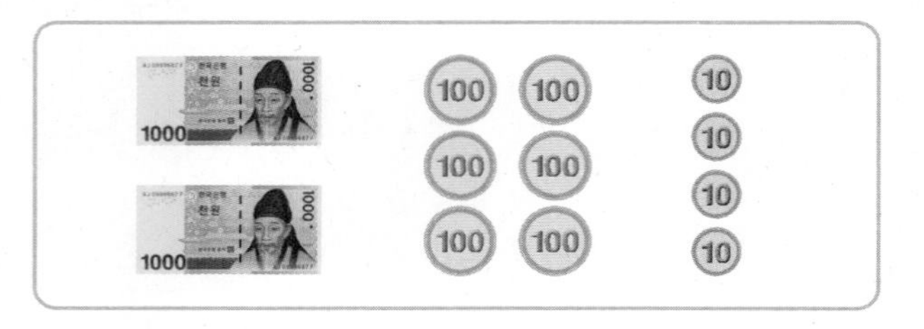

→ □ = 2000 + □ + 40

6 다음은 몇씩 뛰어 센 것입니다. □ 안에 알맞은 말이나 수를 써넣으세요.

9040 – 7040 – 5040 – 3040

→ □의 자리 수가 2씩 작아지므로 □씩 거꾸로 뛰어 센 것입니다.

7 수에 해당하는 글자를 찾아 숨겨진 낱말을 완성해 보세요.

① 1000씩 뛰어 세어 보세요.

1427 – 2427 – 독 – 올 – 도 – 땅

② 100씩 뛰어 세어 보세요.

2018 – 2118 – 금 – 산 – 강 – 림

③ 10씩 뛰어 세어 보세요.

5079 – 5089 – 주 – 리 – 군 – 픽

① 4427	② 2518	③ 5129

정답과 풀이 23쪽

8 두 수 중 더 큰 수에 색칠해 보세요.

(1)

5017
5701

(2)

2843
2834

서술형 문제

9 수아의 통장에는 9월에 4290원이 있습니다. 한 달에 1000원씩 저금한다면 12월에 얼마가 되는지 보기 와 같이 풀이 과정을 쓰고 답을 구해 보세요.

보기

한 달에 100원씩 저금하기

4290부터 100씩 뛰어 세면
4290 — 4390 — 4490 — 4590
이므로 12월에는 4590원이 됩니다.

답 4590원

4290부터

답

서술형 문제

10 수 카드를 한 번씩만 사용하여 가장 큰 네 자리 수와 가장 작은 네 자리 수를 만들려고 합니다. 보기 와 같이 풀이 과정을 쓰고 답을 구해 보세요.

보기

3 0 2 7

가장 큰 수는 천의 자리부터 순서대로 큰 수를 놓으면 7320입니다.
가장 작은 수는 천의 자리에 0이 올 수 없으므로 둘째로 작은 2를 놓고 백의 자리부터 순서대로 작은 수를 놓으면 2037입니다.

답 7320, 2037

7 1 0 8

가장 큰 수는

답 ,

단원 평가 ❷

점수 | 확인

1 동전은 모두 얼마일까요?

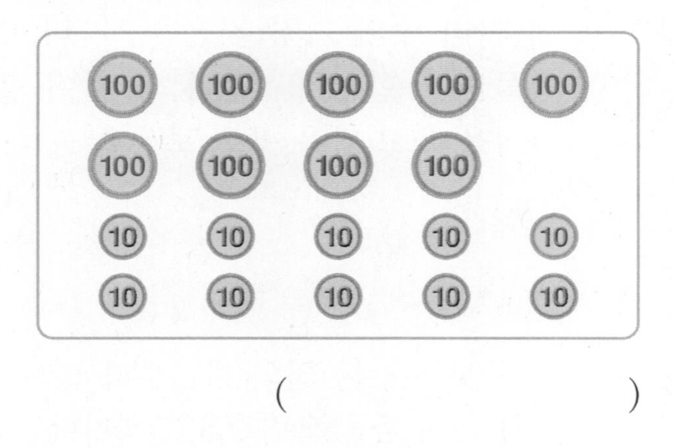

(　　　　　　　　)

2 왼쪽과 오른쪽을 연결하여 1000이 되도록 이어 보세요.

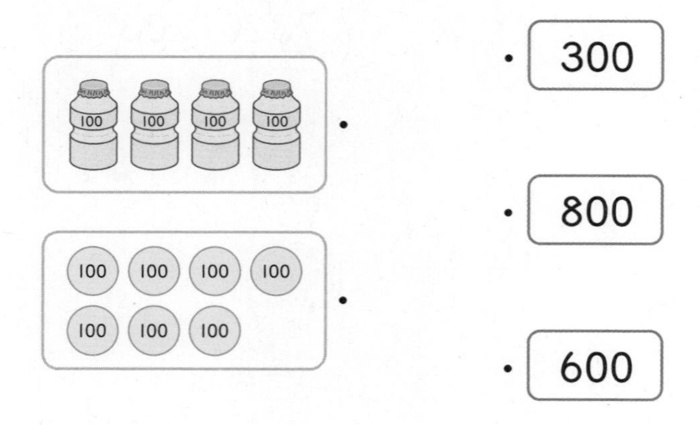

3 백의 자리 숫자가 0인 것을 모두 찾아 기호를 써 보세요.

㉠ 5820
㉡ 육천삼십사
㉢ 4059
㉣ 팔천사백오십일

(　　　　　　　　)

4 수 모형이 나타내는 수를 쓰고 읽어 보세요.

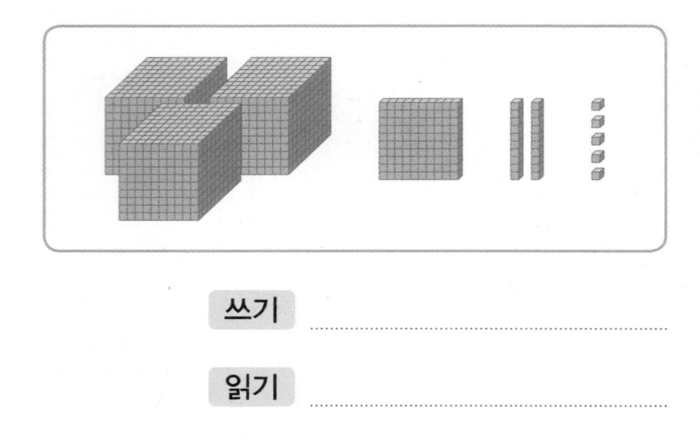

쓰기 ....

읽기 ....

5 숫자 6이 나타내는 수가 가장 작은 수는 어느 것일까요? (　　　)

① 6410　② 9462　③ 1608
④ 3678　⑤ 2836

6 민지가 고른 수 카드를 찾아 색칠해 보세요.

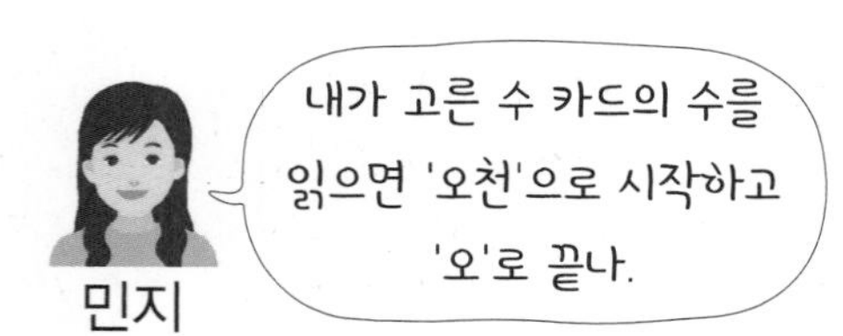

5035	5050	2705	5102

정답과 풀이 24쪽

7 백의 자리 숫자가 3인 수 중에서 가장 작은 수를 찾아 ○표 하세요.

1306　3333　2436
7234　1370

서술형 문제

8 수 배열표에서 규칙을 찾아 보기 와 같이 풀이 과정을 쓰고 답을 구해 보세요.

1056	1066	1076	1086	1096
1156	1166	1176	1186	㉠
1256	1266	1276	1286	1296
1356	1366	1376	㉡	1396

보기

➡에서 ㉠에 알맞은 수

➡ 위의 수들은 십의 자리 수가 1씩 커지므로 10씩 뛰어 센 것입니다.
따라서 ㉠에 알맞은 수는 1196입니다.

답 1196

⬇에서 ㉡에 알맞은 수

⬇ 위의 수들은 ……………………

……………………

……………………

답 ……………………

9 수직선에서 ㉠이 나타내는 수를 구해 보세요.

(　　　　　　)

서술형 문제

10 한 통에 사탕이 100개씩 들어 있을 때 주어진 통에 들어 있는 사탕의 수는 모두 몇 개인지 보기 와 같이 풀이 과정을 쓰고 답을 구해 보세요.

100

보기

30통에 들어 있는 사탕의 수

100이 10개 ➡ 1000
100이 30개 ➡ 3000
따라서 30통에 들어 있는 사탕의 수는 모두 3000개입니다.

답 3000개

50통에 들어 있는 사탕의 수

……………………

……………………

……………………

답 ……………………

1

2 곱셈구구

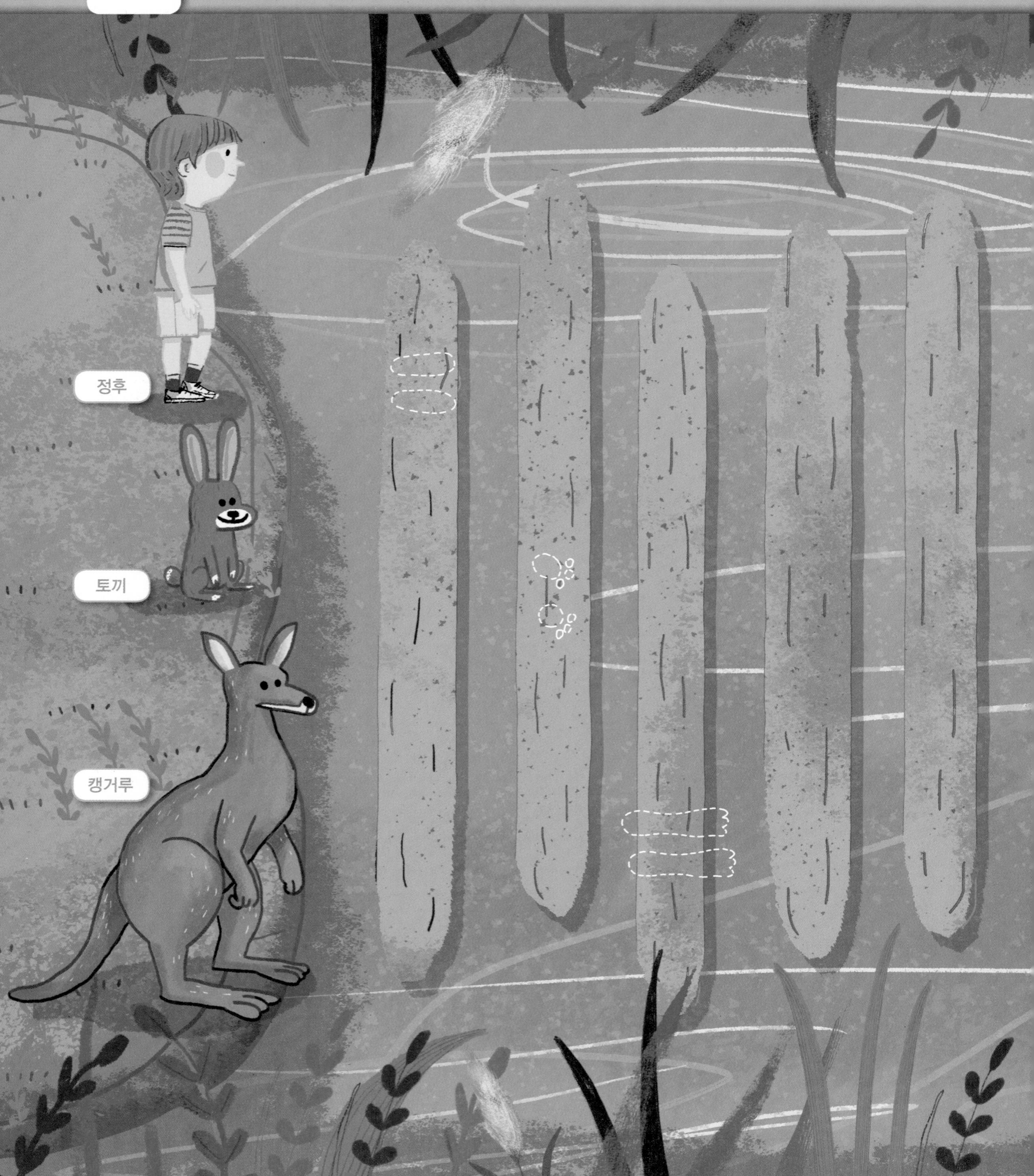

정후, 토끼, 캥거루가 다리를 이용하여 강을 건너려고 해요. 정후는 1칸씩, 토끼는 2칸씩, 캥거루는 3칸씩 건널 때 밟아야 하는 다리마다 발자국 스티커를 붙여 보세요.

스티커 붙이기

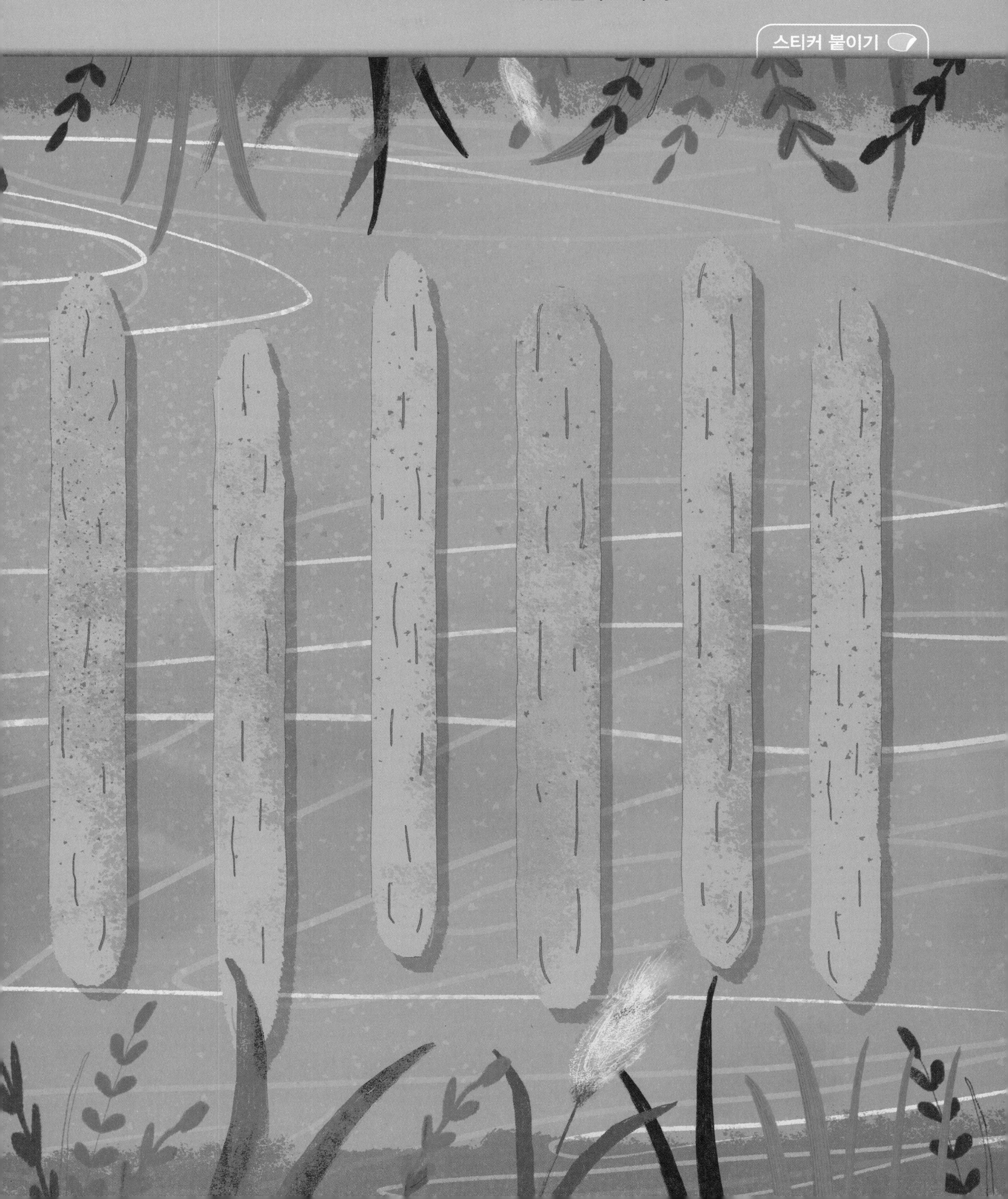

교과서 개념

1 2단 곱셈구구를 알아볼까요

• 2씩 묶어 세기

2	2씩 1 묶음	2 × 1 = 2
2 + 2	2씩 2 묶음	2 × 2 = 4
2 + 2 + 2	2씩 3 묶음	2 × 3 = 6
2 + 2 + 2 + 2	2씩 4 묶음	2 × 4 = 8
2 + 2 + 2 + 2 + 2	2씩 5 묶음	2 × 5 = 10

• 2단 곱셈구구

■씩 ●묶음
➡ ■의 ●배
➡ ■ × ●

➡ 곱하는 수가 1씩 커지면 곱은 2씩 커집니다.

×	1	2	3	4	5	6	7	8	9
2	2	4	6	8	10	12	14	16	18

+2 +2 +2 +2 +2 +2 +2 +2

1 □ 안에 알맞은 수를 써넣으세요.

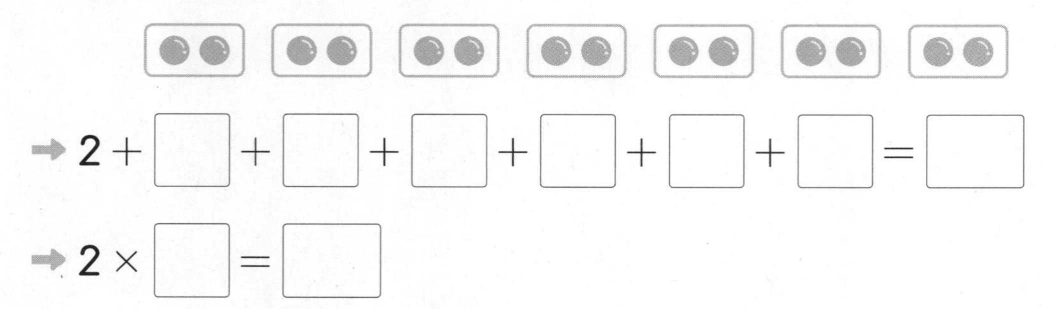

➡ 2 + □ + □ + □ + □ + □ + □ = □

➡ 2 × □ = □

2 체리의 수를 세려고 합니다. □ 안에 알맞은 수를 써넣으세요.

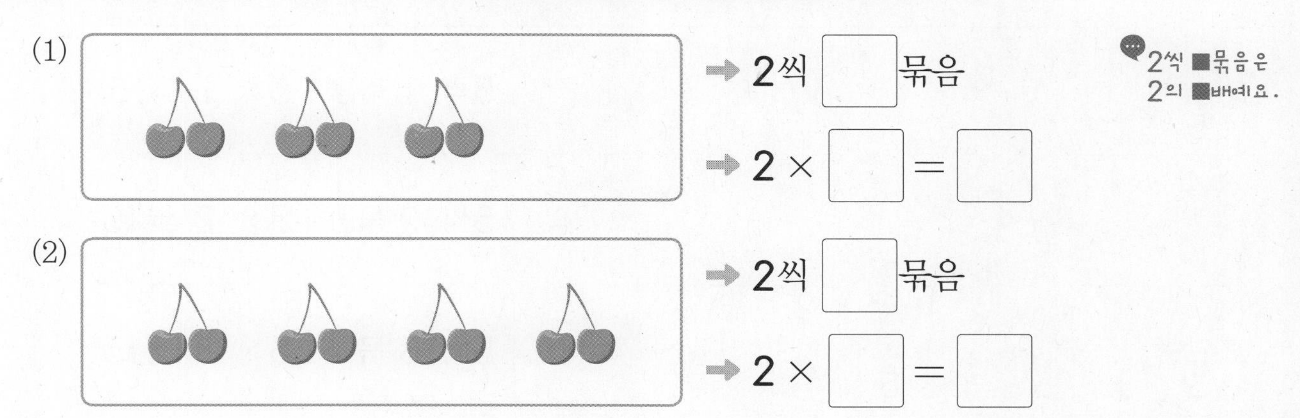

3 2 × 9는 2 × 8보다 얼마나 더 큰지 ○를 그려서 나타내고, □ 안에 알맞은 수를 써넣으세요.

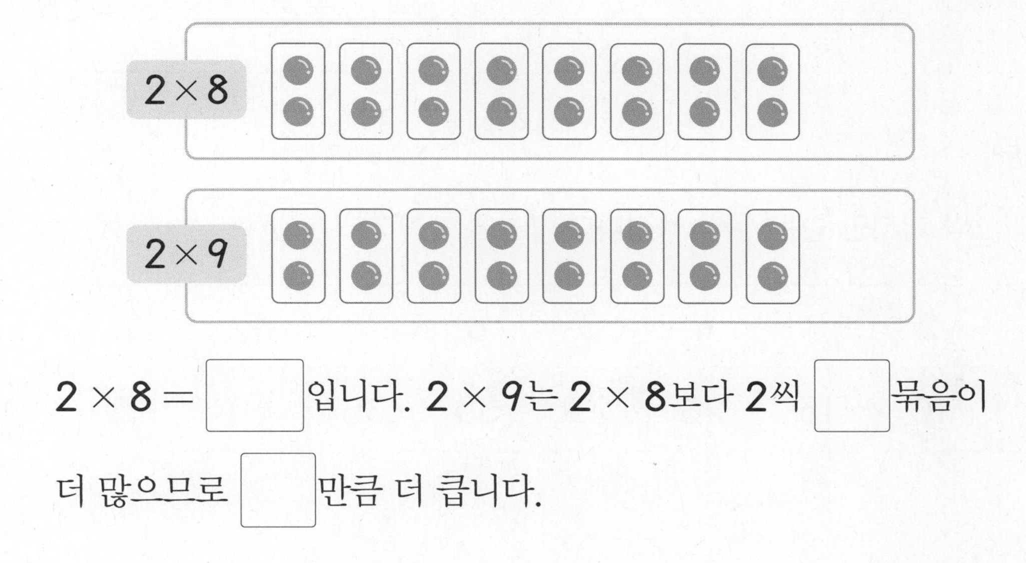

2 × 8 = □ 입니다. 2 × 9는 2 × 8보다 2씩 □ 묶음이 더 많으므로 □ 만큼 더 큽니다.

4 오리의 다리 수를 세려고 합니다. □ 안에 알맞은 수를 써넣으세요.

오리가 1마리씩 늘어날수록 오리의 다리는 □ 개씩 많아집니다.

5단 곱셈구구를 알아볼까요

• 5씩 묶어 세기

5	5씩 1 묶음	5 × 1 = 5
5 + 5	5씩 2 묶음	5 × 2 = 10
5 + 5 + 5	5씩 3 묶음	5 × 3 = 15
5 + 5 + 5 + 5	5씩 4 묶음	5 × 4 = 20
5 + 5 + 5 + 5 + 5	5씩 5 묶음	5 × 5 = 25

• 5단 곱셈구구

➡ 곱하는 수가 1씩 커지면 곱은 5씩 커집니다.

5단 곱셈구구에서
곱의 일의 자리 숫자는
5, 0이 반복돼요.

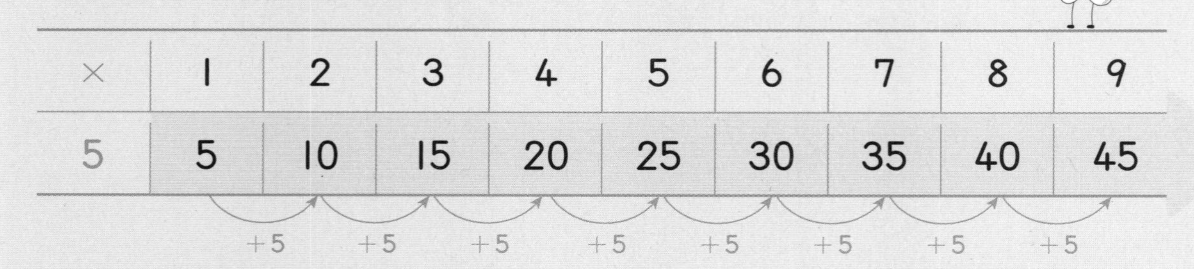

×	1	2	3	4	5	6	7	8	9
5	5	10	15	20	25	30	35	40	45

1 5 × 6을 계산하는 방법입니다. □ 안에 알맞은 수를 써넣으세요.

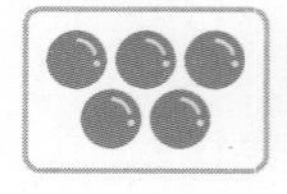 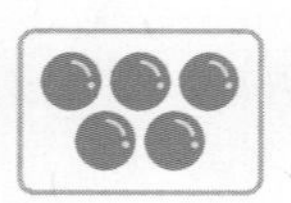 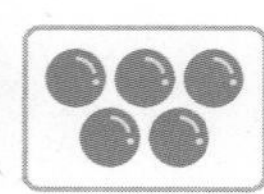 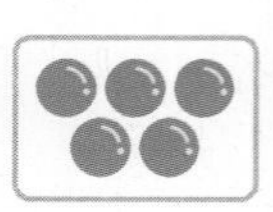 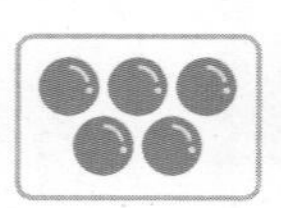 

방법 1 5 × 6은 5씩 □번 더해서 계산할 수 있습니다.

방법 2 5 × 6은 5 × 5에 □을/를 더해서 계산할 수 있습니다.

정답과 풀이 25쪽

2 꼬치 1개에 소시지를 5개씩 꽂았습니다. 그림을 보고 □ 안에 알맞은 수를 써넣으세요.

→ 5 × 4 = □

→ 5 × □ = □

꼬치가 1개씩 늘어날수록 소시지는 □개씩 많아집니다.

3 블록 한 개의 길이는 5 cm입니다. □ 안에 알맞은 수를 써넣고 블록 8개의 길이는 몇 cm인지 구해 보세요.

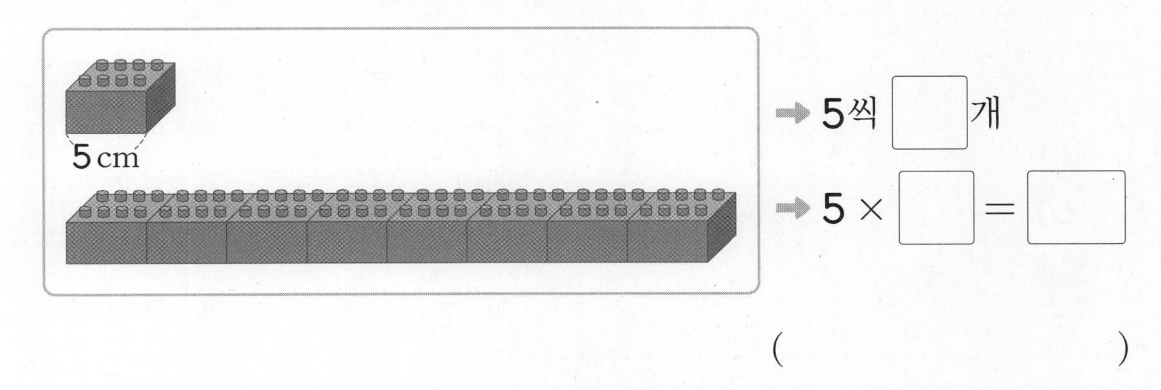

→ 5씩 □개

→ 5 × □ = □

(   )

4 그림을 보고 구슬의 수를 두 가지 곱셈식으로 나타내 보세요.

곱하는 두 수의 순서를 바꾸어도 곱은 같아요.

2씩 □ 묶음

2 × □ = □

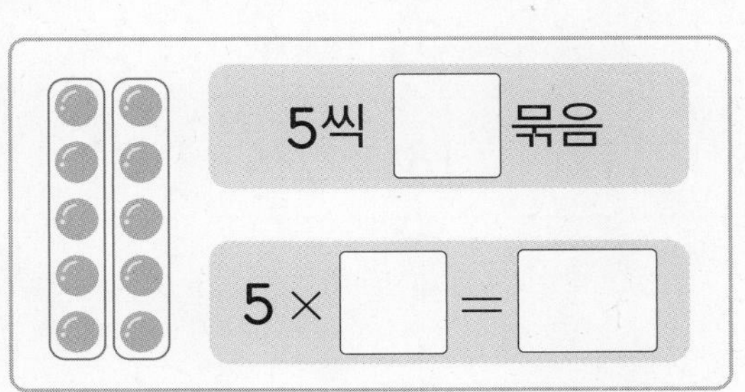

5씩 □ 묶음

5 × □ = □

3 3단, 6단 곱셈구구를 알아볼까요

• 3씩 묶어 세기

3	3씩 1 묶음	3 × 1 = 3
3 + 3	3씩 2 묶음	3 × 2 = 6
3 + 3 + 3	3씩 3 묶음	3 × 3 = 9

• **3단 곱셈구구** → 곱하는 수가 1씩 커지면 곱은 3씩 커집니다.

×	1	2	3	4	5	6	7	8	9
3	3	6	9	12	15	18	21	24	27

+3 +3 +3 +3 +3 +3 +3 +3

• 6씩 묶어 세기

6	6씩 1 묶음	6 × 1 = 6
6 + 6	6씩 2 묶음	6 × 2 = 12
6 + 6 + 6	6씩 3 묶음	6 × 3 = 18

• **6단 곱셈구구** → 곱하는 수가 1씩 커지면 곱은 6씩 커집니다.

×	1	2	3	4	5	6	7	8	9
6	6	12	18	24	30	36	42	48	54

+6 +6 +6 +6 +6 +6 +6 +6

1 세발자전거의 바퀴 수를 세려고 합니다. □ 안에 알맞은 수를 써넣으세요.

(세발자전거 3대)	3씩 □ 묶음 ➡ $3 \times$ □ $=$ □
(세발자전거 4대)	3씩 □ 묶음 ➡ $3 \times$ □ $=$ □

2 개미의 다리 수를 세려고 합니다. □ 안에 알맞은 수를 써넣으세요.

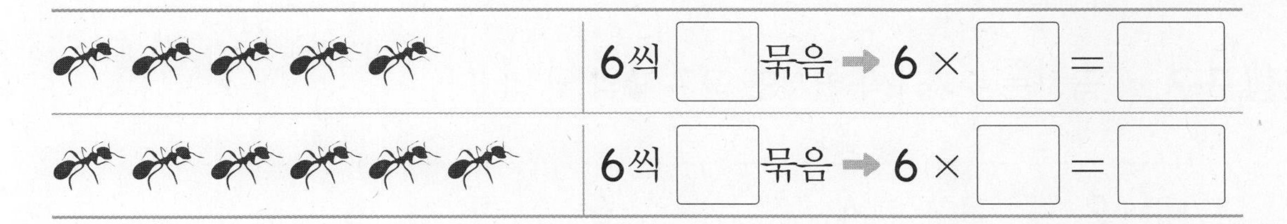

(개미 5마리)	6씩 □ 묶음 ➡ $6 \times$ □ $=$ □
(개미 6마리)	6씩 □ 묶음 ➡ $6 \times$ □ $=$ □

3 그림을 보고 □ 안에 알맞은 수를 써넣으세요.

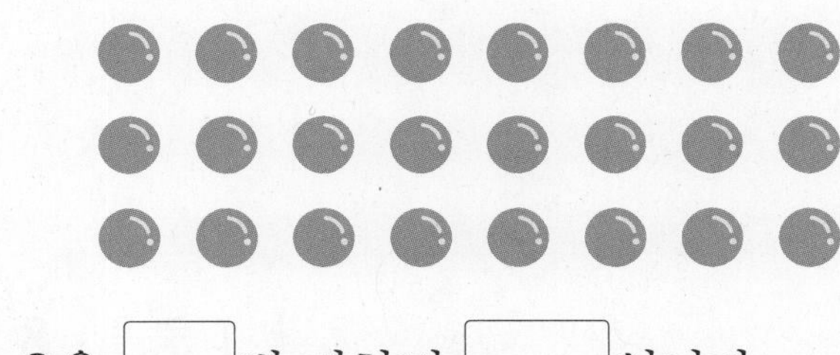

- 3을 □ 번 더하면 □ 입니다.
- 3×7에 □ 을/를 더하면 □ 입니다.
- $6 \times$ □ (으)로 구하면 □ 입니다.

4 수직선을 보고 □ 안에 알맞은 수를 써넣으세요.

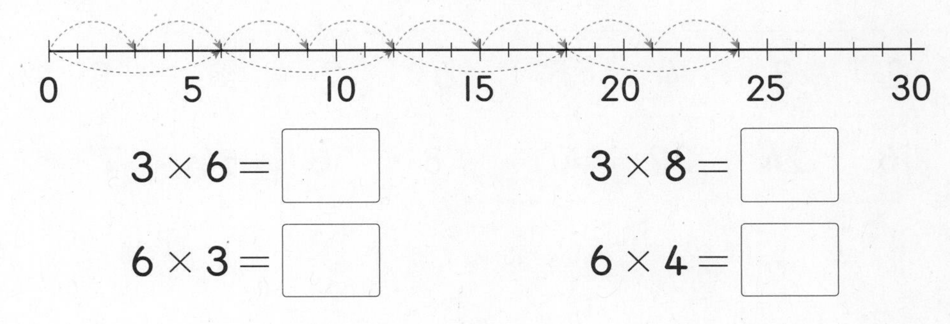

$3 \times 6 =$ □　　$3 \times 8 =$ □

$6 \times 3 =$ □　　$6 \times 4 =$ □

4단, 8단 곱셈구구를 알아볼까요

• 4씩 묶어 세기

4	4씩 1 묶음	4 × 1 = 4
4 + 4	4씩 2 묶음	4 × 2 = 8
4 + 4 + 4	4씩 3 묶음	4 × 3 = 12

• 4단 곱셈구구 ➡ 곱하는 수가 1씩 커지면 곱은 4씩 커집니다.

×	1	2	3	4	5	6	7	8	9
4	4	8	12	16	20	24	28	32	36

+4 +4 +4 +4 +4 +4 +4 +4

• 8씩 묶어 세기

8	8씩 1 묶음	8 × 1 = 8
8 + 8	8씩 2 묶음	8 × 2 = 16
8 + 8 + 8	8씩 3 묶음	8 × 3 = 24

• 8단 곱셈구구 ➡ 곱하는 수가 1씩 커지면 곱은 8씩 커집니다.

×	1	2	3	4	5	6	7	8	9
8	8	16	24	32	40	48	56	64	72

+8 +8 +8 +8 +8 +8 +8 +8

1 4 × 6은 4 × 5보다 얼마나 더 큰지 주사위 눈을 그려서 나타내고, □ 안에 알맞은 수를 써넣으세요.

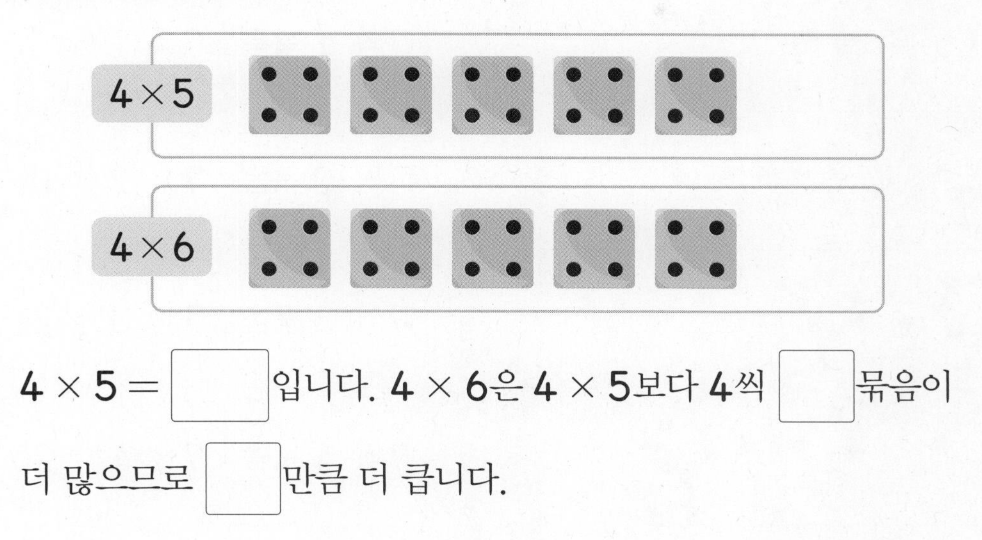

4 × 5 = □ 입니다. 4 × 6은 4 × 5보다 4씩 □ 묶음이 더 많으므로 □ 만큼 더 큽니다.

2 문어의 다리 수를 세려고 합니다. □ 안에 알맞은 수를 써넣으세요.

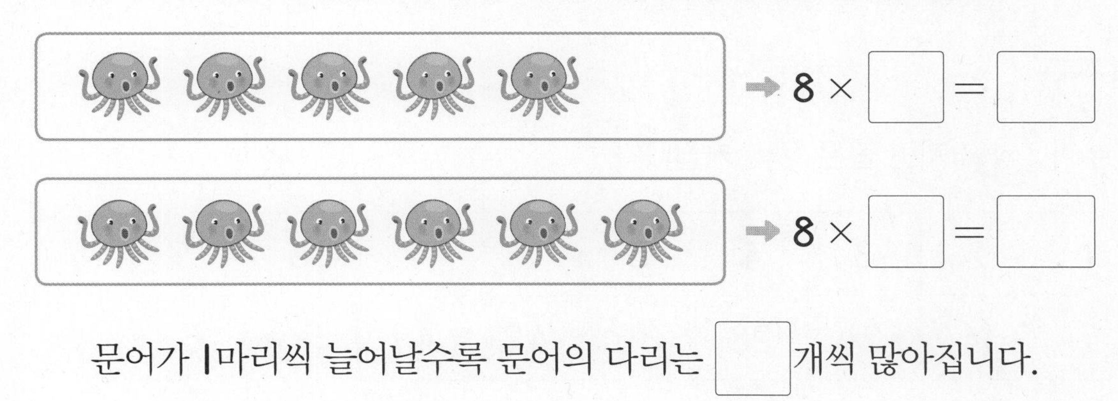

문어가 1마리씩 늘어날수록 문어의 다리는 □ 개씩 많아집니다.

3 마카롱의 수를 세려고 합니다. □ 안에 알맞은 수를 써넣으세요.

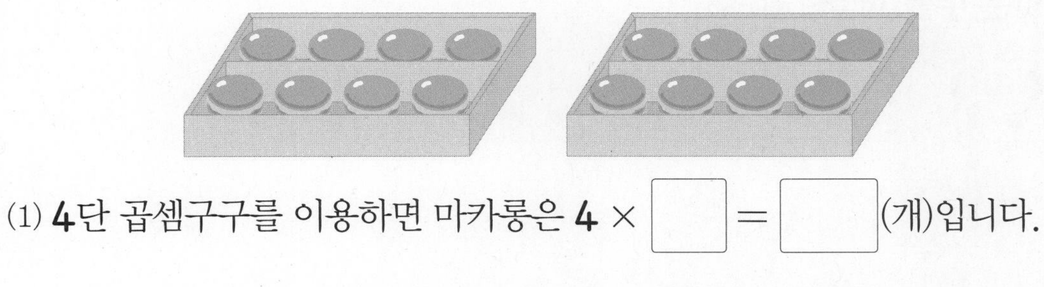

(1) 4단 곱셈구구를 이용하면 마카롱은 4 × □ = □ (개)입니다.

(2) 8단 곱셈구구를 이용하면 마카롱은 8 × □ = □ (개)입니다.

5 7단 곱셈구구를 알아볼까요

• 7씩 묶어 세기

7	7씩 1 묶음	7×1＝7
7 ＋ 7	7씩 2 묶음	7×2＝14
7 ＋ 7 ＋ 7	7씩 3 묶음	7×3＝21
7 ＋ 7 ＋ 7 ＋ 7	7씩 4 묶음	7×4＝28
7 ＋ 7 ＋ 7 ＋ 7 ＋ 7	7씩 5 묶음	7×5＝35

• 7단 곱셈구구

➡ 곱하는 수가 1씩 커지면 곱은 7씩 커집니다.

×	1	2	3	4	5	6	7	8	9
7	7	14	21	28	35	42	49	56	63

＋7 ＋7 ＋7 ＋7 ＋7 ＋7 ＋7 ＋7

1 □ 안에 알맞은 수를 써넣으세요.

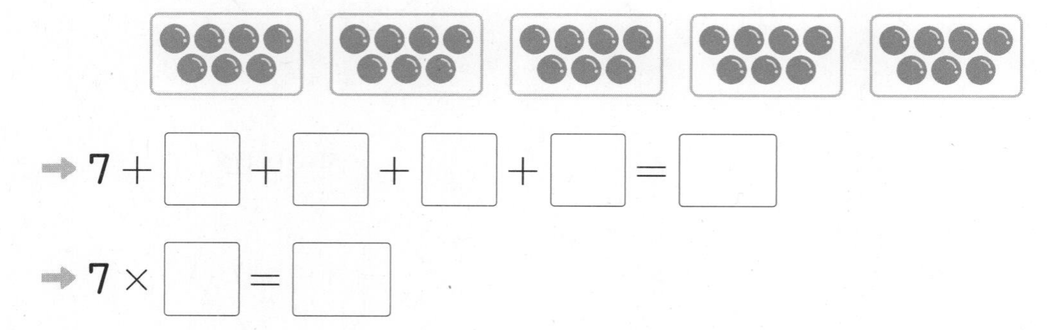

➡ 7＋□＋□＋□＋□＝□

➡ 7×□＝□

➔ 정답과 풀이 26쪽

2 연결 모형의 수를 세려고 합니다. □ 안에 알맞은 수를 써넣으세요.

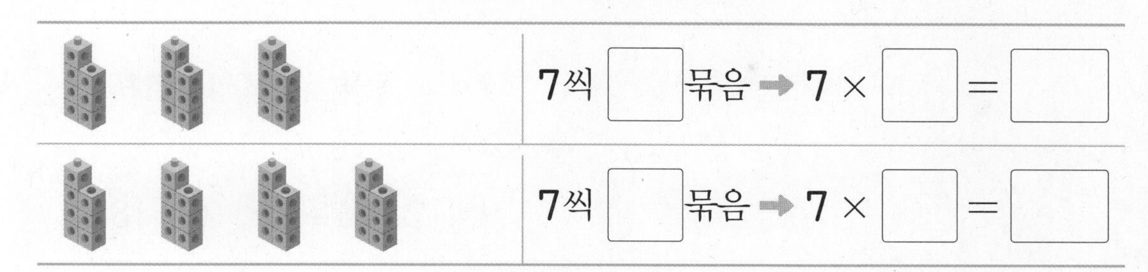

	7씩 □ 묶음 ➔ 7 × □ = □
	7씩 □ 묶음 ➔ 7 × □ = □

3 7 × 6을 계산하는 방법을 알아보려고 합니다. □ 안에 알맞은 수를 써넣으세요.

(1)

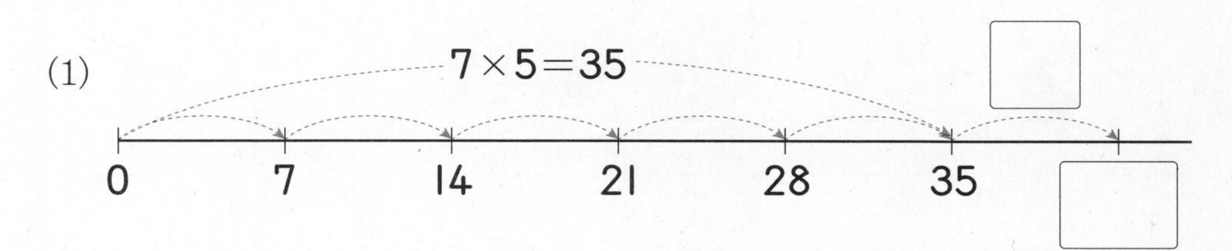

7 × 5에 □ 을/를 더하여 계산합니다.

(2)

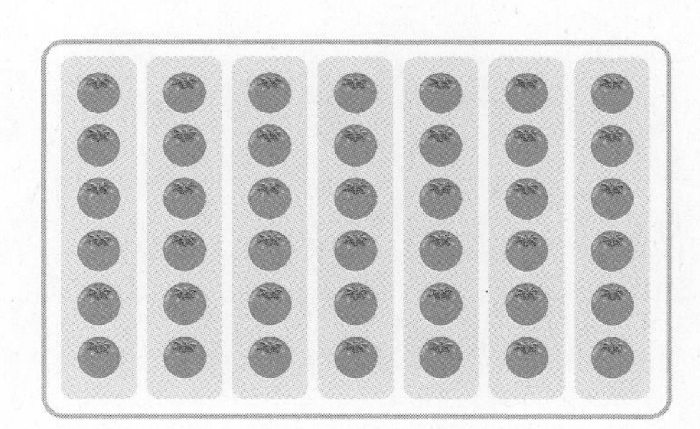

6씩 □ 묶음 있으므로 6 × □ = □ 입니다.

4 달팽이가 이동한 거리를 구하려고 합니다. □ 안에 알맞은 수를 써넣으세요.

7 cm 7 cm 7 cm 7 cm 7 cm 7 cm 7 cm 7 cm

7 × □ = □ (cm)

9단 곱셈구구를 알아볼까요

- 9씩 묶어 세기

9	9씩 1 묶음	9 × 1 = 9
9 + 9	9씩 2 묶음	9 × 2 = 18
9 + 9 + 9	9씩 3 묶음	9 × 3 = 27
9 + 9 + 9 + 9	9씩 4 묶음	9 × 4 = 36
9 + 9 + 9 + 9 + 9	9씩 5 묶음	9 × 5 = 45

- 9단 곱셈구구

➡ 곱하는 수가 1씩 커지면 곱은 9씩 커집니다.

×	1	2	3	4	5	6	7	8	9
9	9	18	27	36	45	54	63	72	81

+9 +9 +9 +9 +9 +9 +9 +9

1 □ 안에 알맞은 수를 써넣으세요.

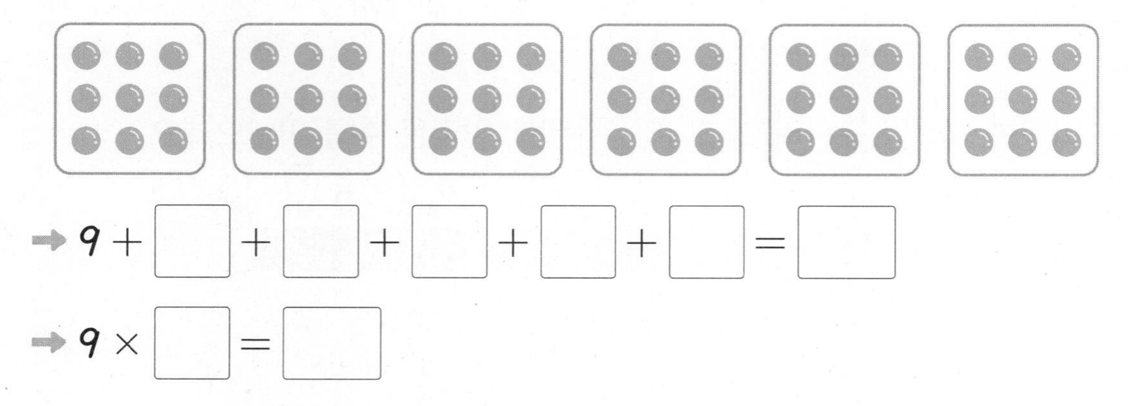

➡ 9 + □ + □ + □ + □ + □ = □

➡ 9 × □ = □

2 야구공의 수를 세려고 합니다. □ 안에 알맞은 수를 써넣으세요.

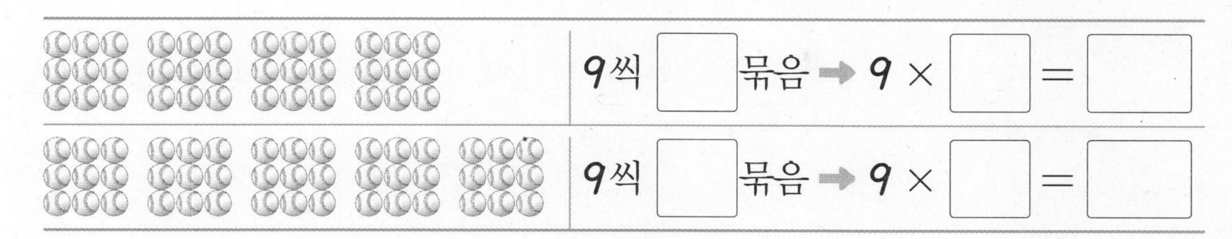

3 9×7을 계산하는 방법을 알아보려고 합니다. □ 안에 알맞은 수를 써넣으세요.

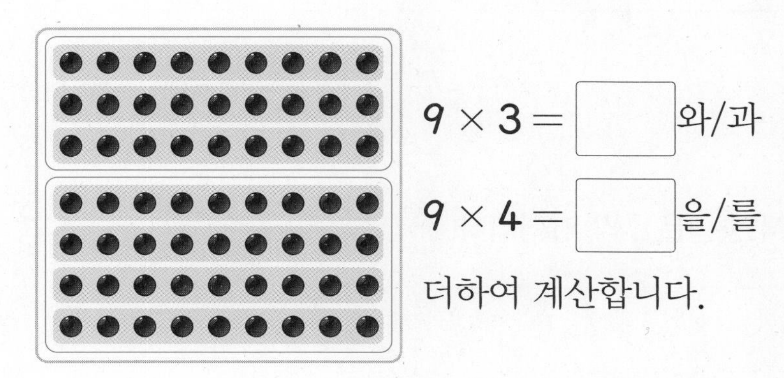

$9 \times 3 =$ □ 와/과

$9 \times 4 =$ □ 을/를

더하여 계산합니다.

4 9단 곱셈구구의 값을 찾아 이어 보세요.

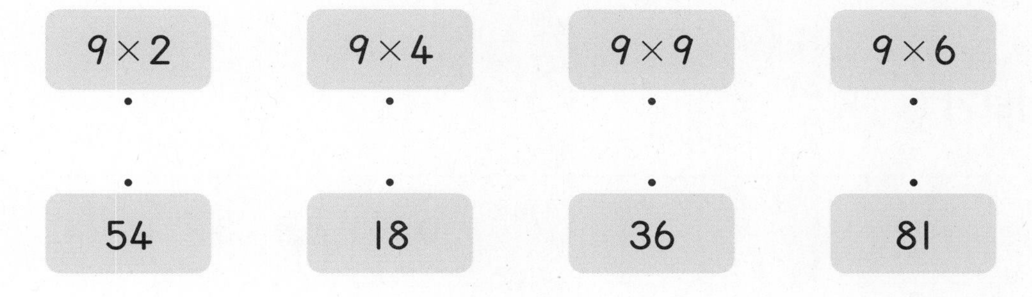

5 도토리의 수를 여러 가지 곱셈식으로 나타내려고 합니다. □ 안에 알맞은 수를 써넣으세요.

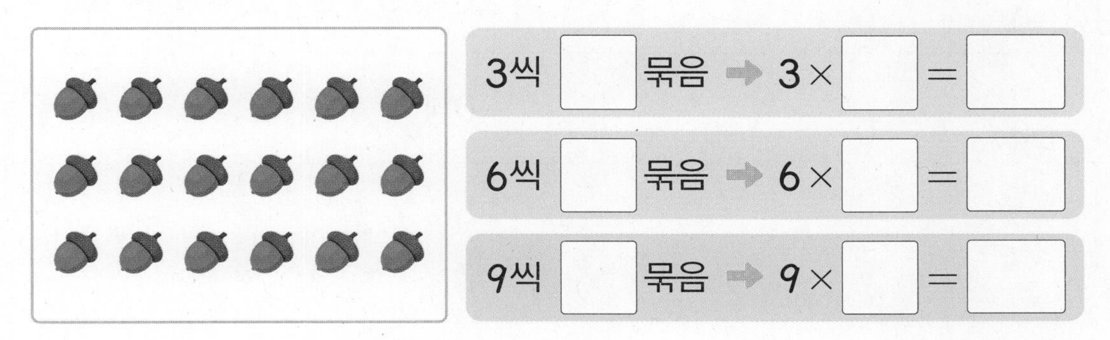

교과서 개념

7 1단 곱셈구구와 0의 곱을 알아볼까요

• 1씩 세기

1	1씩 1 묶음	1 × 1 = 1
1 + 1	1씩 2 묶음	1 × 2 = 2
1 + 1 + 1	1씩 3 묶음	1 × 3 = 3
1 + 1 + 1 + 1	1씩 4 묶음	1 × 4 = 4

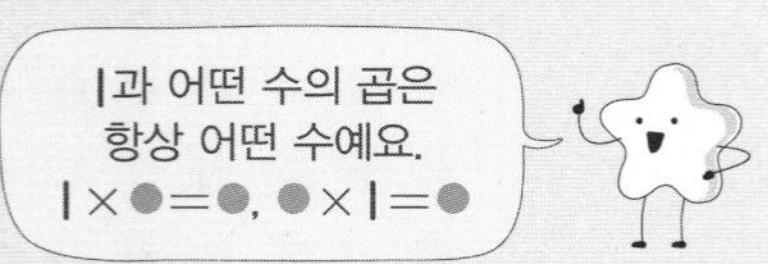

• 1단 곱셈구구

➡ 곱하는 수가 1씩 커지면 곱은 1씩 커집니다.

×	1	2	3	4	5	6	7	8	9
1	1	2	3	4	5	6	7	8	9

+1 +1 +1 +1 +1 +1 +1 +1

• 0의 곱 알아보기

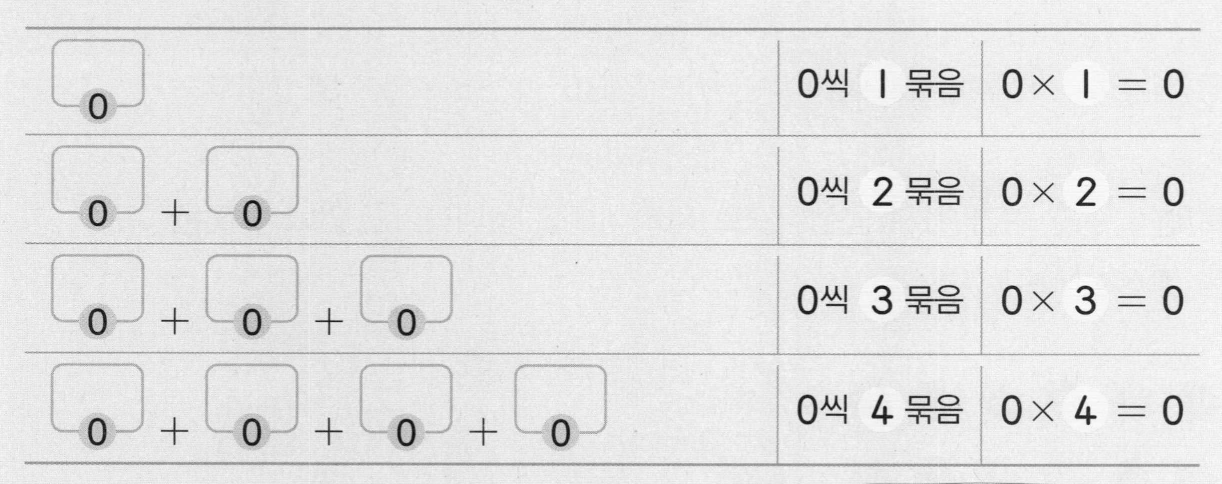

0	0씩 1 묶음	0 × 1 = 0
0 + 0	0씩 2 묶음	0 × 2 = 0
0 + 0 + 0	0씩 3 묶음	0 × 3 = 0
0 + 0 + 0 + 0	0씩 4 묶음	0 × 4 = 0

0과 어떤 수의 곱은
항상 0이에요.
0×▲=0, ▲×0=0

1 물고기의 수를 세려고 합니다. □ 안에 알맞은 수를 써넣으세요.

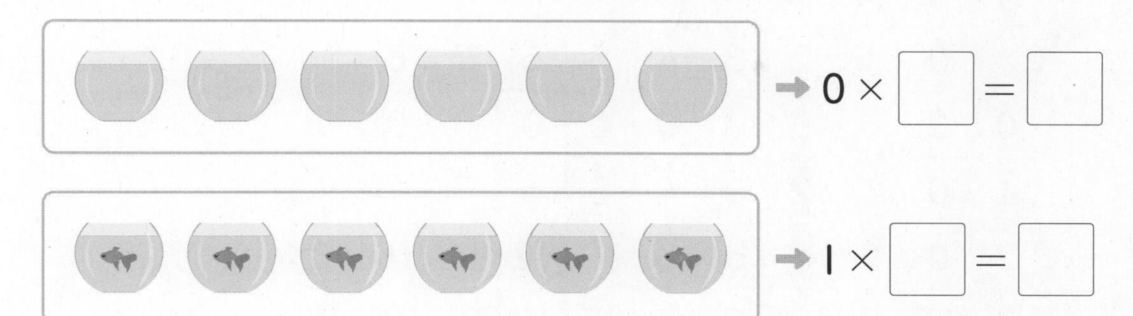

→ $0 \times \square = \square$

→ $1 \times \square = \square$

2 □ 안에 알맞은 수를 써넣으세요.

(1) $0 \times 5 = \square$ (+5)
$1 \times 5 = \square$ (+5)
$2 \times 5 = \square$ (+5)
$3 \times 5 = \square$

(2) $9 \times 3 = \square$ (−9)
$9 \times 2 = \square$ (−9)
$9 \times 1 = \square$ (−9)
$9 \times 0 = \square$

3 서하가 화살 6개를 쏘았을 때 얻은 점수를 알아보려고 합니다. 물음에 답하세요.

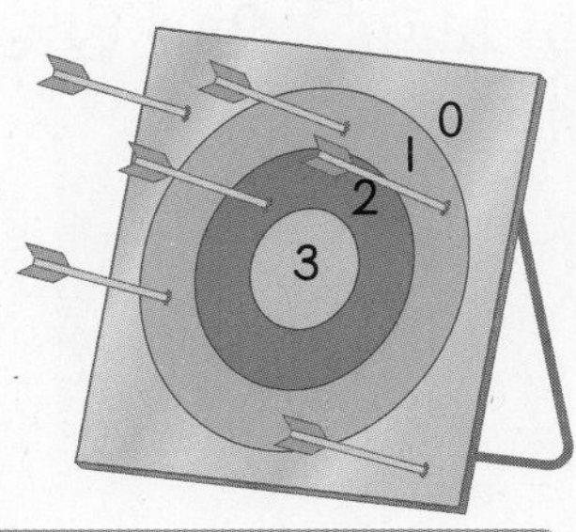

(1) 빈칸에 알맞은 곱셈식을 써 보세요.

과녁에 적힌 수	0	1	2	3
맞힌 화살(개)	2	3	1	0
점수(점)	$0 \times 2 = 0$			

(2) 서하가 얻은 점수는 모두 몇 점일까요?

( )

8 곱셈표를 만들어 볼까요

• 곱셈표 만들기

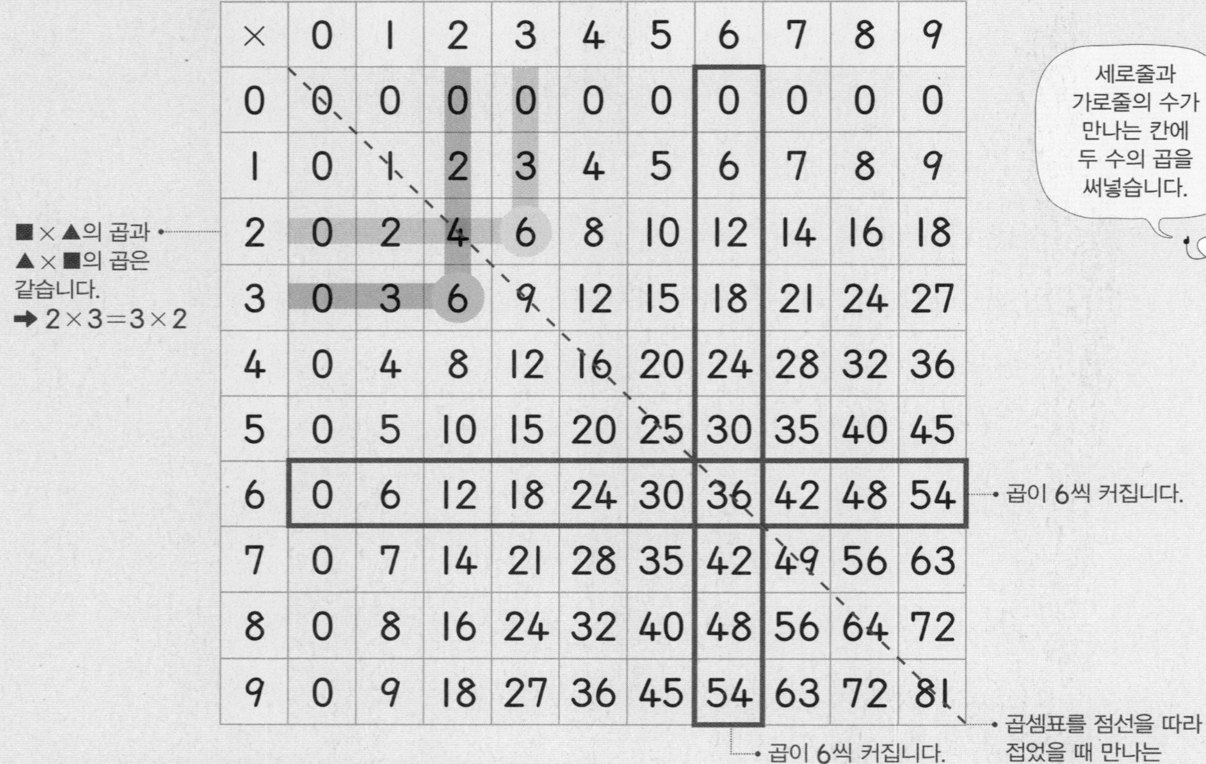

×	0	1	2	3	4	5	6	7	8	9
0	0	0	0	0	0	0	0	0	0	0
1	0	1	2	3	4	5	6	7	8	9
2	0	2	4	6	8	10	12	14	16	18
3	0	3	6	9	12	15	18	21	24	27
4	0	4	8	12	16	20	24	28	32	36
5	0	5	10	15	20	25	30	35	40	45
6	0	6	12	18	24	30	36	42	48	54
7	0	7	14	21	28	35	42	49	56	63
8	0	8	16	24	32	40	48	56	64	72
9	0	9	18	27	36	45	54	63	72	81

• ■단 곱셈구구에서는 곱이 ■씩 커집니다.

• 가로줄(→)에 있는 ☐의 단과 세로줄(↓)에 있는 ☐의 단의 곱은 같습니다.

1 곱셈표를 보고 ☐ 안에 알맞은 수를 써넣으세요.

×	1	2	3	4
1	1	2	3	4
2	2	4	6	8
3	3	6	9	12
4	4	8	12	16

(1) 3단 곱셈구구에서는 곱이 3－☐－☐－12로 ☐씩 커집니다.

(2) ☐로 둘러싸여 있는 수들은 ☐씩 커집니다.

정답과 풀이 27쪽

2 곱셈표를 보고 물음에 답하세요.

×	2	3	4	5	6	7	8	9
2	4	6	8	10	12		16	18
3	6	9	12	15	18		24	27
4	8	12	16	20	24		32	36
5	10	15	20		30	35	40	45
6	12	18	24	30		42	48	54
7	14	21	28	35	42	49	56	63
8	16	24	32	40				
9	18	27	36	45	54	63	72	81

(1) 빈칸에 알맞은 수를 써넣어 곱셈표를 완성해 보세요.

(2) 위에 있는 수들을 보고 □ 안에 알맞은 수를 써넣으세요.

□ 단 곱셈구구의 곱은 □ 씩 커집니다.

(3) 점선을 따라 곱셈표를 접었을 때 54 와 만나는 칸에 색칠하고 □ 안에 알맞은 수를 써넣으세요.

9 × □ = 54　　　□ × 9 = 54

(4) 곱셈표에서 곱이 24인 곳에 모두 ○표 하고 □ 안에 알맞은 수를 써넣으세요.

3 × □ = 24　　　4 × □ = 24

8 × □ = 24　　　6 × □ = 24

9 곱셈구구를 이용하여 문제를 해결해 볼까요

• 곱셈구구를 이용하여 로봇의 수 구하기

2단 곱셈구구 → $2 \times 9 = 18$(개)

3단 곱셈구구 → $3 \times 6 = 18$(개)

6단 곱셈구구 → $6 \times 3 = 18$(개)

9단 곱셈구구 → $9 \times 2 = 18$(개)

곱셈식을 만들 때 ■씩 ●묶음이 되는지 알아봐요.

1 곱셈구구를 이용하여 해마의 수를 알아보려고 합니다. □ 안에 알맞은 수를 써넣으세요.

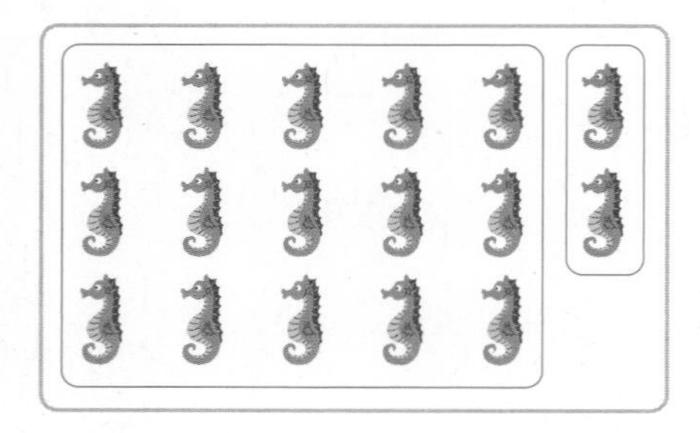

(1) 해마의 수는 □ × 3과 1 × □을/를 더하면 모두 □마리입니다.

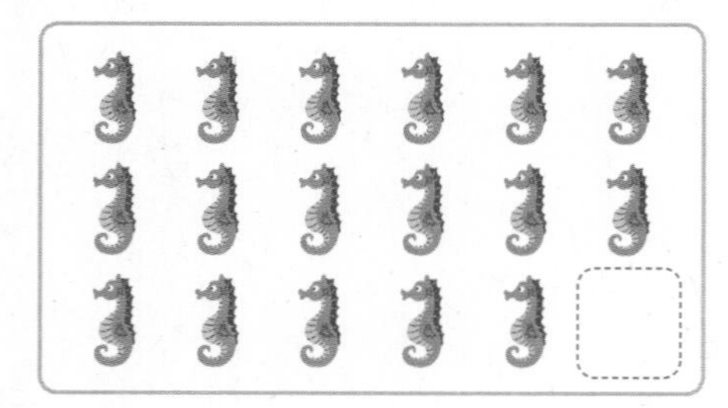

(2) 해마의 수는 6 × □에서 1을 빼면 모두 □마리입니다.

2 한 접시에 과자가 7개씩 놓여 있습니다. 6접시에 놓인 과자는 모두 몇 개인지 구해 보세요.

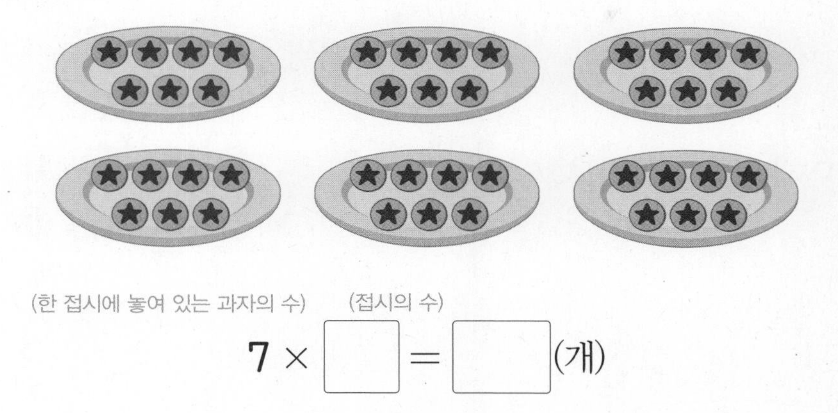

(한 접시에 놓여 있는 과자의 수) (접시의 수)

7 × ☐ = ☐(개)

3 연필꽂이 하나에 연필이 4자루씩 들어 있습니다. 연필꽂이 8개에 있는 연필은 모두 몇 자루인지 구해 보세요.

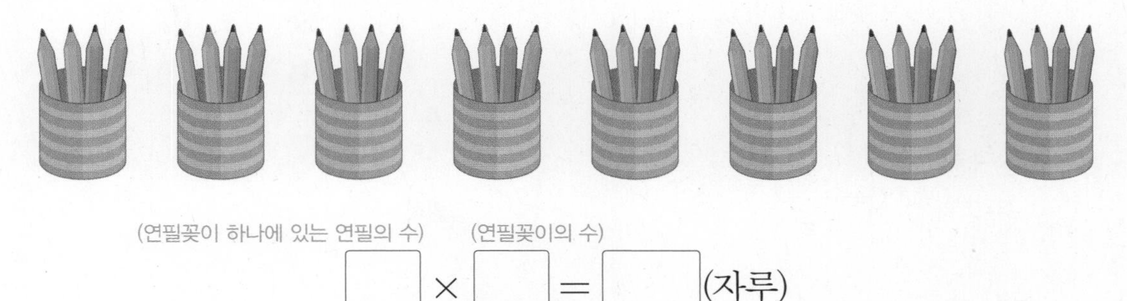

(연필꽂이 하나에 있는 연필의 수) (연필꽂이의 수)

☐ × ☐ = ☐(자루)

4 한 대에 8명이 탈 수 있는 케이블카가 있습니다. 케이블카 9대에는 모두 몇 명이 탈 수 있는지 구해 보세요.

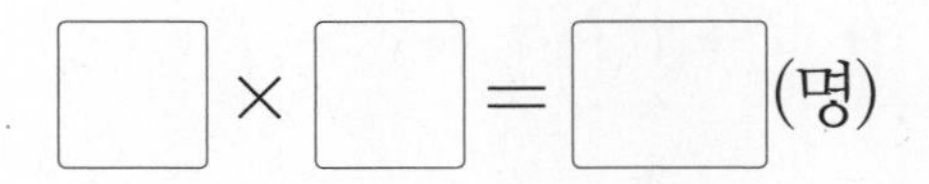

☐ × ☐ = ☐(명)

5 은호가 곱셈구구를 이용하여 의자의 수를 알아보았습니다. ☐ 안에 알맞은 수를 써넣으세요.

2

기본기 강화 문제

1 덧셈식을 곱셈식으로 나타내기

• □ 안에 알맞은 수를 써넣으세요.

1 $2+2+2=$ [6]

[3]번

➡ $2 \times$ [3] $=$ [6]

▲+⋯+▲=▲×●

●번

2 $5+5+5+5=$ □

□번

➡ $5 \times$ □ $=$ □

3 $6+6+6+6+6=$ □

□번

➡ $6 \times$ □ $=$ □

4 $4+4+4+4+4+4+4=$ □

□번

➡ $4 \times$ □ $=$ □

5 $8+8+8+8+8+8=$ □

□번

➡ $8 \times$ □ $=$ □

2 몇씩 묶고 곱셈식으로 나타내기

• 구슬을 주어진 수만큼 묶고 구슬의 수를 곱셈식으로 나타내 보세요.

1 2씩

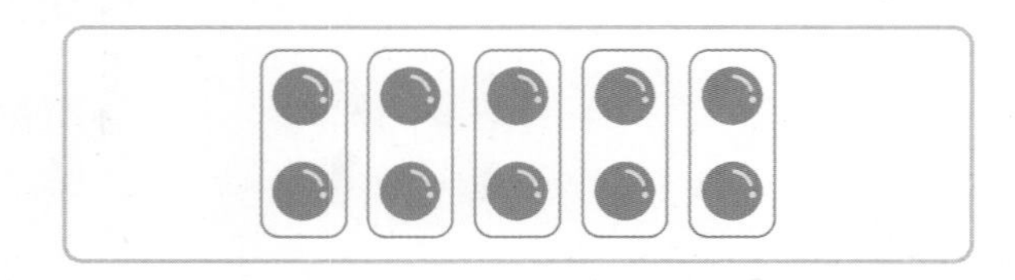

곱셈식 $2 \times 5 = 10$

2 5씩

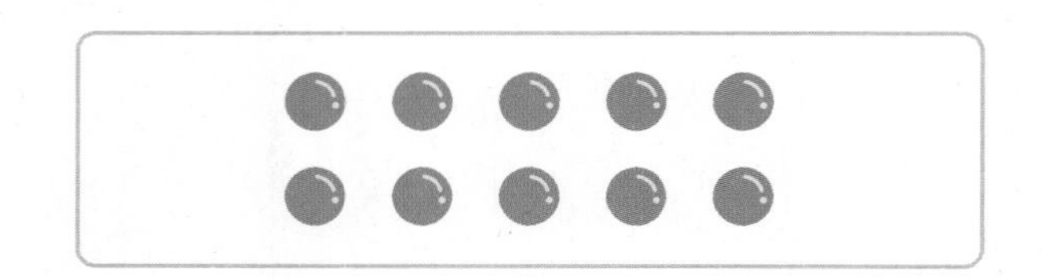

곱셈식 ....

3 3씩

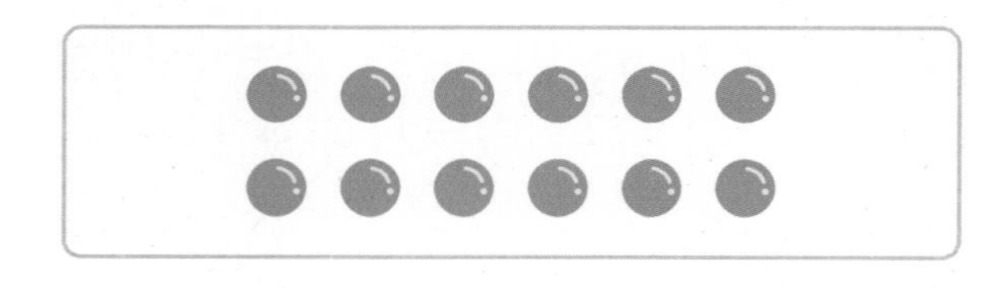

곱셈식 ....

4 4씩

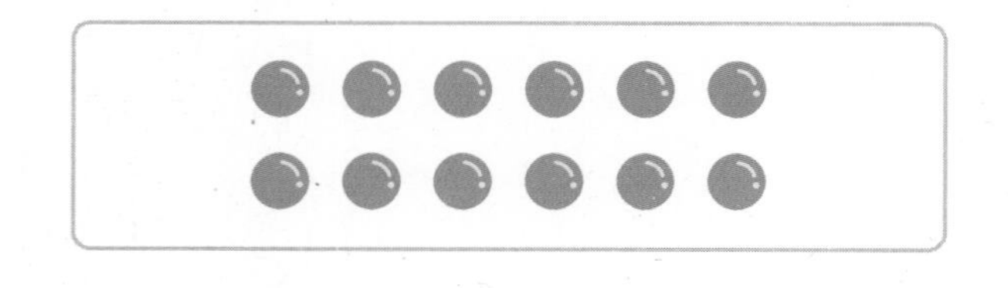

곱셈식 ....

3 수직선에 곱셈구구 나타내기

- 색칠된 수까지 뛰어 센 수를 화살표로 표시하고 곱셈식으로 나타내 보세요.

1

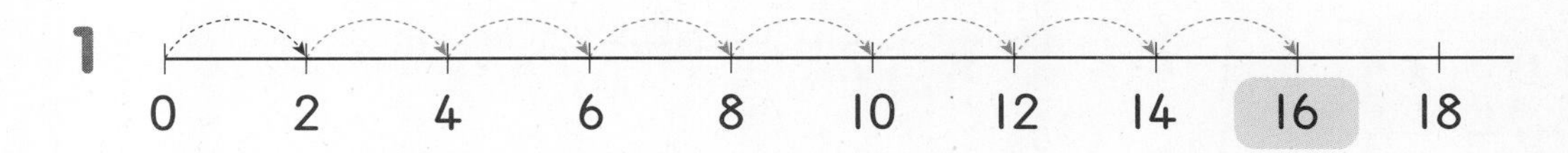

곱셈식 $2 \times 8 = 16$

2

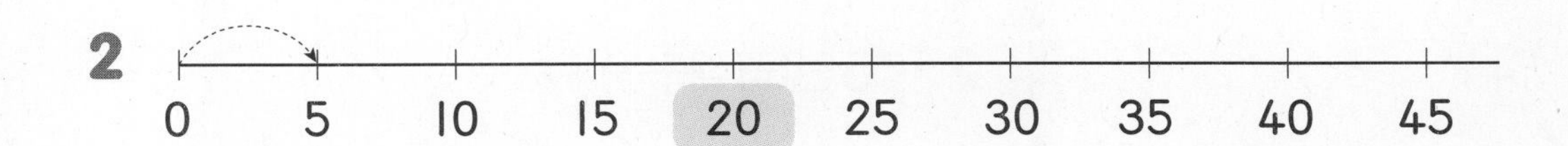

곱셈식

3

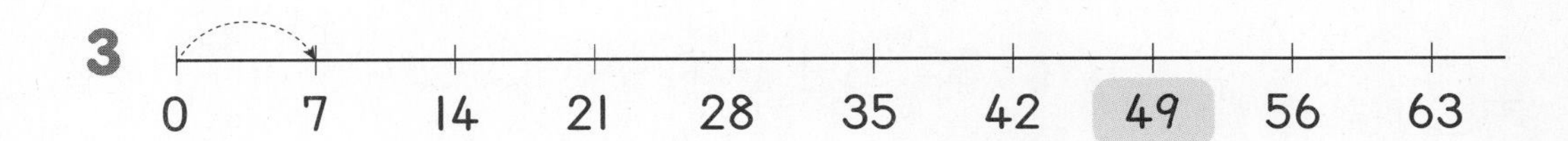

곱셈식

4

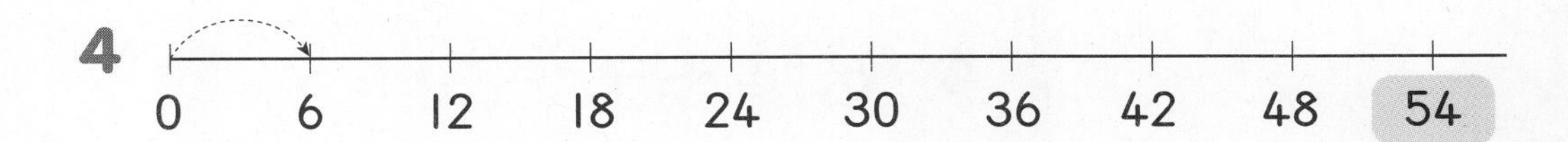

곱셈식

5

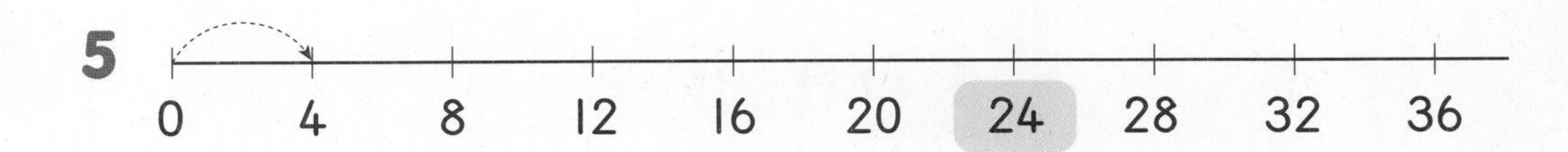

곱셈식

6

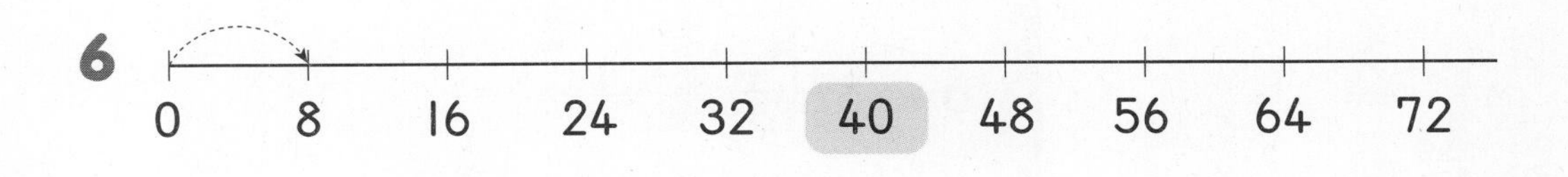

곱셈식

2

4 곱셈구구 알아보기

- □ 안에 알맞은 수를 써넣으세요.

1

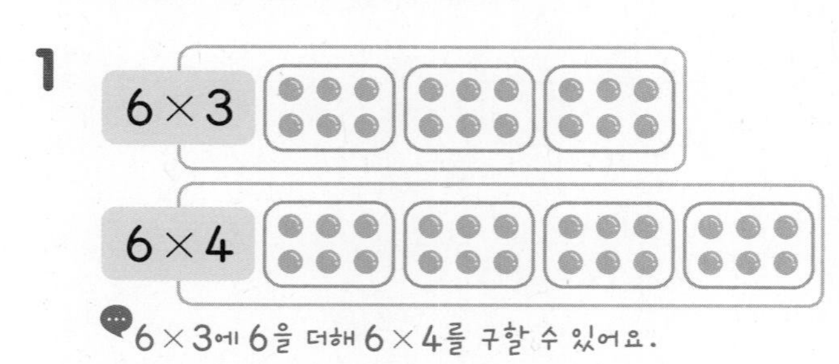

6×3에 6을 더해 6×4를 구할 수 있어요.

$6 \times 3 = 18$ ↘ +□

$6 \times 4 = \square$

2 $5 \times 5 = 25$ ↘ +□

$5 \times 6 = \square$

3 $4 \times 6 = 24$ ↘ +□

$4 \times 7 = \square$

4 $3 \times 7 = 21$ ↘ +□

$3 \times 8 = \square$

5 $7 \times 8 = 56$ ↘ +□

$7 \times 9 = \square$

5 곱셈구구의 곱 찾기

- 주어진 곱셈구구의 곱을 모두 찾아 ○표 하세요.

1 2단 곱셈구구

7　12　5　4　14　9

2 5단 곱셈구구

10　40　24　35　12　28

3 3단 곱셈구구

21　26　15　29　9　13

4 6단 곱셈구구

33　41　40　18　36　54

5 4단 곱셈구구

16　35　6　8　28　22

6 8단 곱셈구구

23　40　16　55　32　70

정답과 풀이 28쪽

6 색칠하기

• 7단 곱셈구구의 곱을 찾아 색칠해 보세요.

색칠했을 때 어떤 동물이 나올까요?

1	7	41	35	68	9	50	96	55	29	3
40	42	7	56	80	17	86	6	41	48	67
28	56	49	63	14	10	79	55	36	87	9
85	14	42	21	78	72	30	9	2	45	15
11	32	63	28	76	88	3	96	75	1	60
61	37	35	7	10	39	9	4	59	38	97
23	2	21	14	95	86	22	20	89	71	5
31	11	42	56	44	2	53	15	1	94	45
13	23	63	14	20	90	8	69	93	29	33
48	2	7	21	9	83	17	43	8	82	21
62	25	49	35	63	28	42	7	49	14	55
1	81	96	56	14	21	42	35	28	35	3
8	26	57	99	63	73	93	17	63	57	17
73	68	17	14	49	85	66	56	7	19	99
51	90	21	29	28	88	42	19	35	92	2
65	95	52	16	53	11	74	99	57	66	1

7 순서 바꾸어 곱하기

• 작은 칸의 수를 구하는 곱셈식을 두 가지로 써 보세요.

1

5씩 3줄

3씩 5줄

곱셈식 $5 \times 3 = 15$, $3 \times 5 = 15$

2

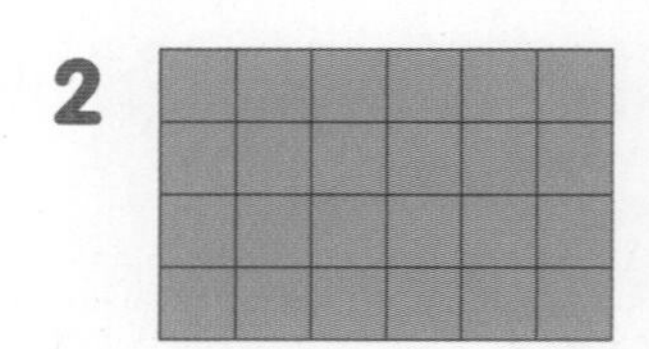

곱셈식 ______, ______

3

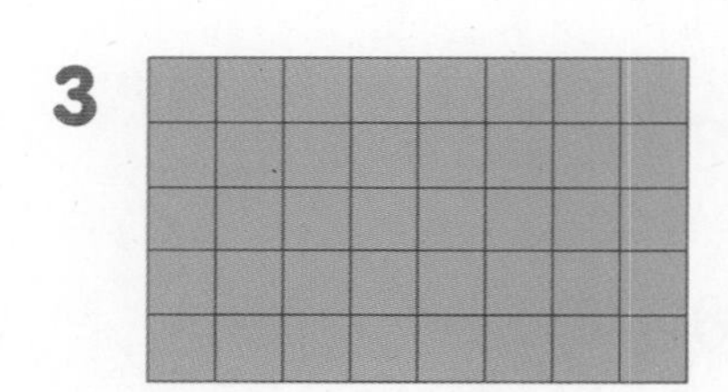

곱셈식 ______, ______

4

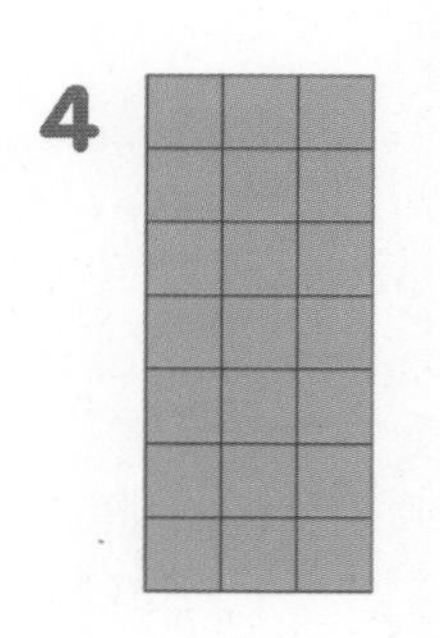

곱셈식 ______, ______

8 곱하는 수와 곱의 관계

• □ 안에 알맞은 수를 써넣으세요.

1 $2 \times 4 = 8$

□배 □배

$2 \times 8 = \square$

2 $4 \times 2 = \square$

□배 □배

$4 \times 4 = \square$

3 $3 \times 3 = 9$

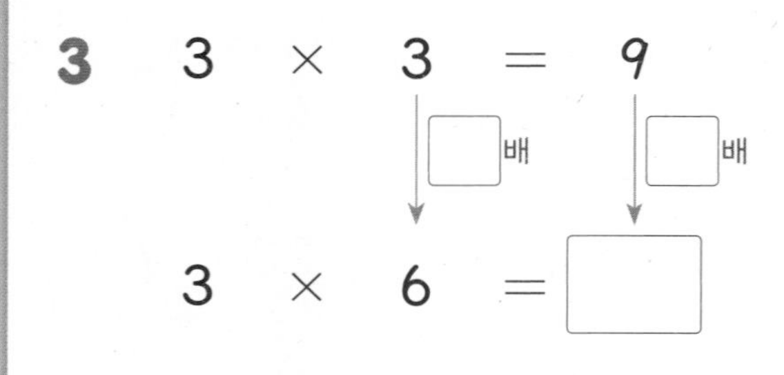

□배 □배

$3 \times 6 = \square$

4 $2 \times 3 = 6$

□배 □배

$2 \times 9 = \square$

5 $3 \times 2 = \square$

□배 □배

$3 \times 8 = \square$

➔ 정답과 풀이 28쪽

9 케이크의 무게 비교하기

- 더 무거운 케이크를 찾아 ○표 하세요.

1

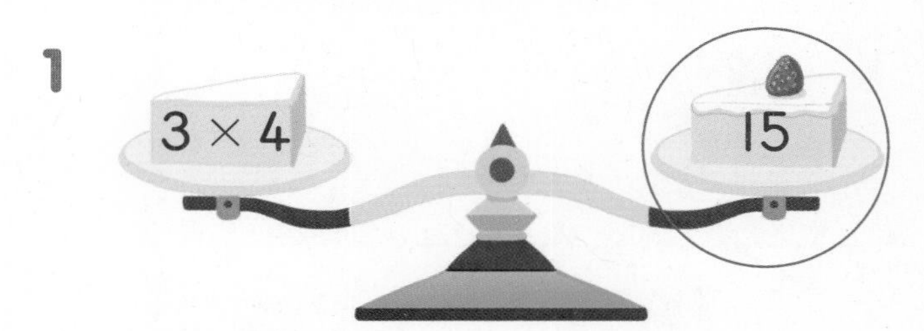

2

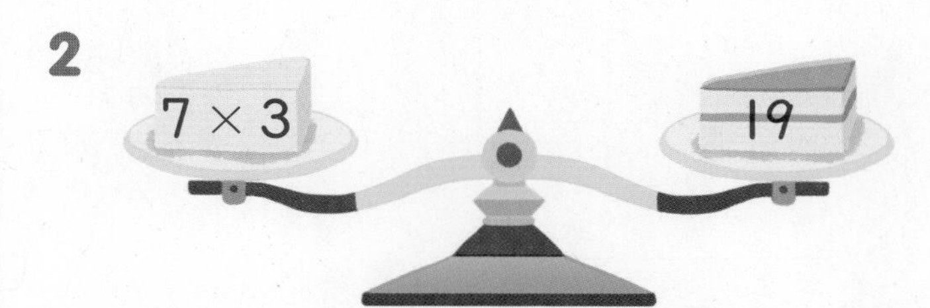

3

4

5

6

7

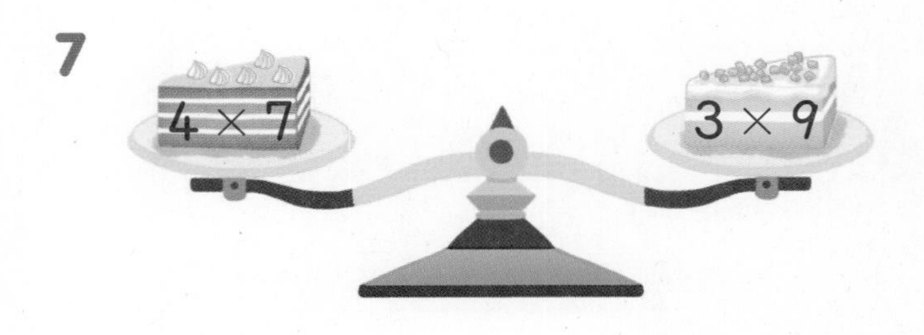

8

10 곱해서 더해 보기

• □ 안에 알맞은 수를 써넣으세요.

4×7은 4×5와 4×2를 더해서 구할 수 있어요.

1
$4 \times 5 = \square$
$4 \times 2 = \square$
$4 \times 7 = \square$

2
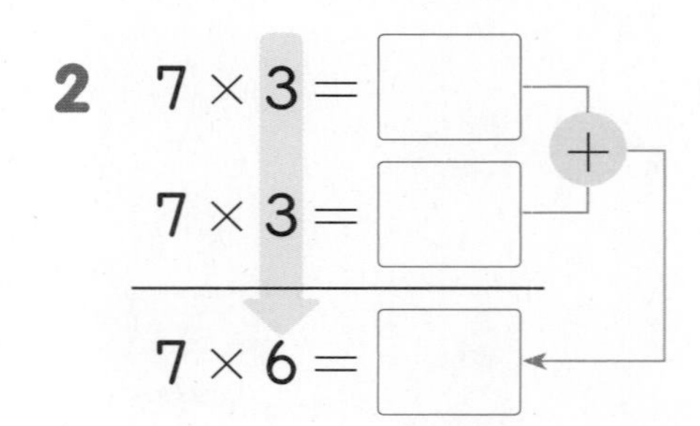
$7 \times 3 = \square$
$7 \times 3 = \square$
$7 \times 6 = \square$

3
$2 \times 4 = \square$
$2 \times 5 = \square$
$2 \times 9 = \square$

4
$8 \times 1 = \square$
$8 \times 7 = \square$
$8 \times 8 = \square$

5
$3 \times 3 = \square$
$3 \times 4 = \square$
$3 \times 7 = \square$

11 연결 모형의 수 구하기

• 곱셈구구를 이용하여 연결 모형의 수를 구해 보세요.

1

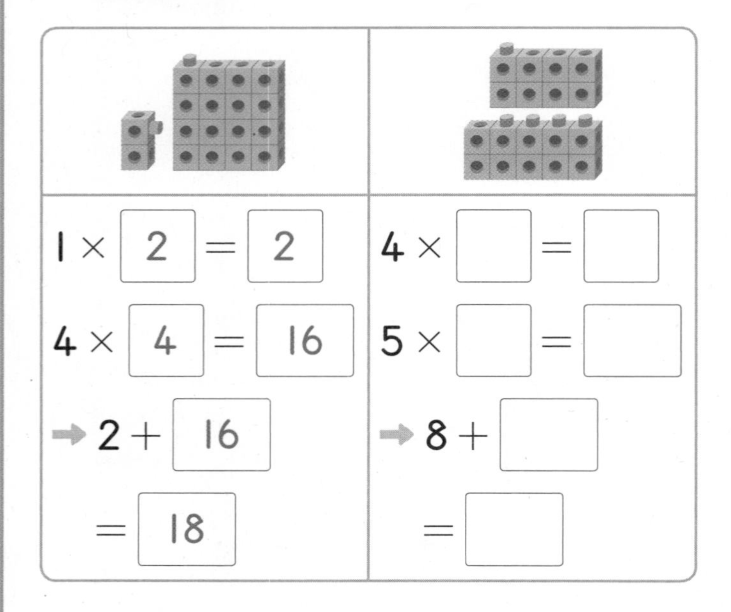

2

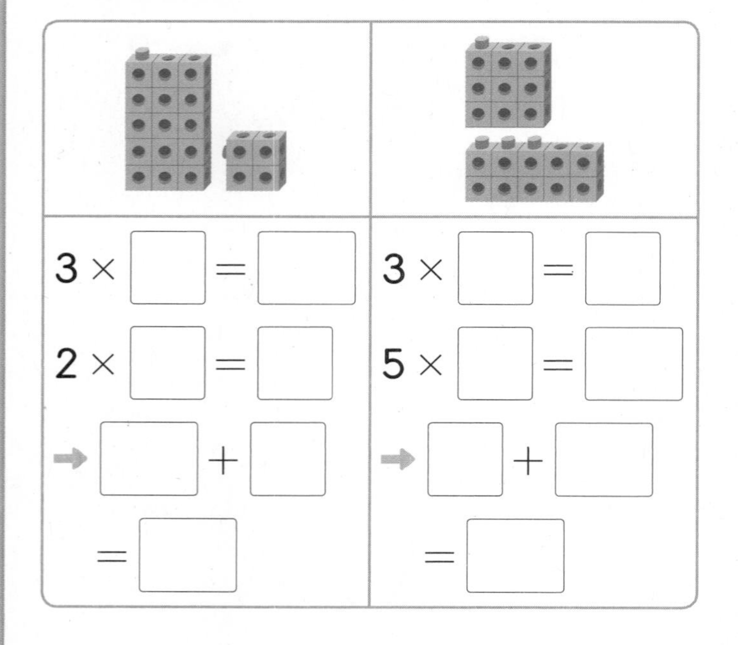

정답과 풀이 29쪽

12 곱이 같은 곱셈구구 알아보기

• □ 안에 알맞은 수를 써넣으세요.

1

2 2 2 2 2 2 2 2

4 4 4 4

8 8

$2 \times \square = 16$

$4 \times \square = 16$

$8 \times \square = 16$

2

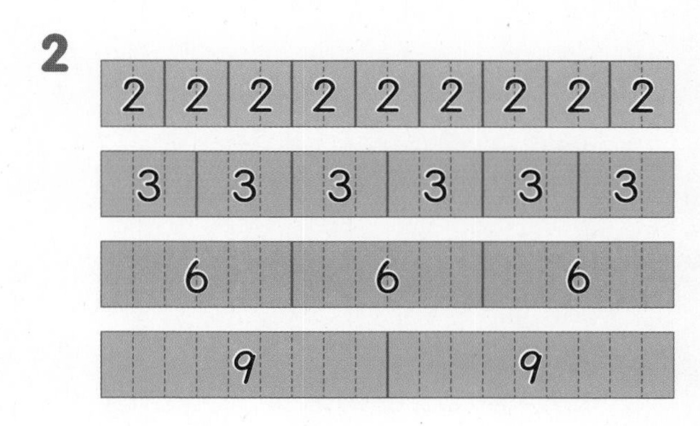

$2 \times \square = 18$

$3 \times \square = 18$

$6 \times \square = 18$

$9 \times \square = 18$

3

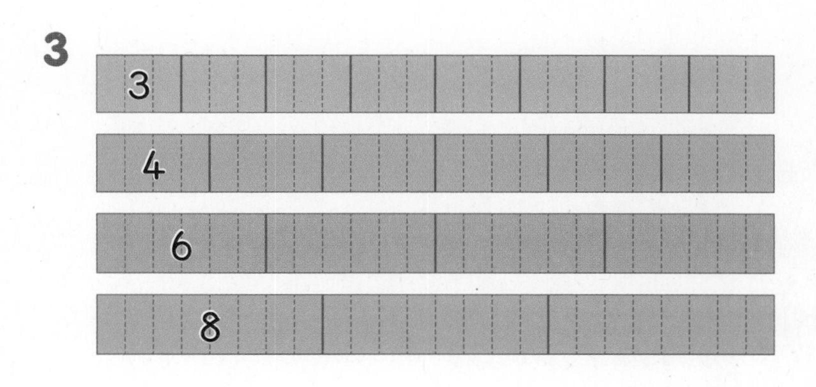

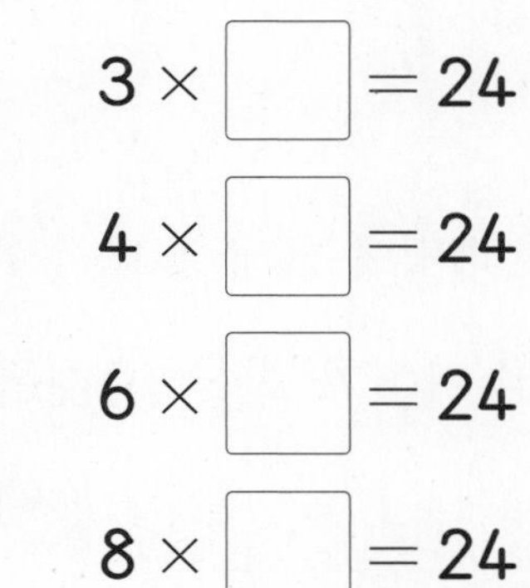

$3 \times \square = 24$

$4 \times \square = 24$

$6 \times \square = 24$

$8 \times \square = 24$

4

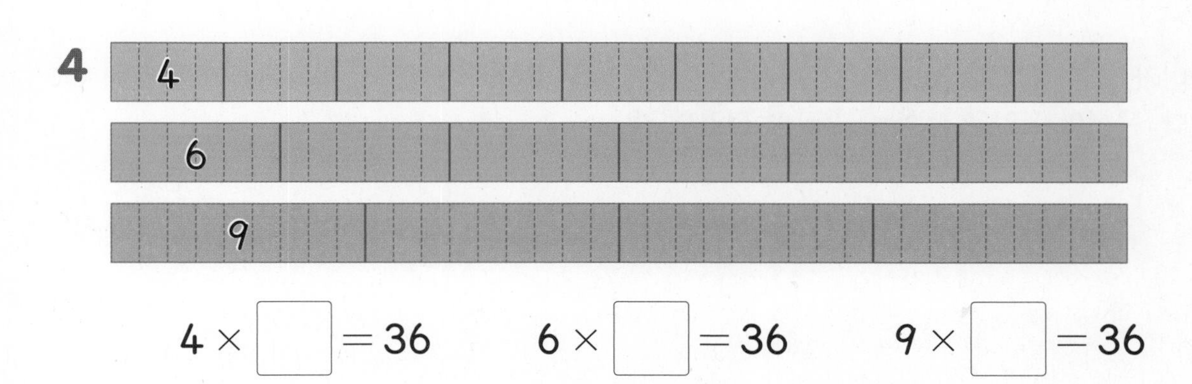

$4 \times \square = 36$ $6 \times \square = 36$ $9 \times \square = 36$

⑬ 얻은 점수 구하기

STEP❶ 구하려는 것을 찾아요.

1 수민이가 화살 10개를 쏘아서 2점짜리 과녁에 7개를 맞히고 1점짜리 과녁에 3개를 맞혔습니다. **수민이가 얻은 점수는 모두 몇 점**일까요?

STEP❷ 문제를 간단히 나타내요.

2점짜리에 맞힌 점수

2점짜리 과녁에 7개 ➡ $2+2+2+2+2+2+2$

1점짜리에 맞힌 점수

1점짜리 과녁에 3개 ➡ $1+1+1$

2×7과 1×3의 합은?

STEP❸ 문제를 해결해요.

2점짜리 과녁에 7개 ➡ $2+2+2+2+2+2+2$

$=2\times$ □ $=$ □(점)

1점짜리 과녁에 3개 ➡ $1+1+1=1\times$ □ $=$ □(점)

따라서 수민이가 화살 10개를 쏘아서 얻은 점수는 모두

□ $+$ □ $=$ □(점)입니다.

2 은성이가 화살 10개를 쏘아서 3점짜리 과녁에 5개를 맞히고 0점짜리 과녁에 5개를 맞혔습니다. **은성이가 얻은 점수는 모두 몇 점**일까요?

(　　　　　　　　)

정답과 풀이 29쪽

14 다르게 배열하기

STEP ❶ 구하려는 것을 찾아요.

1 도토리가 한 줄에 6개씩 6줄로 놓여 있습니다. 도토리를 **한 줄에 9개씩 놓는다면 모두 몇 줄**이 될까요?

STEP ❷ 문제를 간단히 나타내요.

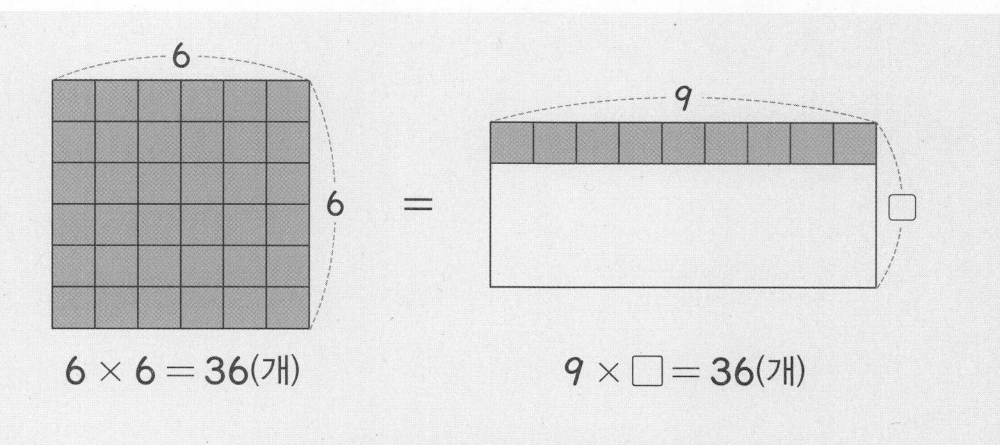

$6 \times 6 = 9 \times \square$에서 □는?

STEP ❸ 문제를 해결해요.

도토리의 수는 같으므로

$6 \times 6 = 36$ ➜ $9 \times \square =$ □ 입니다.

9단 곱셈구구에서 곱이 36인 경우는 $9 \times 1 = 9$, $9 \times 2 = 18$, $9 \times 3 = 27$,

$9 \times 4 = 36$이므로 $9 \times \square = 36$에서 $\square =$ □ 입니다.

따라서 도토리를 한 줄에 9개씩 놓는다면 모두 □ 줄이 됩니다.

2 지우개가 한 줄에 8개씩 2줄로 놓여 있습니다. 지우개를 **한 줄에 4개씩 놓는다면 모두 몇 줄**이 될까요?

( )

단원 평가 ❶

점수 | 확인

1 그림을 보고 □ 안에 알맞은 수를 써넣으세요.

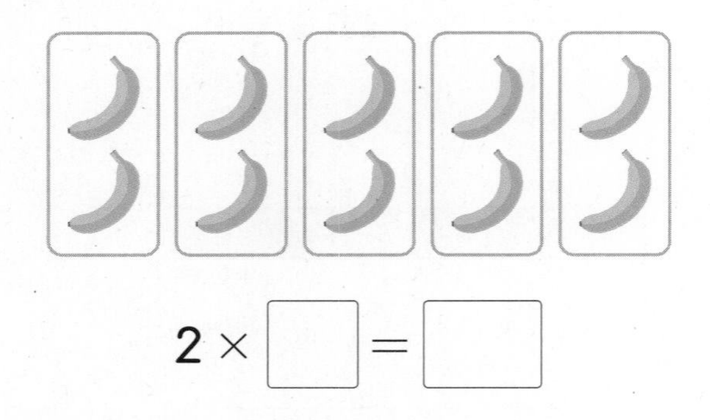

2 × □ = □

2 수직선을 보고 □ 안에 알맞은 수를 써넣으세요.

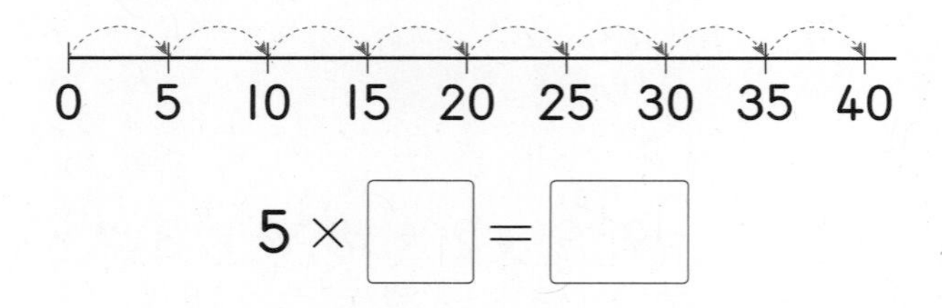

5 × □ = □

3 곱이 같은 것끼리 이어 보세요.

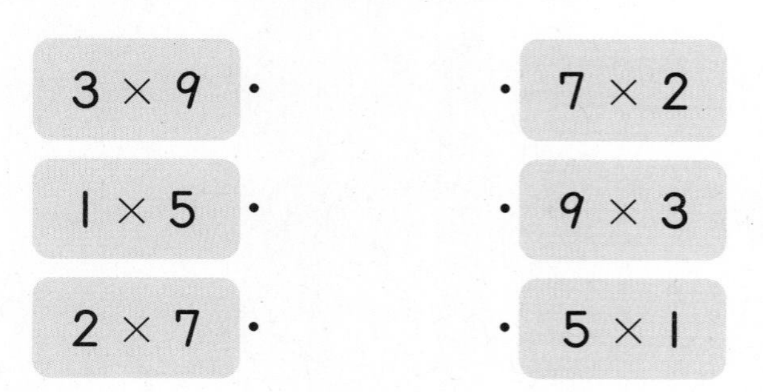

4 7단 곱셈구구의 값을 모두 찾아 ○표 하세요.

1	2	3	4	5	6	7	8
9	10	11	12	13	14	15	16
17	18	19	20	21	22	23	24
25	26	27	28	29	30	31	32
33	34	35	36	37	38	39	40

5 □ 안에 알맞은 수를 써넣으세요.

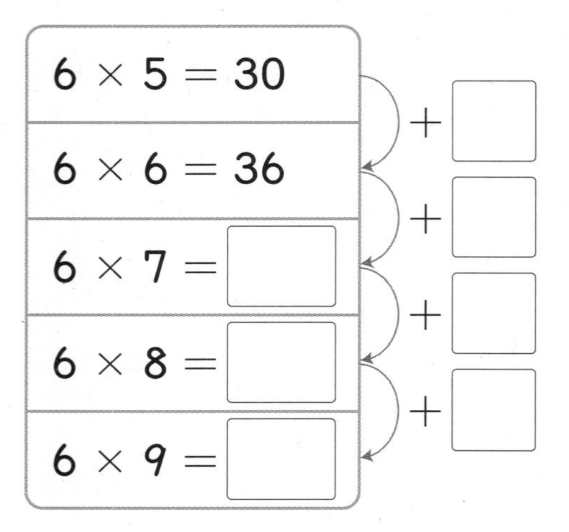

6 사과의 수를 알아보려고 합니다. □ 안에 알맞은 수를 써넣으세요.

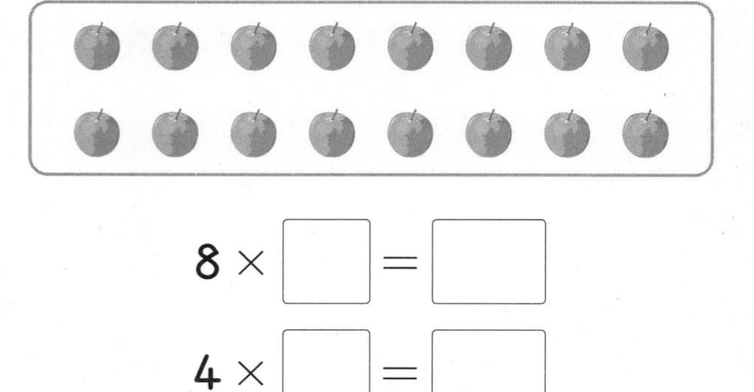

8 × □ = □

4 × □ = □

정답과 풀이 30쪽

7 9단 곱셈구구의 값을 찾아 선으로 이어 보세요.

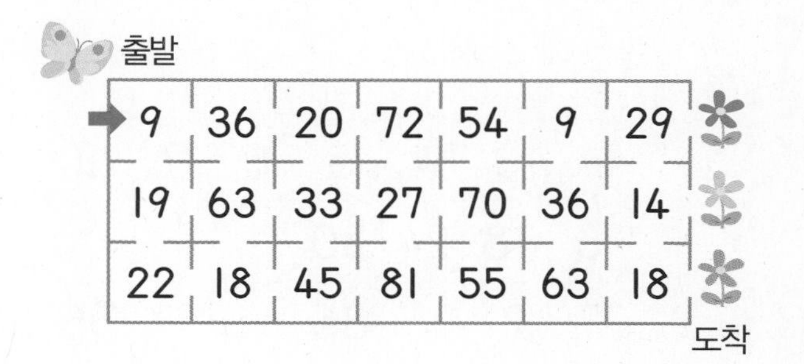

서술형 문제

8 정후의 나이는 8살입니다. 정후 이모의 나이는 정후 나이의 4배입니다. 정후 이모의 나이는 몇 살인지 보기 와 같이 풀이 과정을 쓰고 답을 구해 보세요.

보기

연선이의 나이: 9살
고모의 나이: 연선이 나이의 3배

9의 3배는 $9 \times 3 = 27$입니다.
따라서 연선이 고모의 나이는 27살입니다.

답 27살

8의 4배는 ....

....

....

답 ....

9 수 카드를 뽑아서 카드에 적힌 수만큼 점수를 얻는 놀이를 하였습니다. 다음 점수판을 완성해 보세요.

수 카드	4	0	1	5
뽑은 횟수(번)	0	2	3	2
얻은 점수(점)				

서술형 문제

10 곱이 작은 것부터 차례로 기호를 쓰려고 합니다. 보기 와 같이 풀이 과정을 쓰고 답을 구해 보세요.

보기

㉠ 3×6 ㉡ 4×5 ㉢ 7×2

㉠, ㉡, ㉢의 곱을 각각 구해 보면
㉠ $3 \times 6 = 18$, ㉡ $4 \times 5 = 20$,
㉢ $7 \times 2 = 14$입니다.
따라서 곱이 작은 것부터 차례로 기호를 쓰면 ㉢, ㉠, ㉡입니다.

답 ㉢, ㉠, ㉡

㉠ 8×2 ㉡ 6×7 ㉢ 5×7

㉠, ㉡, ㉢의 곱을 각각 구해 보면 ....

....

....

답 ....

단원 평가 ❷

점수 확인

1 그림을 보고 □ 안에 알맞은 수를 써넣으세요.

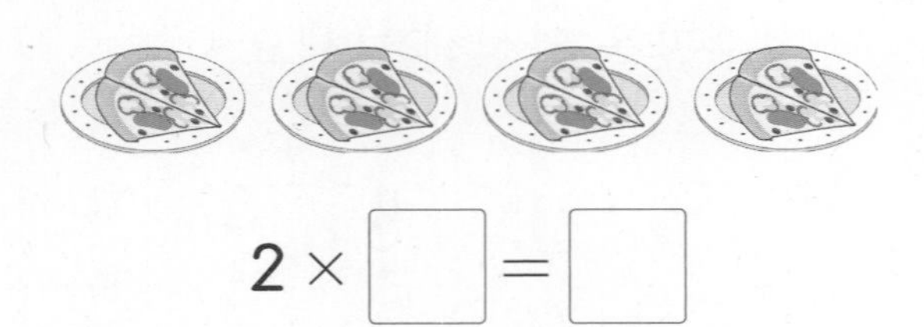

$2 \times \square = \square$

2 빈칸에 알맞은 수를 써넣으세요.

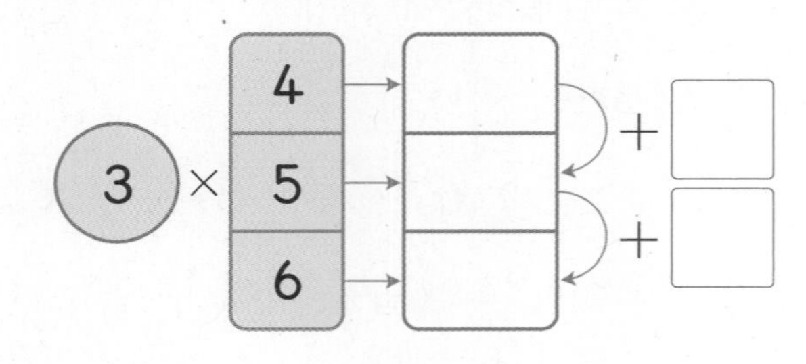

3 □ 안에 알맞은 수를 써넣으세요.

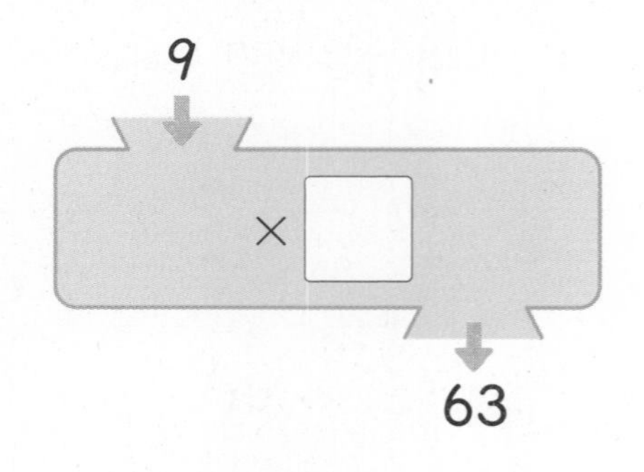

[4~5] 곱셈표를 보고 물음에 답하세요.

4 빈칸에 알맞은 수를 써넣어 곱셈표를 완성해 보세요.

×	3	4	5	6	7	8	9
6	18	24	30				54
7	21		35			56	63
8		32		48	56	64	
9	27		45			72	81

5 곱셈표에서 수 찾기 놀이를 하고 있습니다. □ 안에 알맞은 수를 써넣으세요.

6 계산 결과를 비교하여 ○ 안에 >, =, <를 알맞게 써넣으세요.

6×4 ○ 5×5

정답과 풀이 31쪽

7 서원이가 수학 문제를 하루에 7문제씩 5일 동안 풀었습니다. 서원이가 푼 수학 문제는 모두 몇 문제인지 □ 안에 알맞은 수를 쓰고 답을 구해 보세요.

곱셈식 $7 \times \square = \square$

답 ....

서술형 문제

8 연재가 고리 던지기 놀이를 했습니다. 고리를 걸면 1점, 걸지 못하면 0점일 때 연재의 점수는 몇 점인지 보기 와 같이 풀이 과정을 쓰고 답을 구해 보세요.

보기

고리 4개를 걸었고, 1개는 걸지 못했습니다.
$1 \times 4 = 4$, $0 \times 1 = 0$이므로 연재의 점수는 $4 + 0 = 4$(점)입니다.

고리 3개를 걸었고, ...

....

....

답 ....

9 어떤 수인지 구해 보세요.

- 8단 곱셈구구의 수입니다.
- 십의 자리 숫자는 50을 나타냅니다.

(   )

서술형 문제

10 종현이가 가지고 있는 색종이는 모두 몇 장인지 보기 와 같이 풀이 과정을 쓰고 답을 구해 보세요.

보기

파란색 색종이 2장씩 6묶음
노란색 색종이 5장씩 4묶음

파란색 색종이는 $2 \times 6 = 12$(장), 노란색 색종이는 $5 \times 4 = 20$(장)입니다.
따라서 종현이가 가지고 있는 색종이는 모두 $12 + 20 = 32$(장)입니다.

답 32장

파란색 색종이 3장씩 7묶음
노란색 색종이 4장씩 9묶음

파란색 색종이는 ....

....

....

답 ....

2

3 길이 재기

드디어 오늘은 신체검사 하는 날. 기다리던 키 재는 시간이에요.
교실에서 준이의 키보다 길거나 짧은 것을 찾아 스티커를 붙여 보세요.

스티커 붙이기

준이 키보다 **길어요.**

준이 키보다 **짧아요.**

교과서 개념

1 cm보다 더 큰 단위를 알아볼까요

● **l m 알아보기**

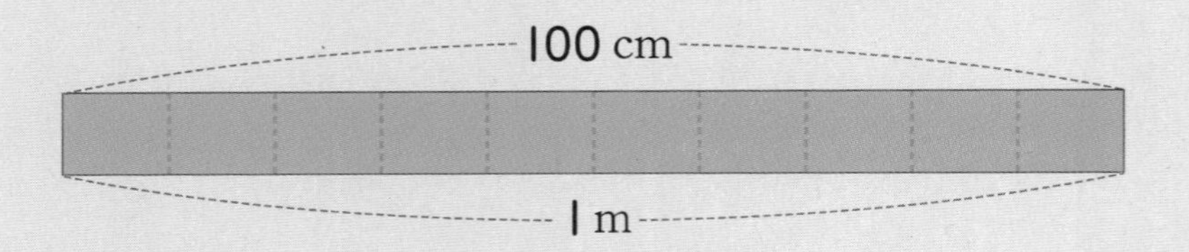

100 cm = 1 m

100 cm는 1 m와 같습니다.

쓰기 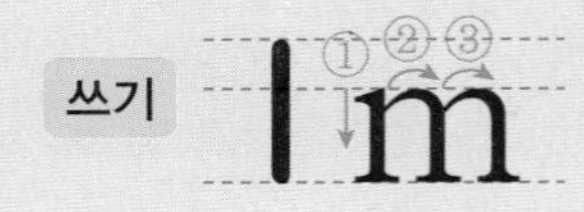

읽기 1 미터

● **1 m보다 긴 길이 알아보기**

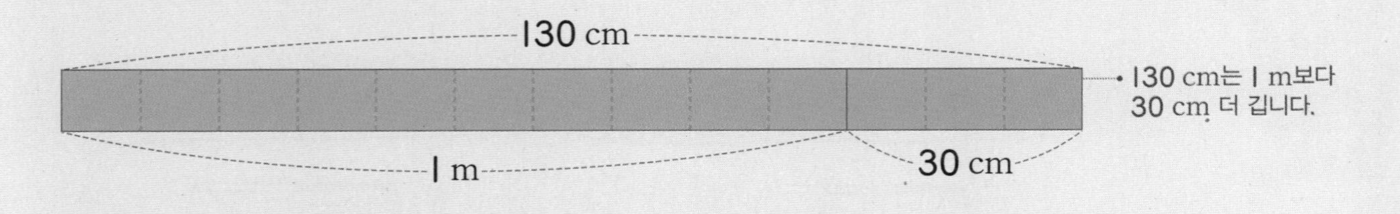

130 cm는 1 m보다 30 cm 더 깁니다.

130 cm = 1 m 30 cm

130 cm = 100 cm + 30 cm
= 1 m + 30 cm
= 1 m 30 cm

쓰기 1 m 30 cm

읽기 1 미터 30 센티미터

1 주어진 길이를 쓰고 읽어 보세요.

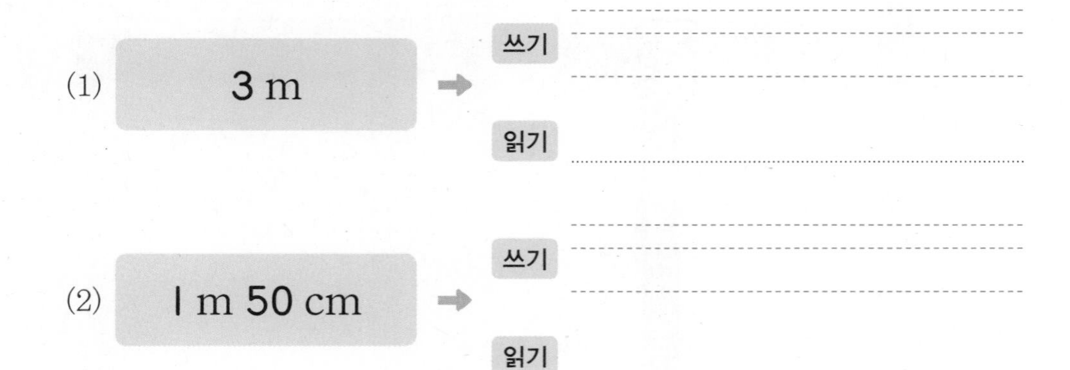

정답과 풀이 32쪽

2 □ 안에 알맞은 수를 써넣으세요.

(1) 1 m 80 cm = □ cm　　(2) 470 cm = □ m □ cm

(3) 2 m 46 cm = □ cm　　(4) 315 cm = □ m □ cm

3 길이를 바르게 나타낸 것에 ○표 하세요.

(1) 2 m 3 cm ➡ (230 cm , 203 cm)

(2) 650 cm ➡ (6 m 50 cm , 6 m 5 cm)

3

4 영우의 키를 보고 물음에 답하세요.

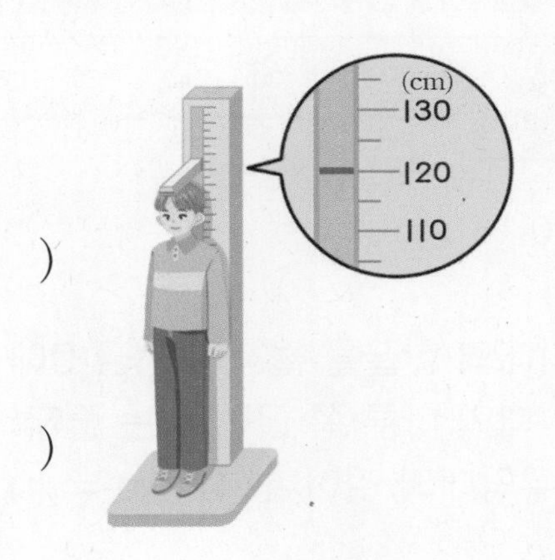

(1) 영우의 키는 몇 cm일까요?

(　　　　　　　　)

(2) 영우의 키는 1 m보다 얼마나 더 클까요?

(　　　　　　　　)

5 가장 짧은 길이를 말한 사람의 이름을 써 보세요.

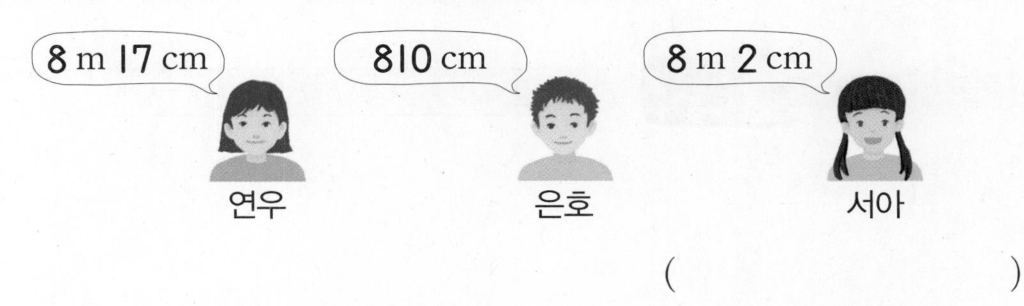

(　　　　　　　　)

자로 길이를 재어 볼까요

• 자 비교하기

자의 종류	줄자	곧은 자
같은 점	• 눈금이 있습니다. • 길이를 잴 때 사용합니다.	
다른 점	• 길이가 깁니다. • 접히거나 휘어집니다.	• 길이가 짧습니다. • 곧습니다.

➡ 길이가 1 m보다 긴 물건의 길이를 잴 때는 줄자를 사용하는 것이 더 편리합니다.

└• 곧은 자는 짧아서 여러 번 재어야 하므로 불편합니다.

• 줄자로 길이 재기

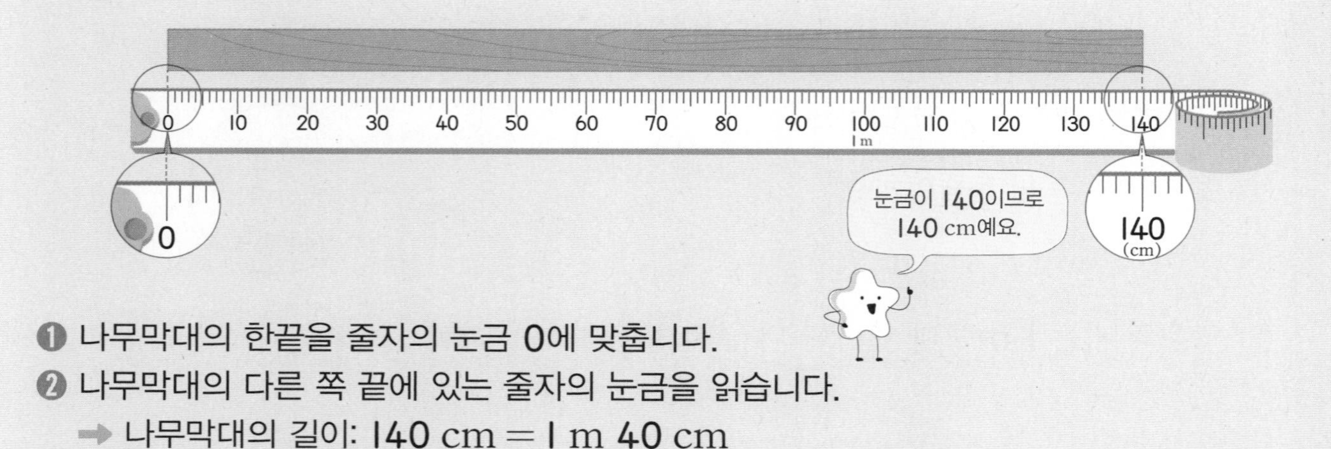

❶ 나무막대의 한끝을 줄자의 눈금 0에 맞춥니다.

❷ 나무막대의 다른 쪽 끝에 있는 줄자의 눈금을 읽습니다.

➡ 나무막대의 길이: 140 cm = 1 m 40 cm

1 교실 긴 쪽의 길이를 재려고 합니다. 어떤 자를 사용하면 더 편리한지 찾아 ○표 하세요.

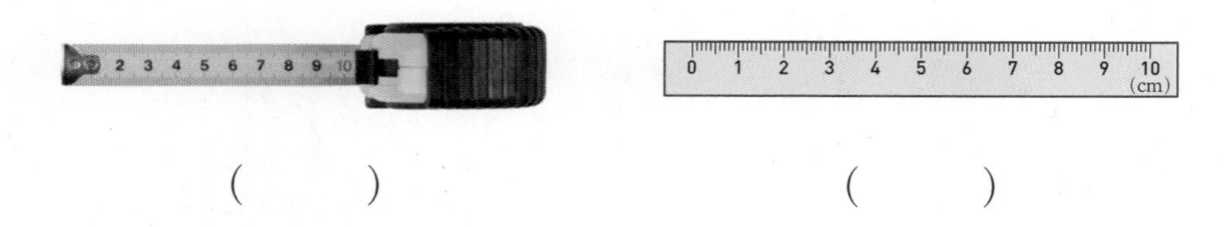

(　　)　　　(　　)

2 줄자를 사용하여 식탁 긴 쪽의 길이를 재려고 합니다. □ 안에 알맞은 수를 써넣으세요.

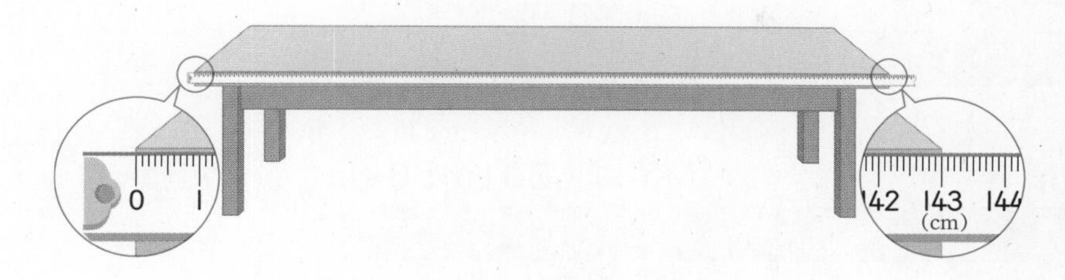

① 식탁의 한끝을 줄자의 눈금 □에 맞춥니다.

② 식탁의 다른 쪽 끝에 있는 줄자의 눈금을 읽으면 □입니다.

➡ 식탁 긴 쪽의 길이는 □ cm = □ m □ cm입니다.

3 줄자를 사용하여 은채의 키를 재었습니다. 은채의 키를 바르게 쓴 것을 모두 찾아 ○표 하세요.

115 cm 1 m 5 cm 1 m 15 cm 110 cm

4 한 줄로 놓인 물건들의 길이를 자로 재었습니다. 전체 길이는 얼마인지 구해 보세요.

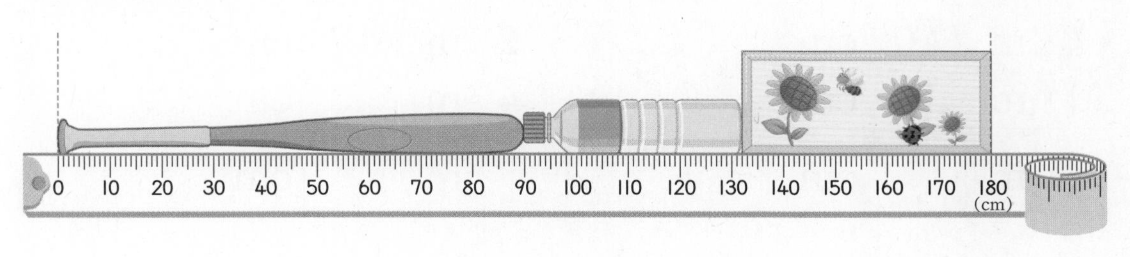

□ m □ cm

3 길이의 합을 구해 볼까요

● **길이의 합**

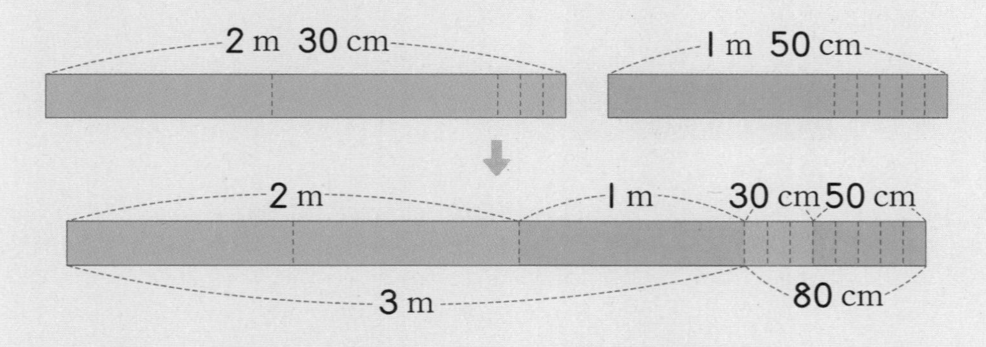

➡ m는 m끼리, cm는 cm끼리 더합니다.

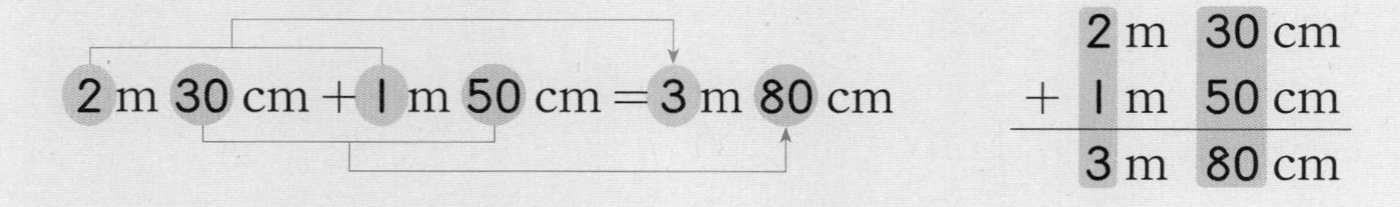

$$\begin{array}{rr} & 2\text{ m } 30\text{ cm} \\ + & 1\text{ m } 50\text{ cm} \\ \hline & 3\text{ m } 80\text{ cm} \end{array}$$

1 그림을 보고 □ 안에 알맞은 수를 써넣으세요.

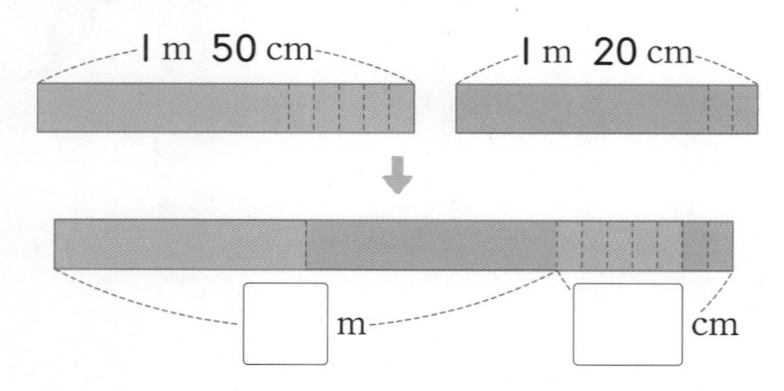

2 길이의 합을 구해 보세요.

(1)
$$\begin{array}{rr} & 4\text{ m } 40\text{ cm} \\ + & 1\text{ m } 10\text{ cm} \\ \hline & \square\text{ m } \square\text{ cm} \end{array}$$

(2)
$$\begin{array}{rr} & 2\text{ m } 17\text{ cm} \\ + & 4\text{ m } 3\text{ cm} \\ \hline & \square\text{ m } \square\text{ cm} \end{array}$$

(3) 3 m 51 cm + 5 m 28 cm = □ m □ cm

3 두 막대의 길이의 합을 구해 보세요.

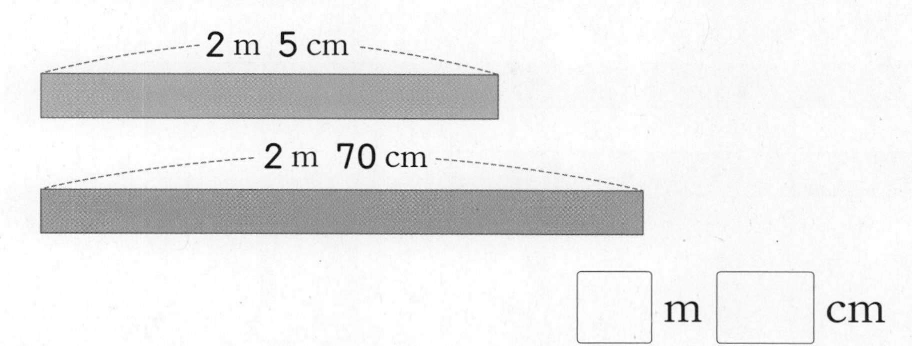

☐ m ☐ cm

4 길이의 합을 구해 보세요.

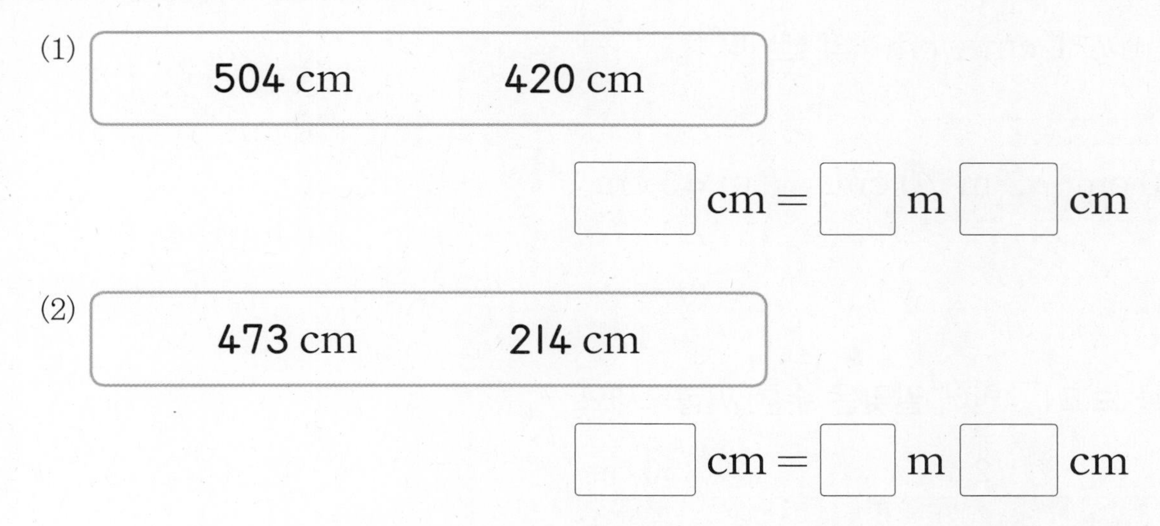

5 집에서 병원을 거쳐 학교까지 가는 거리는 몇 m 몇 cm인지 구해 보세요.

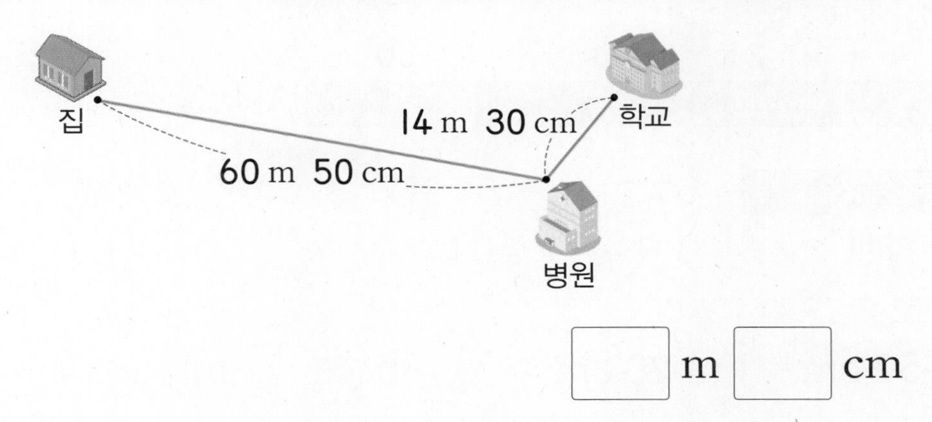

☐ m ☐ cm

4 길이의 차를 구해 볼까요

• 길이의 차

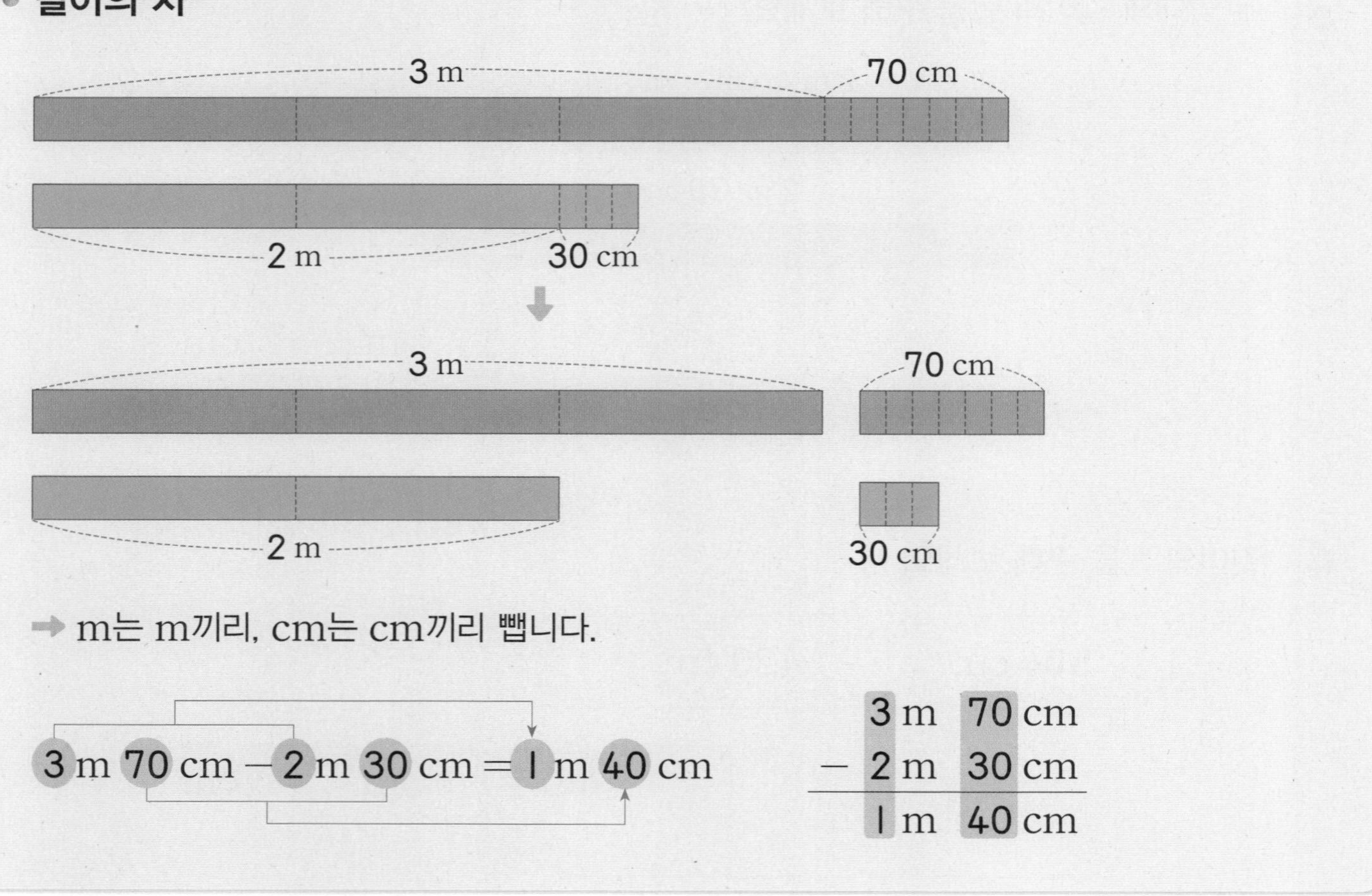

➡ m는 m끼리, cm는 cm끼리 뺍니다.

3 m 70 cm − 2 m 30 cm = 1 m 40 cm

	3 m	70 cm
−	2 m	30 cm
	1 m	40 cm

1 그림을 보고 □ 안에 알맞은 수를 써넣으세요.

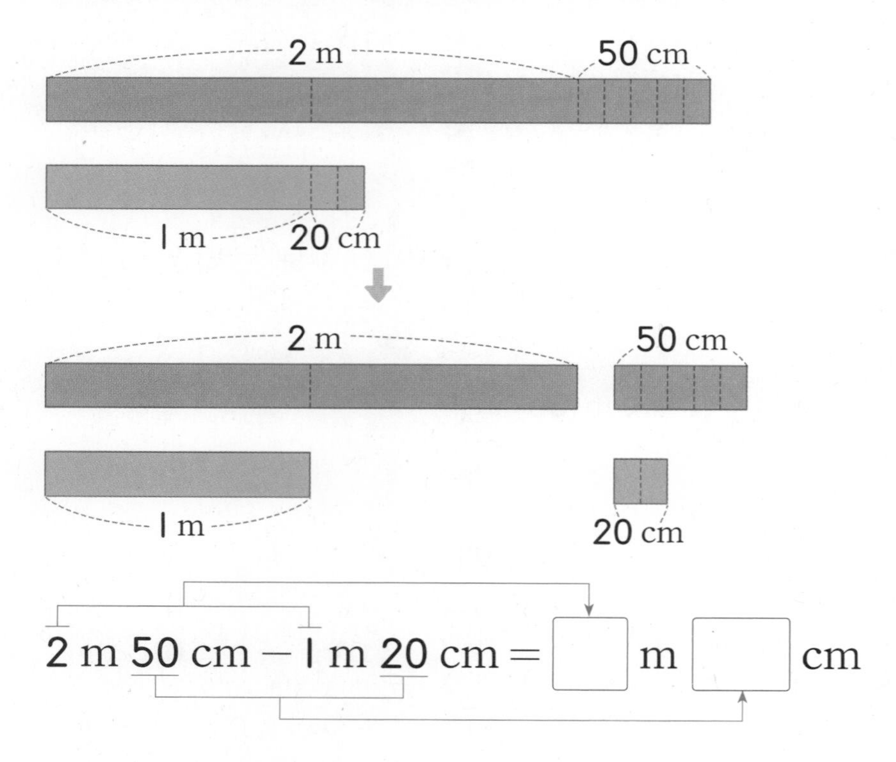

2 m 50 cm − 1 m 20 cm = □ m □ cm

2 길이의 차를 구해 보세요.

(1)

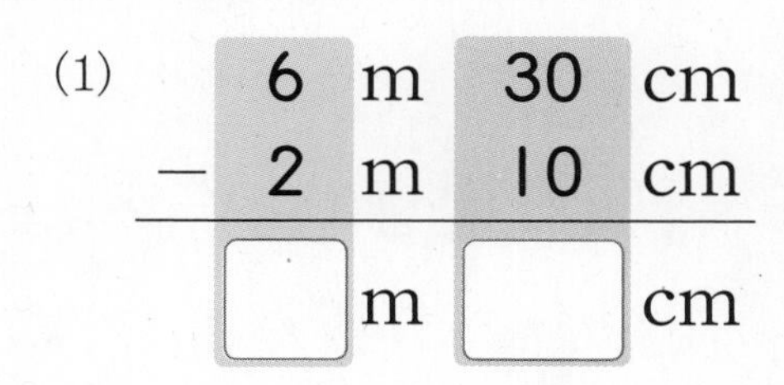

(2)

5	m	98	cm
− 3	m	7	cm
□	m	□	cm

(3) 4 m 50 cm − 1 m 25 cm = □ m □ cm

(4) 8 m 46 cm − 3 m 12 cm = □ m □ cm

3 은재와 승원이가 색 테이프를 가지고 있습니다. 두 사람이 가지고 있는 색 테이프의 길이의 차를 구해 보세요.

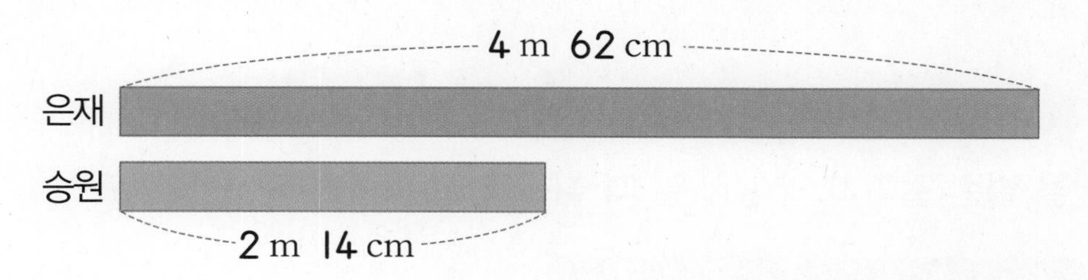

□ m □ cm

4 길이의 차를 구해 보세요.

(1)

□ cm = □ m □ cm

(2)

179 cm 286 cm

□ cm = □ m □ cm

5 길이를 어림해 볼까요

길이 어림하기(1)

• 몸에서 약 1 m 찾아보기

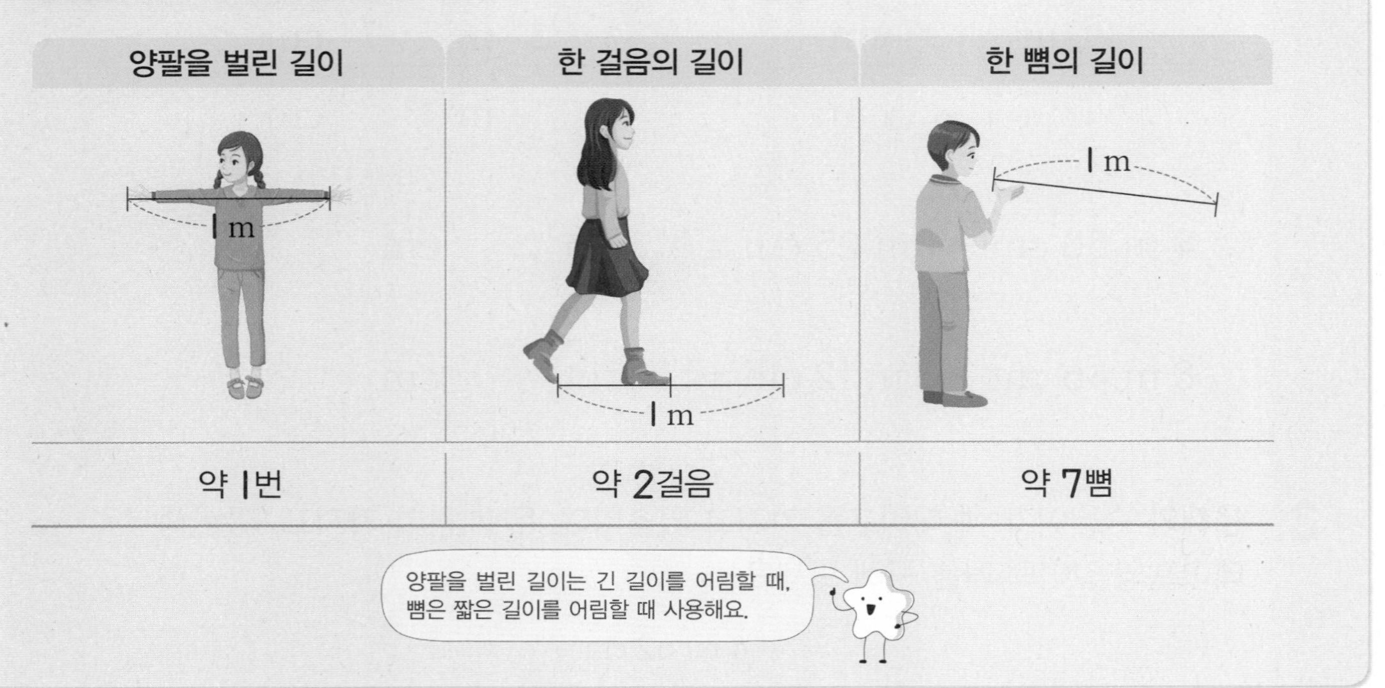

양팔을 벌린 길이는 긴 길이를 어림할 때, 뼘은 짧은 길이를 어림할 때 사용해요.

1 연우가 양팔을 벌린 길이가 약 1 m일 때 칠판의 길이는 약 몇 m일까요?

약 ☐ m

2 민재의 두 걸음이 1 m라면 밧줄의 길이는 약 몇 m일까요?

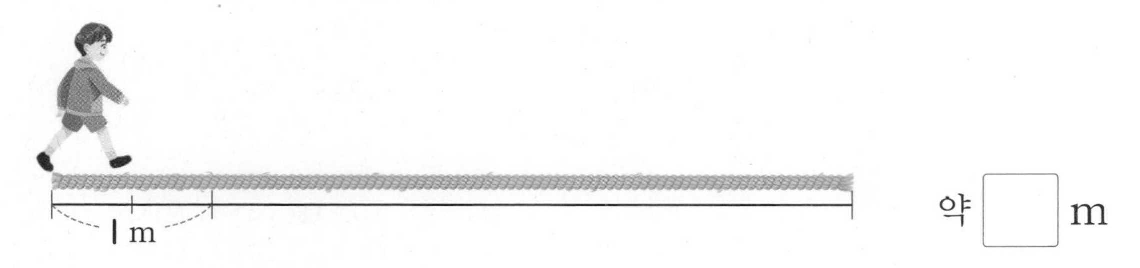

약 ☐ m

정답과 풀이 33쪽

길이 어림하기(2)

축구 골대 긴 쪽의 길이 어림하기

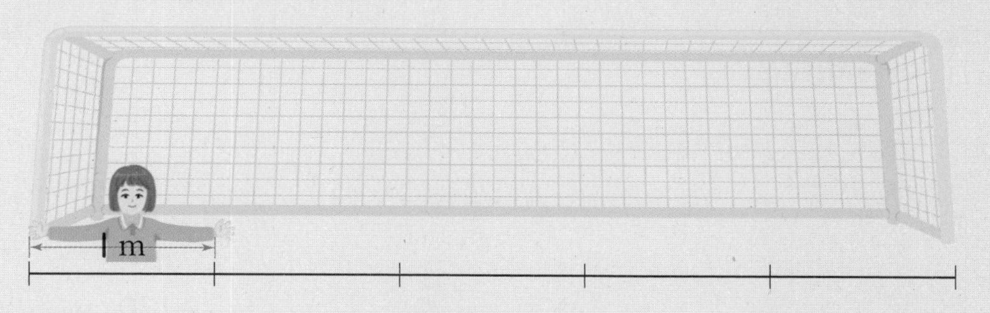

양팔을 벌린 길이가 약 1 m이므로 1 m의 5배는 약 5 m입니다.

3 길이가 1 m인 색 테이프로 버스의 길이를 어림하였습니다. 버스의 길이는 약 몇 m일까요?

약 ☐ m

4 보기 에서 알맞은 길이를 골라 문장을 완성해 보세요.

보기			
1 m	2 m	10 m	50 m

(1) 20층 아파트의 높이는 약 ☐ 입니다.

(2) 내 책상 긴 쪽의 길이는 약 ☐ 입니다.

(3) 교실 문의 높이는 약 ☐ 입니다.

기본기 강화 문제

① 1 m 알아보기

• □ 안에 알맞은 수를 써넣으세요.

1

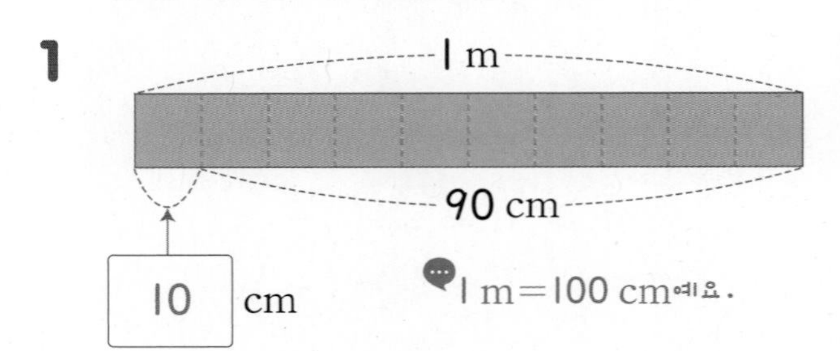

2

1 m

50 cm　□ cm

3

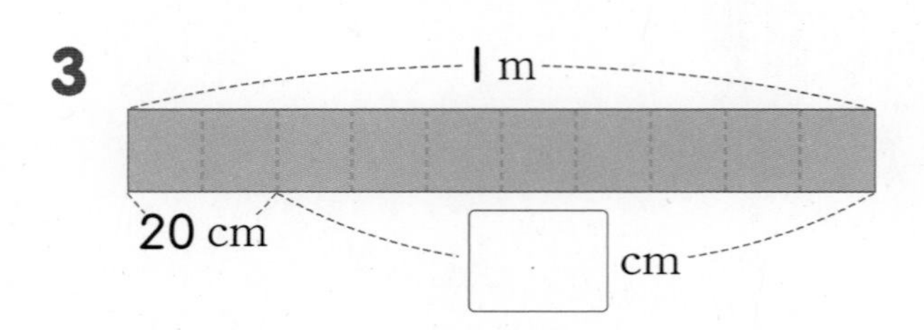

4

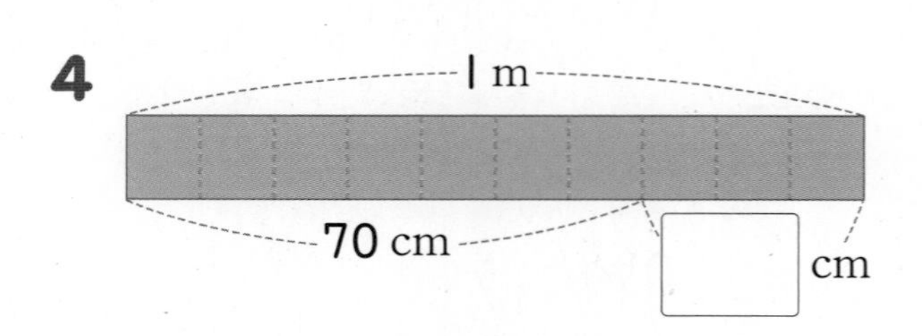

5

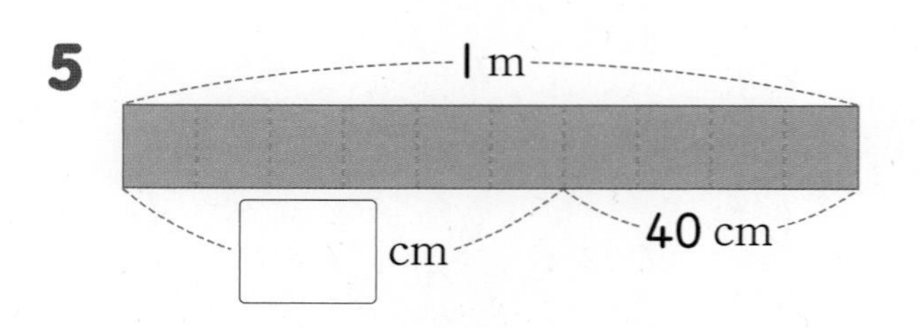

② 1 m보다 긴 길이 알아보기

• □ 안에 알맞은 수를 써넣으세요.

1

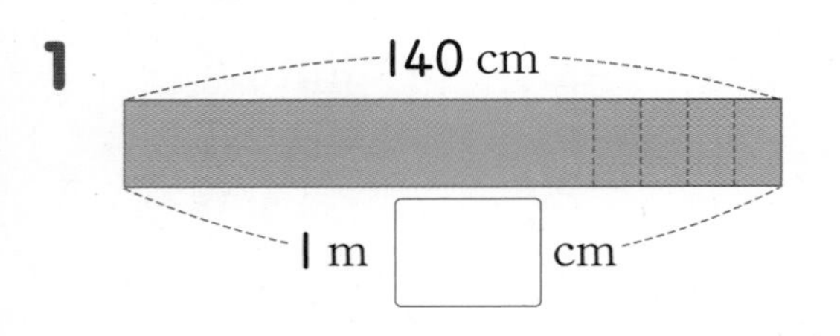

2

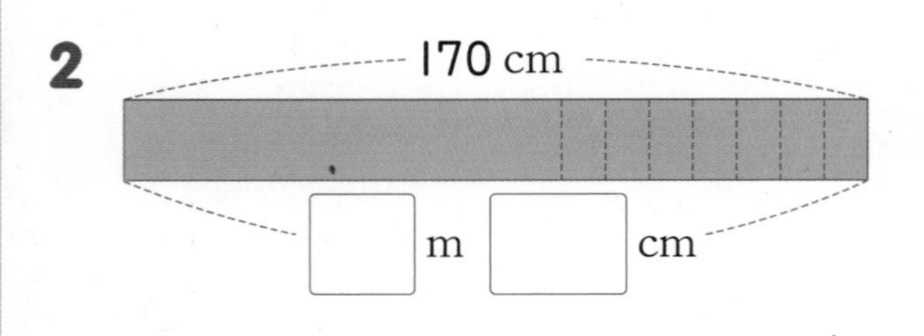

3

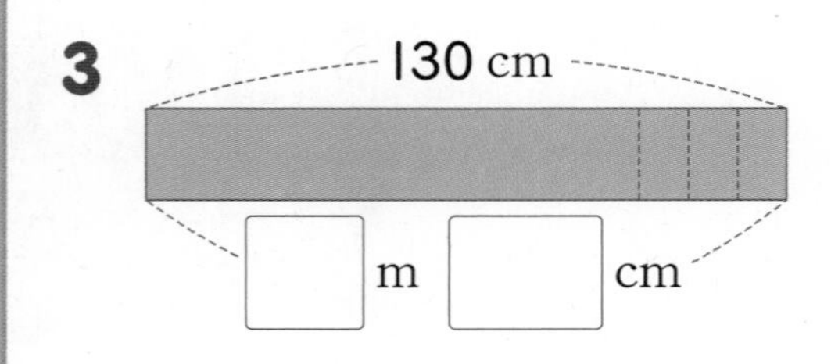

4

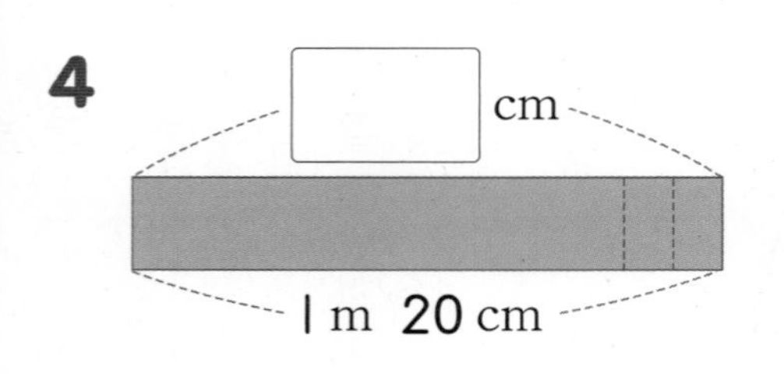

5

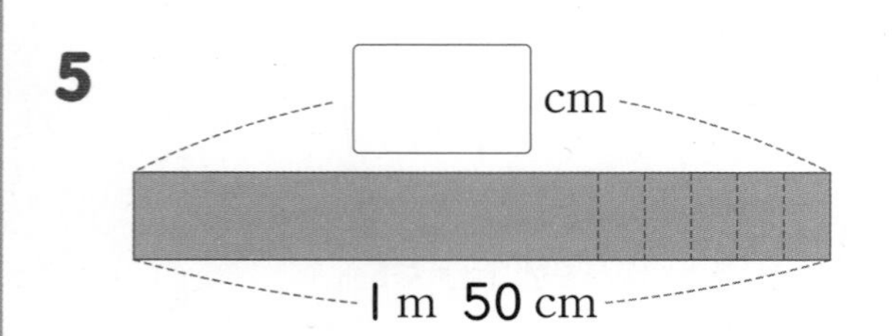

3 알맞은 단위 고르기

• 알맞은 단위에 ○표 하세요.

1

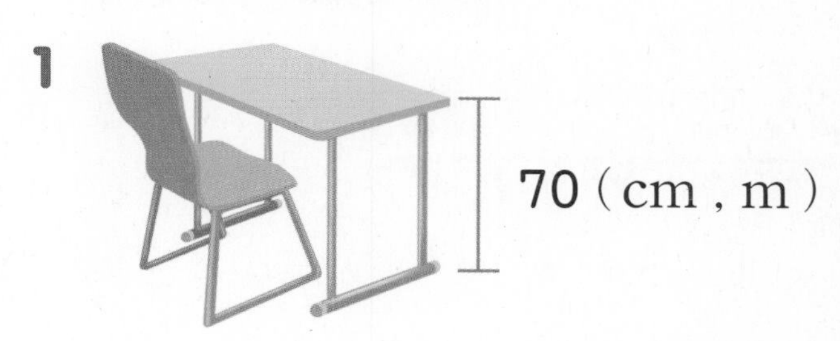

70 (cm , m)

2

10 (cm , m)

3

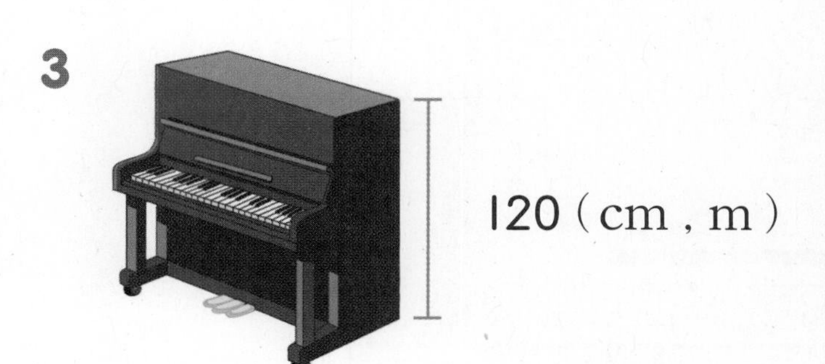

120 (cm , m)

4

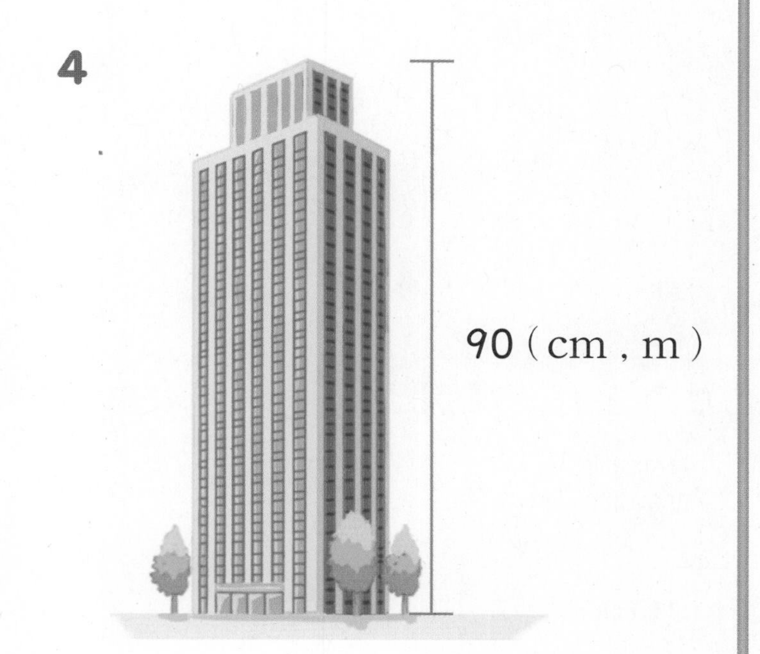

90 (cm , m)

4 길이를 다른 단위로 나타내기

• □ 안에 알맞은 수를 써넣으세요.

1 300 cm = □ m

■00 cm = ■m예요.

2 7 m = □ cm

3 370 cm = 300 cm + 70 cm

= □ m + 70 cm

= □ m □ cm

4 7 m 91 cm = □ cm

5 572 cm = □ m □ cm

6 2 m 6 cm = □ cm

7 5 m 48 cm = □ cm

8 608 cm = □ m □ cm

9 7 m 1 cm = □ cm

3

5 줄자로 길이 재기

• **줄자로 잰 길이를 써 보세요.**

1

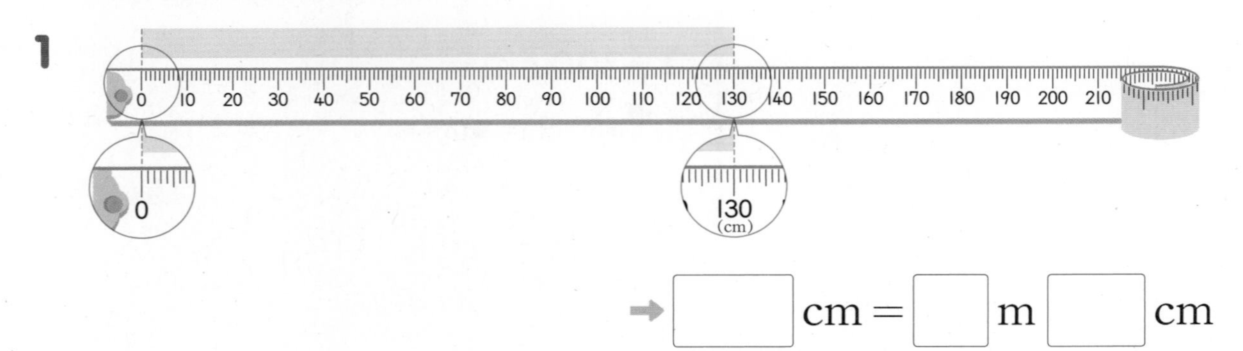

→ □ cm = □ m □ cm

2

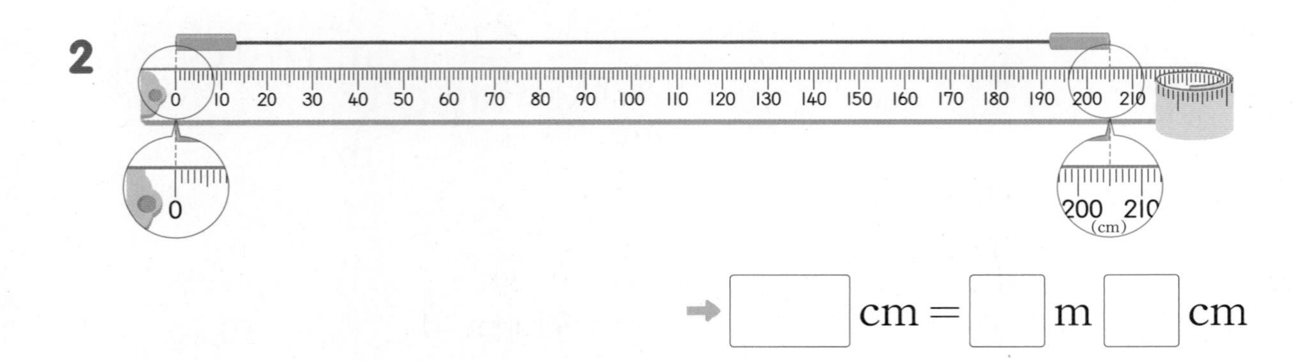

→ □ cm = □ m □ cm

3

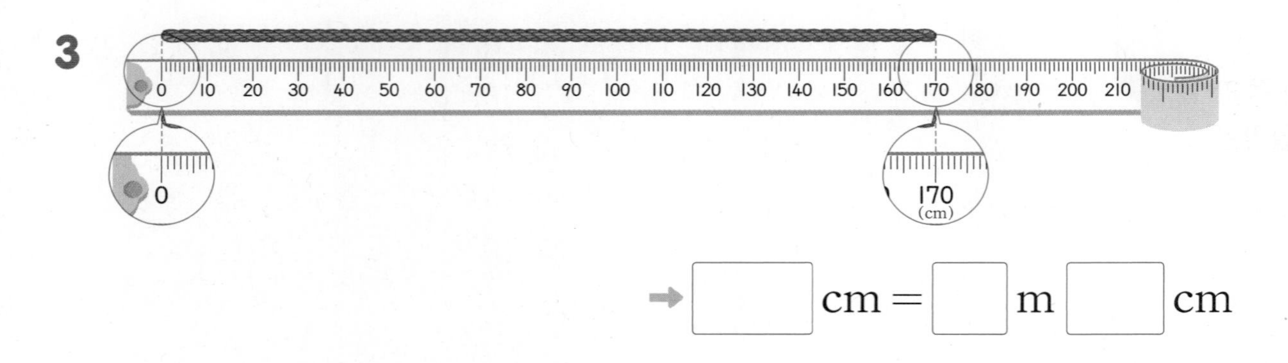

→ □ cm = □ m □ cm

4

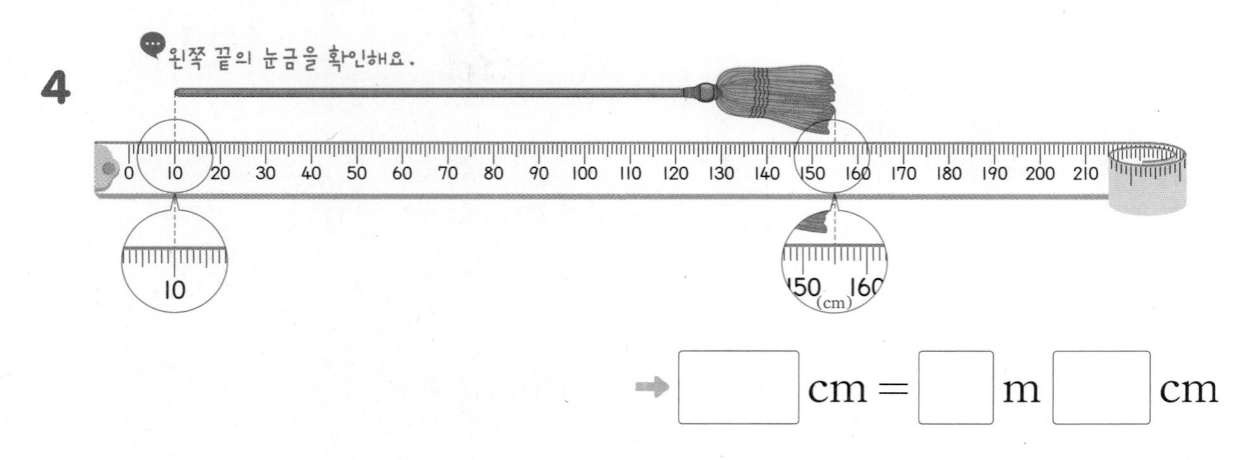

→ □ cm = □ m □ cm

➔ 정답과 풀이 34쪽

6 길이의 합과 차 구하기

• 유리와 선생님이 멀리뛰기를 했습니다. □ 안에 알맞은 수를 써넣으세요.

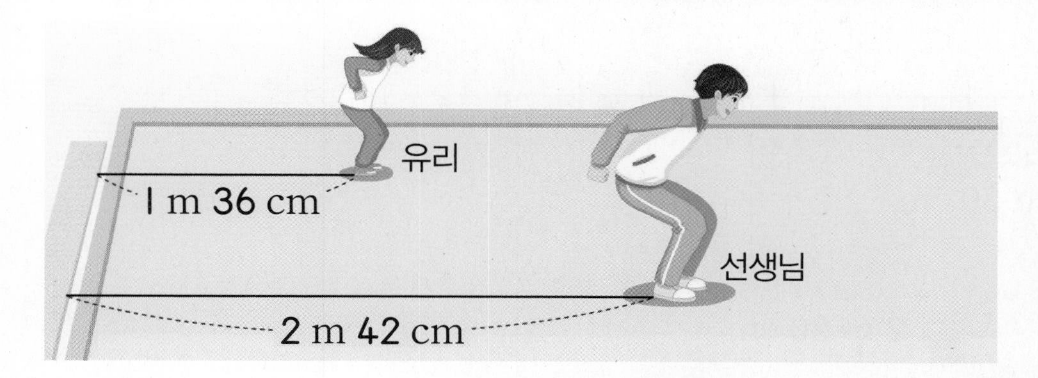

1 선생님과 유리의 멀리뛰기 기록의 합은 □ m □ cm입니다.

2 선생님은 유리보다 □ m □ cm만큼 더 멀리 뛰었습니다.

3

• 화단의 긴 쪽의 길이는 9 m 24 cm이고 짧은 쪽의 길이는 5 m 6 cm입니다.
□ 안에 알맞은 수를 써넣으세요.

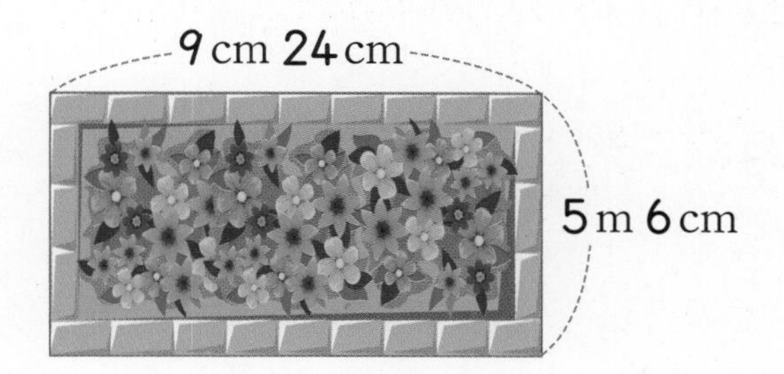

3 화단의 긴 쪽과 짧은 쪽의 길이의 합은 □ m □ cm입니다.

4 화단의 긴 쪽과 짧은 쪽의 길이의 차는 □ m □ cm입니다.

7 동물의 몸길이 알아보기

• 물에 사는 여러 가지 동물들의 몸길이를 알아보았습니다. 물음에 답하세요.

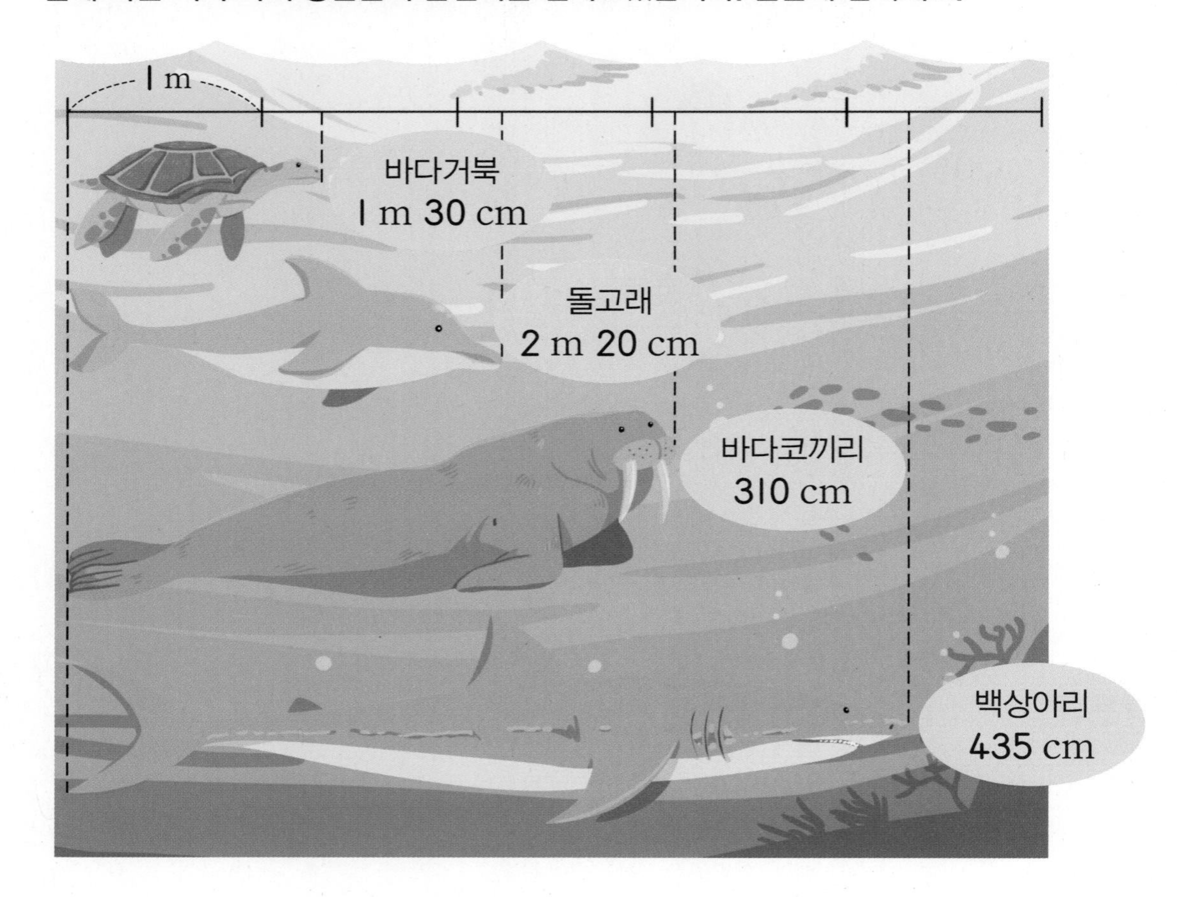

1 내 키와 몸길이가 가장 비슷한 동물은 무엇일까요?

(　　　　　　　　　　)

2 돌고래의 몸길이는 몇 cm일까요?

(　　　　　　　　　　)

3 바다거북과 바다코끼리의 몸길이의 합은 몇 m 몇 cm일까요?

(　　　　　　　　　　)

4 몸길이가 가장 긴 동물과 가장 짧은 동물의 차이는 몇 m 몇 cm일까요?

(　　　　　　　　　　)

8 몇 배하여 길이 어림하기

- 길이를 어림하여 □ 안에 알맞은 수를 써넣으세요.

1

l m

l m가 몇 번인지 알아봐요.

➡ 약 □ m

2

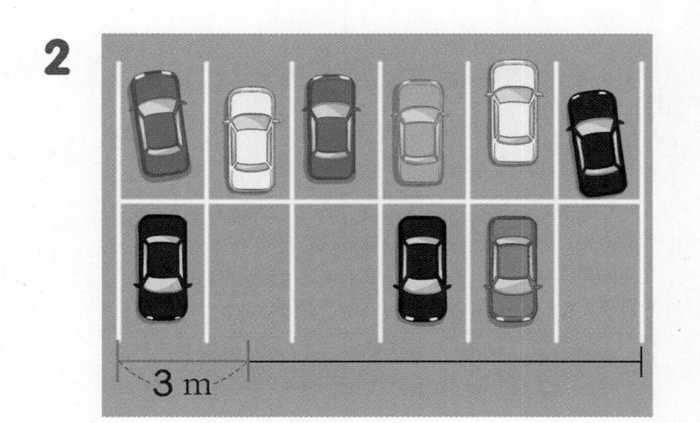

➡ 약 □ m

3

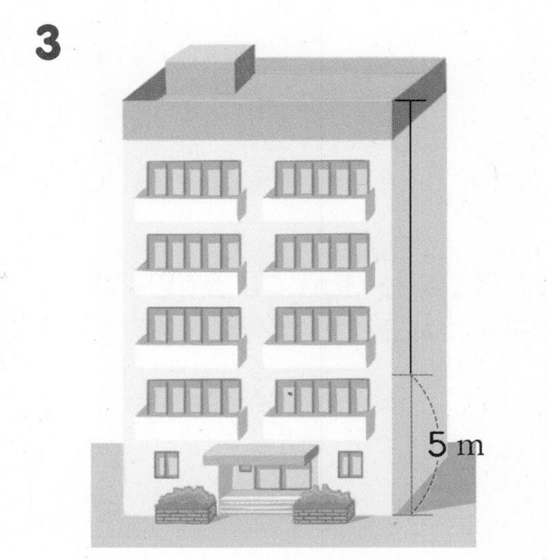

➡ 약 □ m

9 단위가 다른 길이 비교하기

- 길이를 비교하여 ○ 안에 >, =, <를 알맞게 써넣으세요.

1 75 cm ○ l m

2 l m ○ l02 cm

3 3 m l9 cm ○ 3l9 cm

4 424 cm ○ 4 m 22 cm

5 4 미터 58 센티미터 ○ 485 cm

6 l94 cm ○ l 미터 90 센티미터

7 2 m + 8 cm ○ 280 cm

8 507 cm ○ 5 m + 70 cm

3

⑩ 길이의 차 구하기

STEP❶
구하려는 것을 찾아요.

1 찬우의 키는 1 m 20 cm이고 예성이의 키는 1 m 40 cm입니다. 예성이는 찬우보다 **몇 cm 더 큰지** 구해 보세요.

STEP❷
문제를 간단히 나타내요.

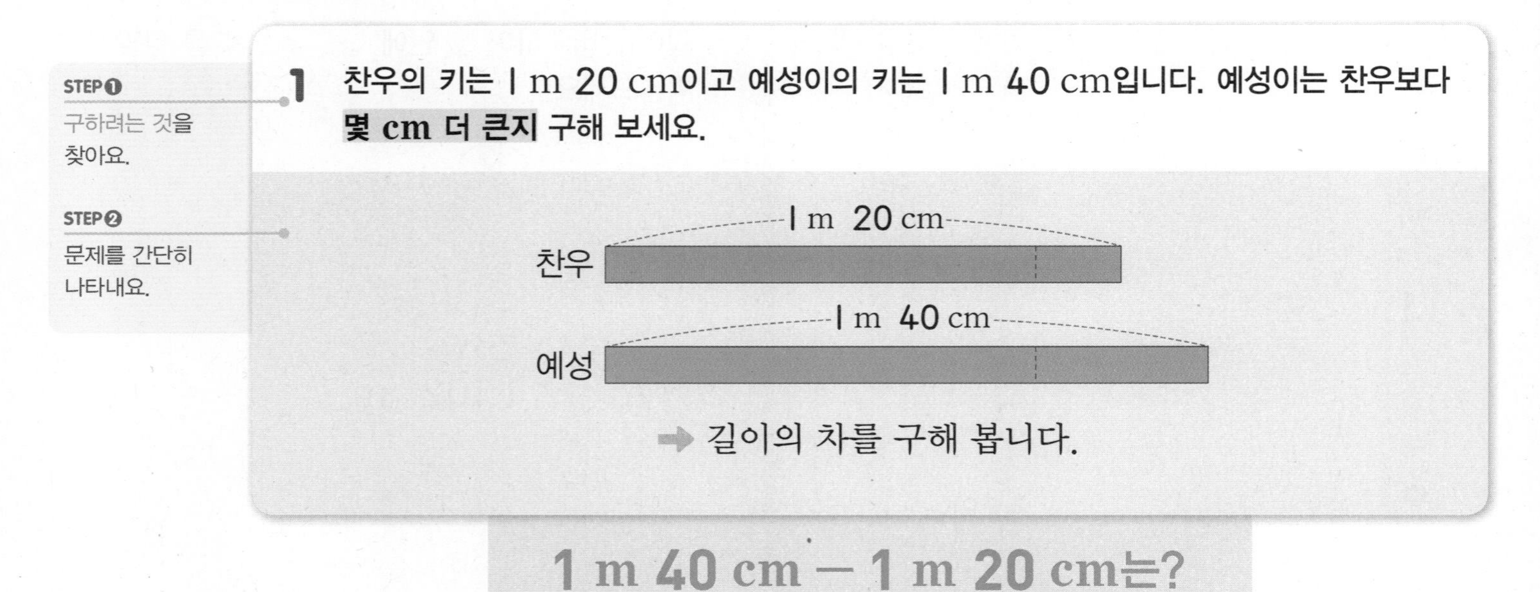

➡ 길이의 차를 구해 봅니다.

1 m 40 cm − 1 m 20 cm는?

STEP❸
문제를 해결해요.

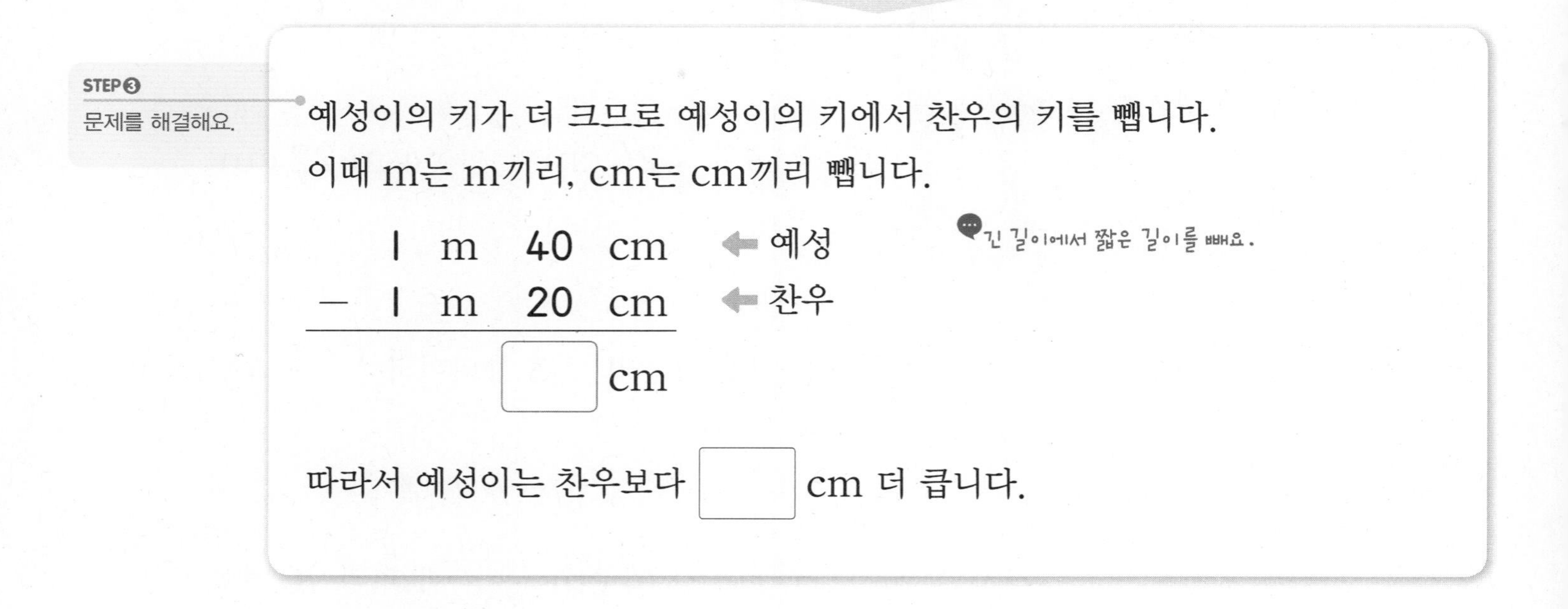

예성이의 키가 더 크므로 예성이의 키에서 찬우의 키를 뺍니다.
이때 m는 m끼리, cm는 cm끼리 뺍니다.

	1	m	40	cm	⬅ 예성
−	1	m	20	cm	⬅ 찬우
			□	cm	

긴 길이에서 짧은 길이를 빼요.

따라서 예성이는 찬우보다 □ cm 더 큽니다.

2 빨간색 털실의 길이는 5 m 50 cm이고 파란색 털실의 길이는 3 m 40 cm입니다. 빨간색 털실은 파란색 털실보다 **몇 m 몇 cm 더 긴지** 구해 보세요.

(　　　　　　　　)

11 길이 어림하기

STEP❶
구하려는 것을
찾아요.

1 시안이의 발 길이는 20 cm입니다. 야구방망이는 시안이의 발로 5번 잰 것과 비슷합니다. **야구방망이는 약 몇 m일까요?**

STEP❷
문제를 간단히
나타내요.

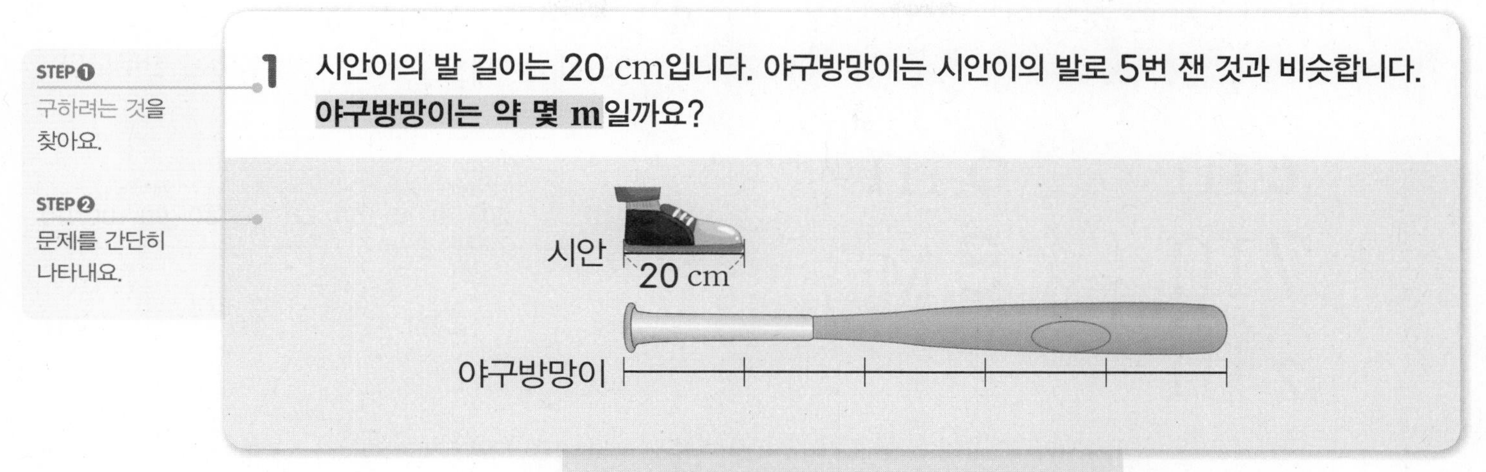

20 cm를 5번 더하면?

STEP❸
문제를 해결해요.

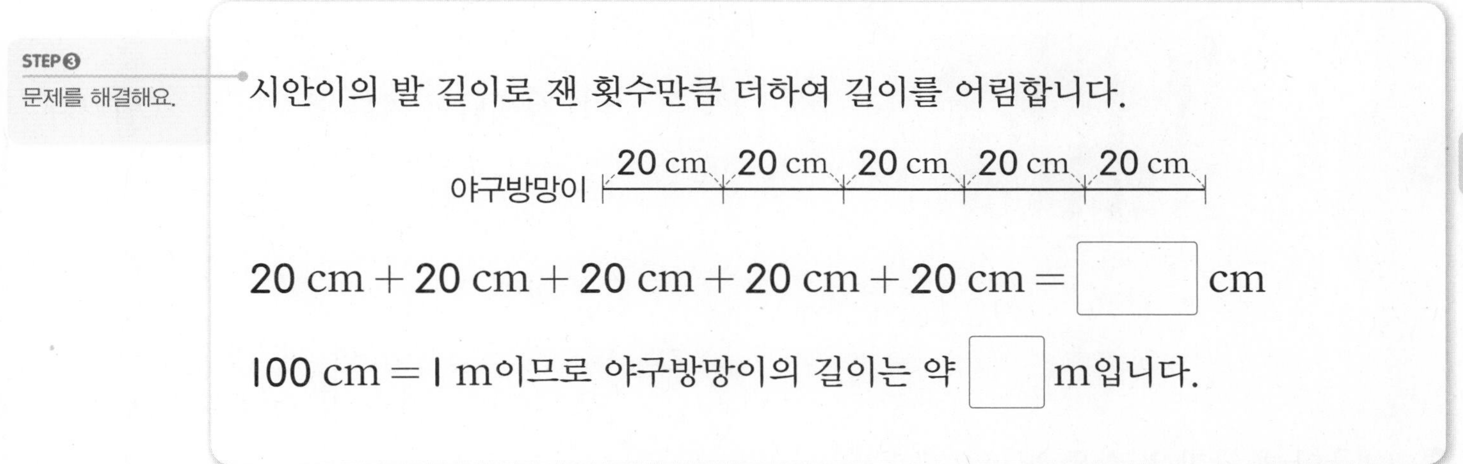

시안이의 발 길이로 잰 횟수만큼 더하여 길이를 어림합니다.

20 cm + 20 cm + 20 cm + 20 cm + 20 cm = ☐ cm

100 cm = 1 m이므로 야구방망이의 길이는 약 ☐ m입니다.

3

2 예준이의 한 뼘의 길이는 11 cm입니다. 피아노의 높이는 예준이의 뼘으로 10번 잰 길이와 비슷합니다. **피아노의 높이는 약 몇 m 몇 cm일까요?**

약 (　　　　　　　　)

단원 평가 ❶

점수 | 확인

1 길이를 바르게 쓴 것은 어느 것일까요?

( )

① 6 m ② 8 m

③ 7 m ④ 3 M

⑤ 2 m

2 축구장의 긴 쪽의 길이를 어림하여 알맞은 단위에 ○표 하세요.

90 (cm , m)

3 □ 안에 알맞은 수를 써넣으세요.

(1) 605 cm = 600 cm + 5 cm

= □ m + 5 cm

= □ m □ cm

(2) 2 m 10 cm

= 2 m + 10 cm

= □ cm + 10 cm

= □ cm

4 허리띠의 길이를 두 가지 방법으로 나타내 보세요.

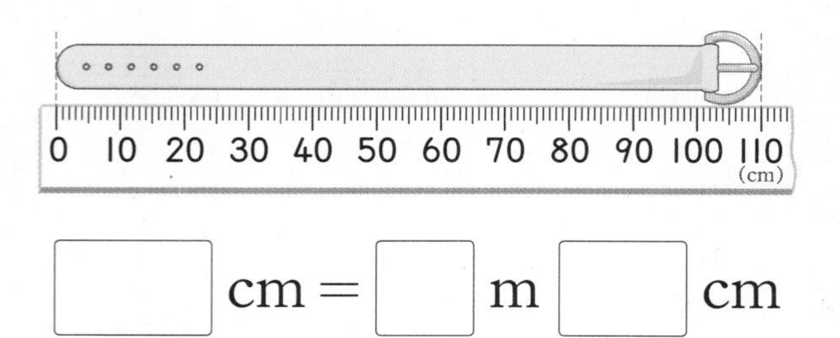

□ cm = □ m □ cm

5 알맞은 길이를 골라 문장을 완성해 보세요.

160 cm 60 cm 6 m

(1) 선생님의 키는 약 □ 입니다.

(2) 가로등의 높이는 약 □ 입니다.

6 수 카드 3장을 한 번씩만 사용하여 만들 수 있는 가장 긴 길이를 써 보세요.

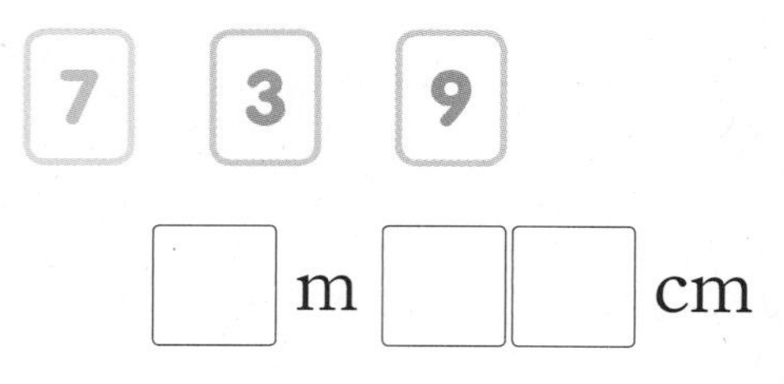

□ m □□ cm

7 길이가 긴 것부터 차례로 기호를 써 보세요.

㉠ 610 cm ㉡ 6 m 1 cm
㉢ 6 m 12 cm ㉣ 621 cm

( )

정답과 풀이 35쪽

8 길이가 6 m 80 cm인 리본에서 5 m 58 cm를 잘라냈습니다. 남은 리본의 길이는 몇 m 몇 cm일까요?

( )

서술형 문제

9 두 사람 중 키가 1 m 10 cm에 더 가까운 사람은 누구인지 보기 와 같이 풀이 과정을 쓰고 답을 구해 보세요.

윤아: 120 cm 태호: 1 m 5 cm

보기

키가 1 m 15 cm에 더 가까운 사람

1 m 15 cm와의 차를 각각 구합니다.
윤아: 1 m 20 cm − 1 m 15 cm
= 5 cm
태호: 1 m 15 cm − 1 m 5 cm
= 10 cm
따라서 키가 1 m 15 cm에 더 가까운 사람은 윤아입니다.

답 윤아

1 m 10 cm와의 차를 각각 구합니다. ....

....

....

....

답 ....

서술형 문제

10 막대 두 개를 겹치지 않게 한 줄로 이어 붙였을 때 전체 길이는 몇 m 몇 cm인지 보기 와 같이 풀이 과정을 쓰고 답을 구해 보세요.

보기

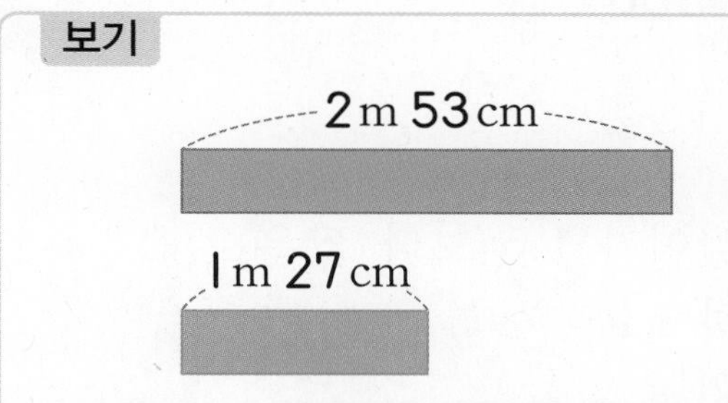

이어 붙인 전체 길이는 두 막대의 길이의 합과 같습니다.
2 m 53 cm + 1 m 27 cm
= 3 m 80 cm

답 3 m 80 cm

3 m 43 cm

2 m 18 cm

이어 붙인 전체 길이는 ....

....

....

....

답 ....

단원 평가 ❷

점수 | 확인

1 같은 길이끼리 이어 보세요.

100 cm ·	· 3 m
300 cm ·	· 1 m

2 길이가 1 m보다 짧은 것을 찾아 ○표 하세요.

버스의 길이	
전봇대의 높이	
가위의 길이	

3 길이를 잘못 나타낸 것을 찾아 기호를 써 보세요.

㉠ 4 m = 400 cm
㉡ 5 m 30 cm = 530 cm
㉢ 108 cm = 10 m 8 cm

( )

4 액자 긴 쪽의 길이는 몇 m 몇 cm일까요?

( )

5 길이를 비교하여 ○ 안에 >, =, <를 알맞게 써넣으세요.

(1) 602 cm ○ 5 m 90 cm

(2) 4 m 35 cm ○ 437 cm

6 공원 의자의 길이가 약 2 m일 때 나무 사이의 거리는 약 몇 m일까요?

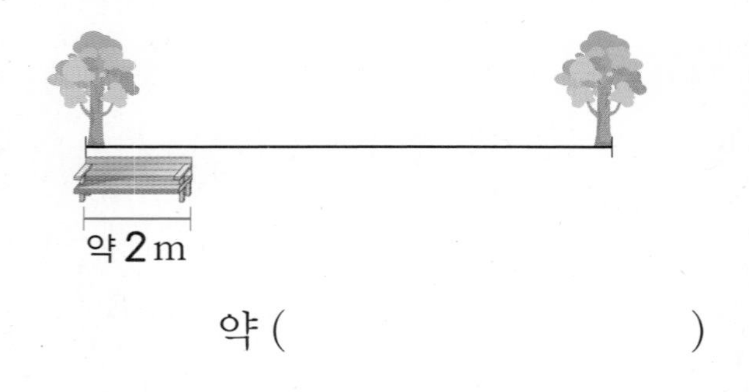

약 ( )

7 주어진 길이를 사용하여 보기 와 같이 문장을 만들어 보세요.

2 m

보기
야구방망이의 길이는 약 1 m입니다.

정답과 풀이 36쪽

8 나래와 재희의 높이뛰기 기록은 각각 1 m 4 cm, 102 cm입니다. 두 사람의 높이뛰기 기록을 더하면 몇 m 몇 cm일까요?

( )

서술형 문제

9 길이가 긴 것부터 차례로 기호를 쓰려고 합니다. 보기 와 같이 풀이 과정을 쓰고 답을 구해 보세요.

> 보기
>
> ㉠ 305 cm ㉡ 3 m ㉢ 2 m 9 cm
>
> 주어진 길이를 모두 몇 m 몇 cm로 바꾸면 ㉠ 305 cm＝3 m 5 cm, ㉡ 3 m, ㉢ 2 m 9 cm입니다.
> 3 m 5 cm＞3 m＞2 m 9 cm
> 이므로 길이가 긴 것부터 차례로 기호를 쓰면 ㉠, ㉡, ㉢입니다.
>
> 답 ㉠, ㉡, ㉢

㉠ 778 cm ㉡ 8 m ㉢ 7 m 8 cm

주어진 길이를 모두 몇 m 몇 cm로 바꾸면

답

서술형 문제

10 길이가 2 m 20 cm인 고무줄을 양쪽에서 잡아당겼더니 3 m 62 cm가 되었습니다. 고무줄이 처음보다 몇 m 몇 cm 늘어났는지 보기 와 같이 풀이 과정을 쓰고 길이를 구해 보세요.

> 보기
>
> 처음 길이: 7 m 35 cm
> 잡아당긴 길이: 8 m 48 cm
>
> 잡아당긴 고무줄의 길이에서 처음 고무줄의 길이를 뺍니다.
> 8 m 48 cm − 7 m 35 cm
> ＝1 m 13 cm
> 따라서 고무줄이 처음보다
> 1 m 13 cm 늘어났습니다.
>
> 답 1 m 13 cm

잡아당긴 고무줄의 길이에서

답

4 시각과 시간

서울	8:00
대전	9:00
동대구	9:45
신경주	10:05

서아는 할머니 댁에 놀러 가기 위해 서울역에서 열차를 타서 신경주역에서 내리려고 해요.
시간표를 보고 열차가 멈추는 역마다 짧은바늘과 긴바늘 스티커를 붙여 시계를 완성해 보세요.

스티커 붙이기

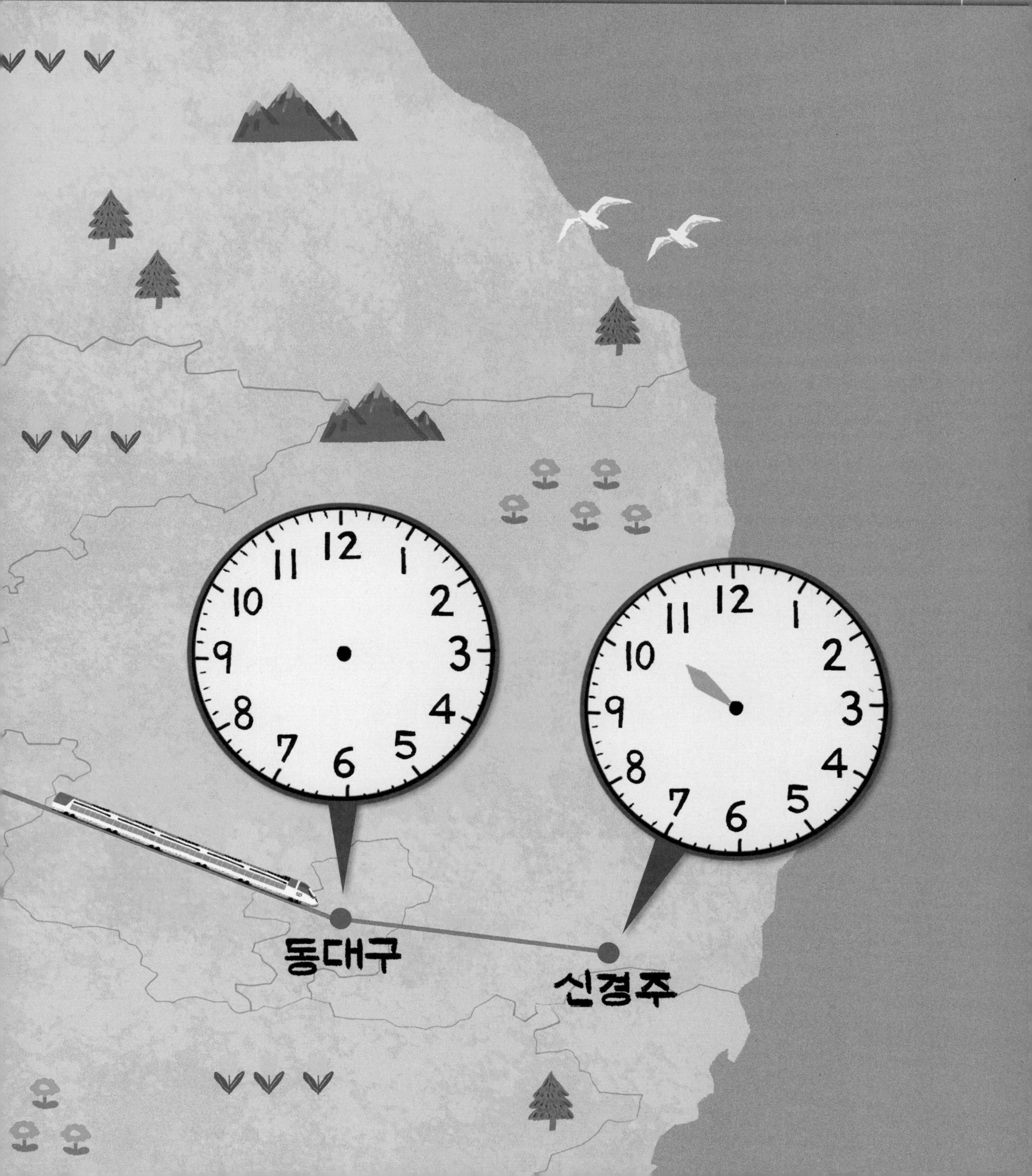

12 1 2 3 4 5 6 7 8 9 10 11

12 1 2 3 4 5 6 7 8 9 10 11

동대구

신경주

1 몇 시 몇 분을 읽어 볼까요(1)

● 긴바늘이 가리키는 시각 읽기 — 시계의 짧은바늘은 시를 나타내고, 긴바늘은 분을 나타냅니다.

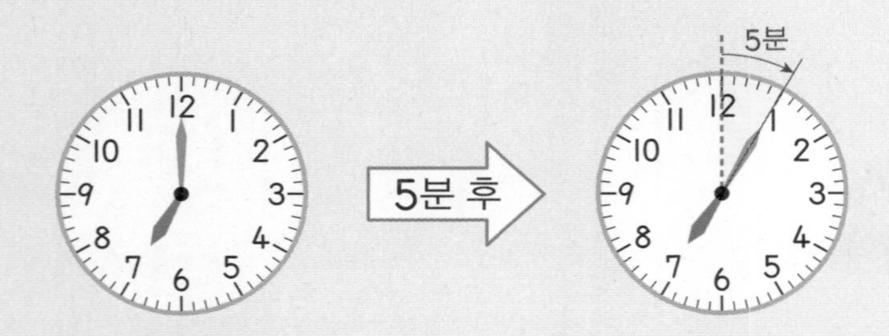

• 시계의 긴바늘이 작은 눈금 한 칸만큼 움직이면 **1분**이 지납니다.

• 시계의 긴바늘이 숫자 눈금 한 칸만큼 움직이면 **5분**이 지납니다.

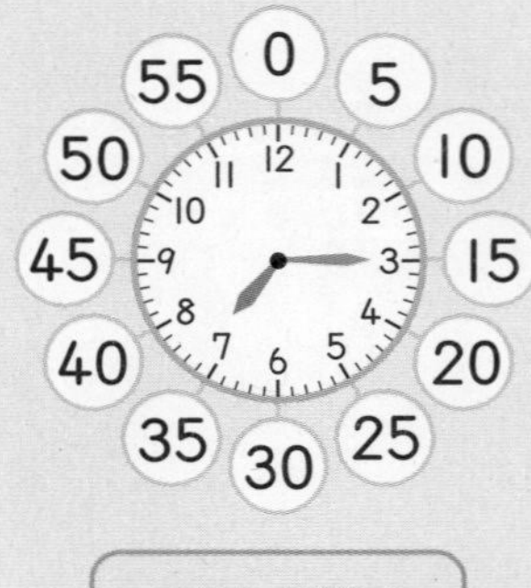

7시 15분

시계의 긴바늘이 가리키는 숫자가

1이면 → **5**분

2이면 → **10**분

3이면 → **15**분

⋮ ⋮

숫자 눈금이 나타내는 시각(분)은 5단 곱셈구구로 알 수 있어요.

1 시계를 보고 □ 안에 알맞은 수를 써넣으세요.

긴바늘이 숫자 눈금 두 칸만큼 움직이면 □분이 지납니다.

2 시계의 긴바늘이 각각의 숫자 눈금을 가리킬 때 몇 분을 나타낼까요?

숫자	1	2	3	4	5	6	7	8	9	10	11
분	5			20				40			55

➜ 정답과 풀이 37쪽

• 5분 단위까지 몇 시 몇 분인지 읽기

짧은바늘로 시 읽기

8과 9 사이
➜ **8**시

짧은바늘이 숫자와 숫자 사이를 가리킬 경우 지나온 숫자를 시로 읽습니다.

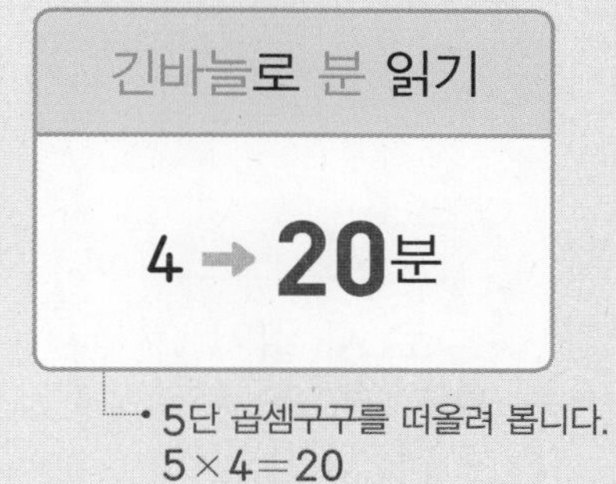

• 5단 곱셈구구를 떠올려 봅니다.
$5 \times 4 = 20$

8시 20분

3 시계를 보고 □ 안에 알맞은 수를 써넣으세요.

• 짧은바늘은 3과 □ 사이를 가리키고 있습니다.

• 긴바늘은 □ 을/를 가리키고 있습니다.

• 시계가 나타내는 시각은 3시 □ 분입니다.

4 시계를 보고 몇 시 몇 분인지 써 보세요.

(1) 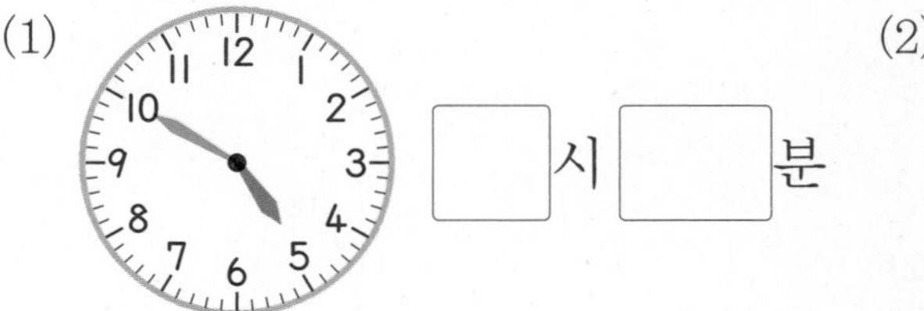
□ 시 □ 분

(2) 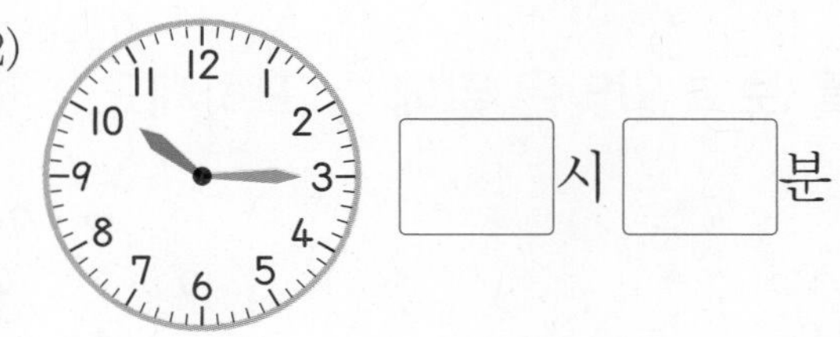
□ 시 □ 분

5 시계에 시각을 나타내 보세요.

(1) 6시 5분 

(2) 1시 45분 

교과서 개념

2 몇 시 몇 분을 읽어 볼까요(2)

• 1분 단위까지 몇 시 몇 분인지 읽기

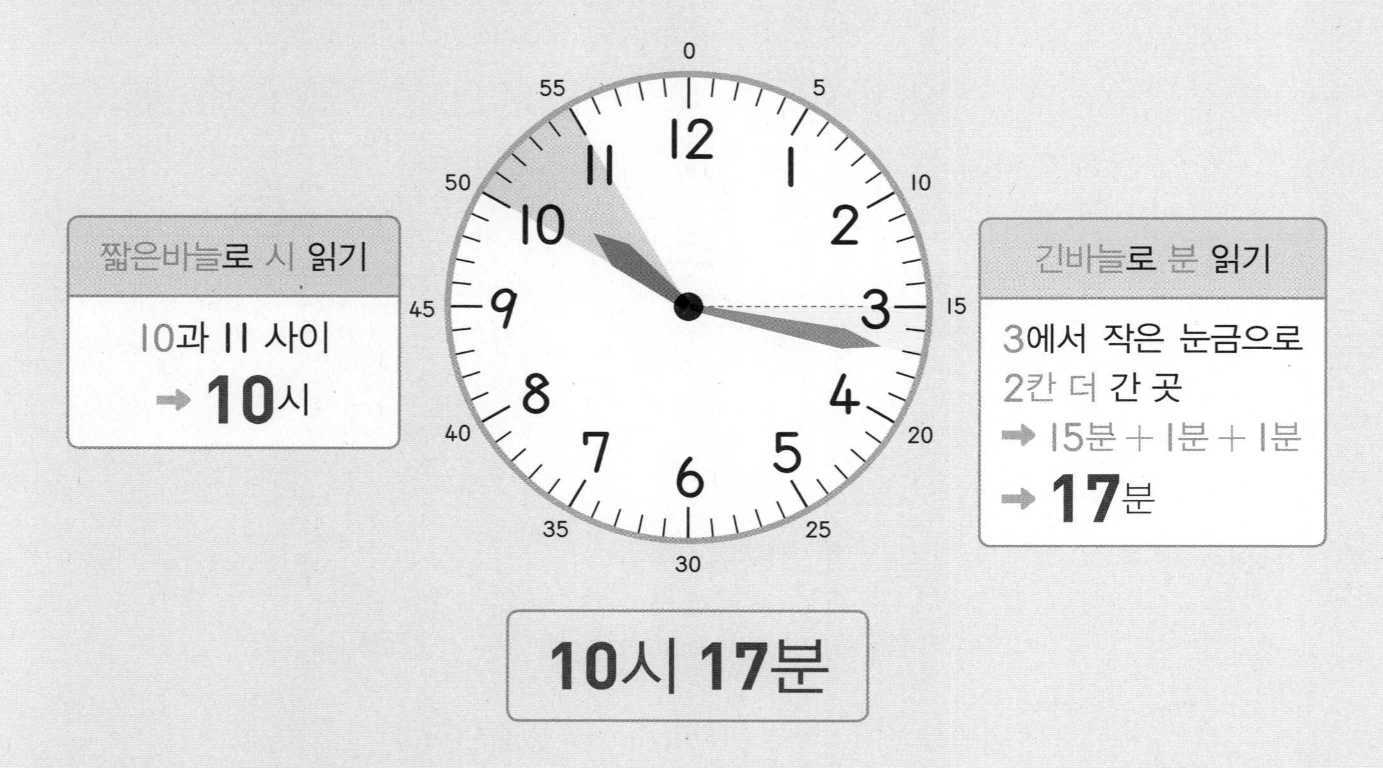

10시 17분

숫자 눈금 4에서 작은 눈금으로 3칸 덜 간 곳
→ 20분 − 1분 − 1분 − 1분
→ 10시 17분

1 시계를 보고 알맞은 말에 ○표 하세요.

(1) 긴바늘이 4를 가리키면 (4분 , 20분)을 나타냅니다.

(2) 긴바늘이 작은 눈금 한 칸을 가는 데 걸린 시간 → (1분 , 5분)
긴바늘이 4에서 작은 눈금으로 2칸 더 간 곳 → (6분 , 22분)

➔ 정답과 풀이 37쪽

2 시계를 보고 □ 안에 알맞은 수를 써넣으세요.

(1)

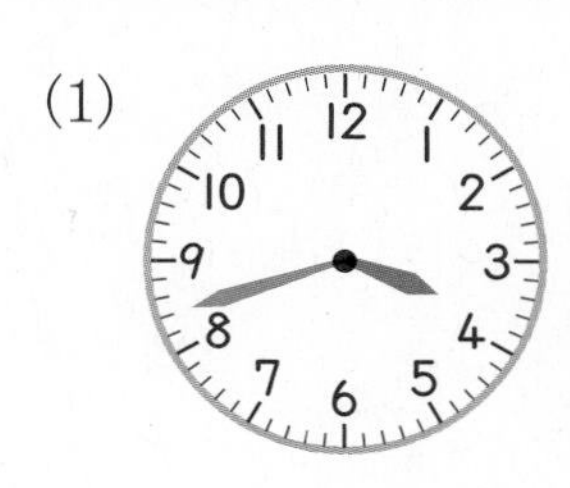

	가리키는 눈금	나타내는 시각
짧은바늘	3과 □ 사이	3시 □분
긴바늘	8에서 작은 눈금으로 □칸 더 간 곳	

(2)

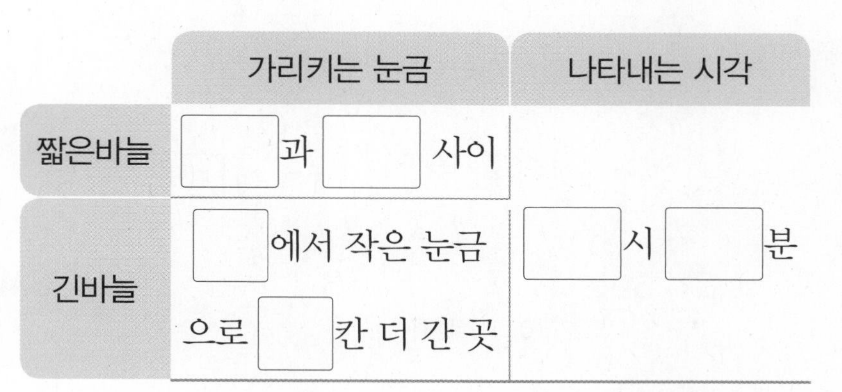

	가리키는 눈금	나타내는 시각
짧은바늘	□과 □ 사이	□시 □분
긴바늘	□에서 작은 눈금으로 □칸 더 간 곳	

4

3 시계를 보고 몇 시 몇 분인지 써 보세요.

(1)

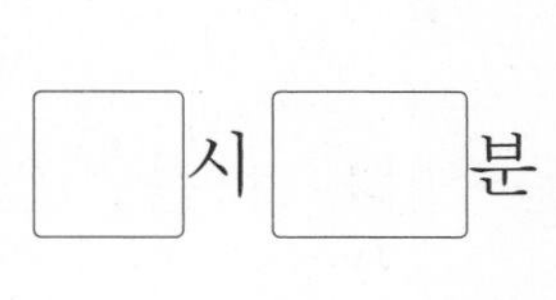

□시 □분

(2)

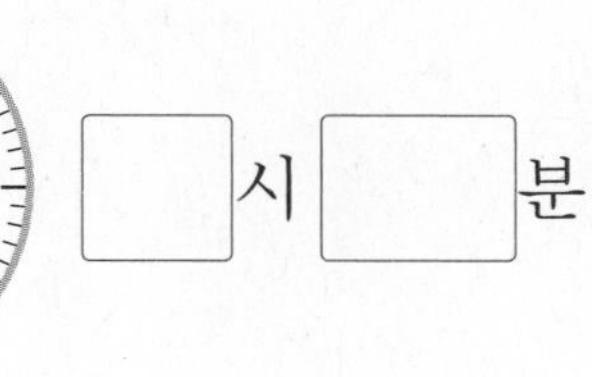

□시 □분

4 시계를 보고 몇 시 몇 분에 무엇을 하는지 써 보세요.

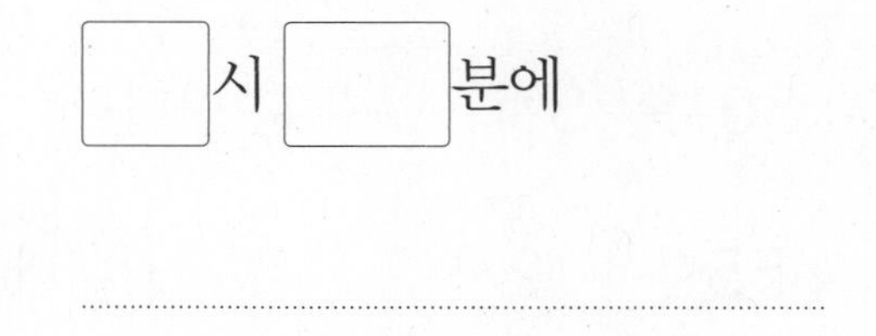

□시 □분에

....

3 여러 가지 방법으로 시각을 읽어 볼까요

• 몇 시 몇 분 전으로 나타내기

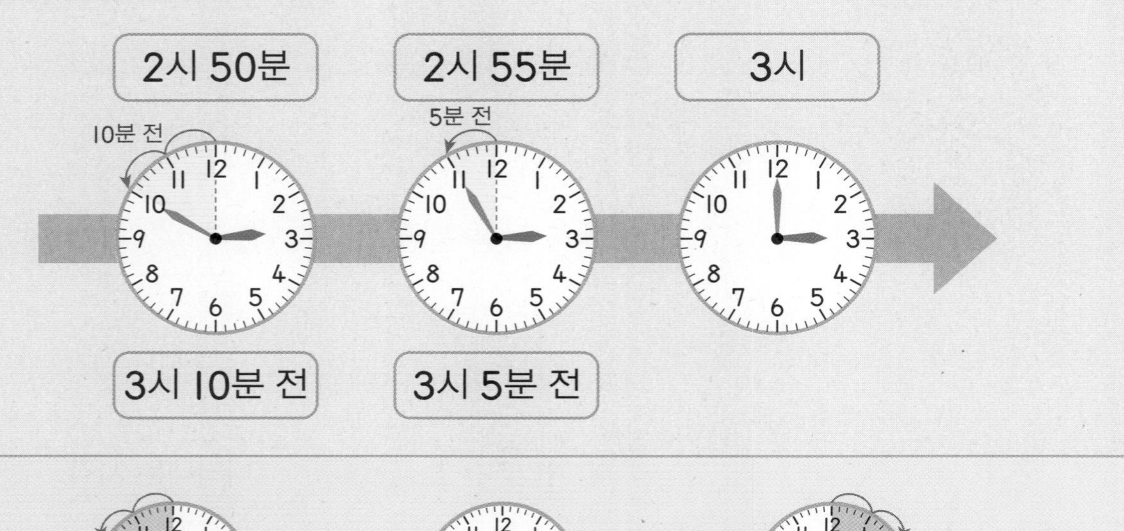

1 시계를 보고 □ 안에 알맞은 수를 써넣으세요.

(1) 시계가 나타내는 시각은 □시 □분입니다.

(2) 9시가 되려면 □분이 더 지나야 합니다.

(3) 시계가 나타내는 시각은 9시 □분 전입니다.

2 □ 안에 알맞은 수를 써넣으세요.

(1) 4시 50분은 5시 □분 전입니다.

(2) 11시 55분은 12시 □분 전입니다.

3 같은 시각을 나타낸 것끼리 이어 보세요.

4 주어진 시각을 나타내는 시계에 ○표 하세요.

( ) ( ) ( )

5 그림을 보고 □ 안에 알맞은 수를 써넣으세요.

4 1시간을 알아볼까요

• 1시간 알아보기

시계의 긴바늘이 한 바퀴 도는 데 걸린 시간은 60분입니다. 60분은 1시간입니다.

60분 = 1시간

1 요리를 하는 데 걸린 시간을 시간 띠에 색칠하고 구해 보세요.

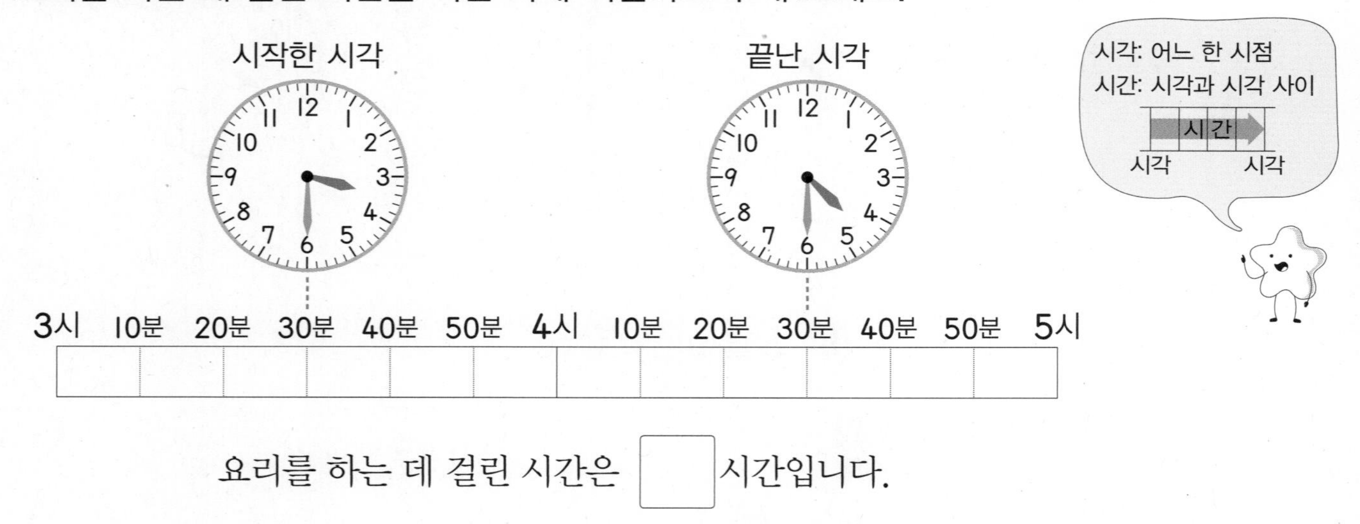

요리를 하는 데 걸린 시간은 ☐ 시간입니다.

2 산책을 60분 동안 했습니다. 산책을 시작한 시각을 보고 끝난 시각을 나타내 보세요.

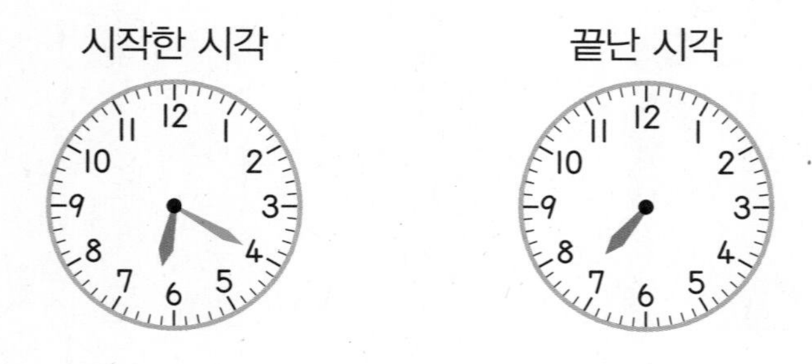

교과서 개념

5 걸린 시간을 알아볼까요

정답과 풀이 38쪽

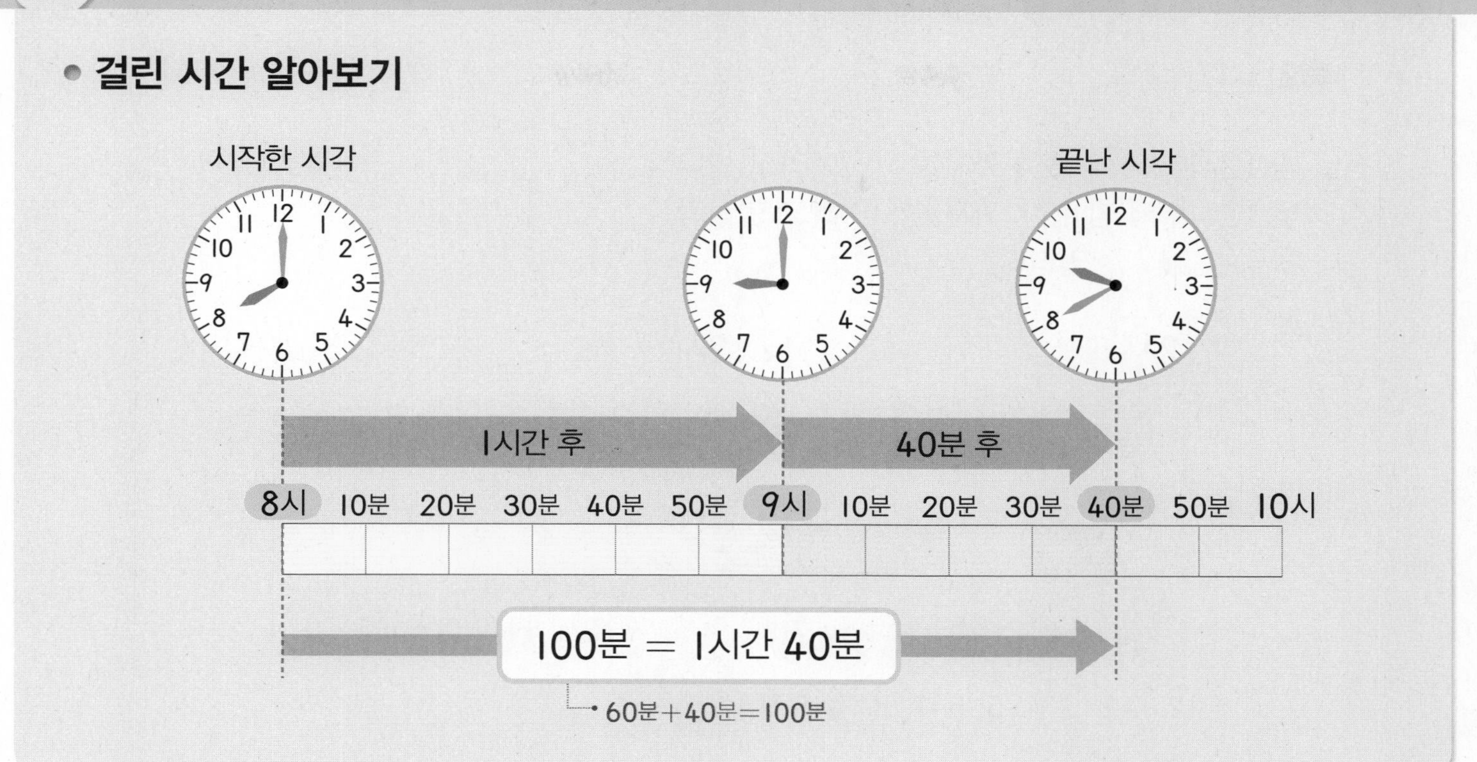

1 □ 안에 알맞은 수를 써넣으세요.

120분은 2시간이에요.

(1) 1시간 50분 = □ 분　　(2) 2시간 10분 = □ 분

(3) 80분 = □ 시간 □ 분　　(4) 160분 = □ 시간 □ 분

2 버스를 타고 이동하는 데 걸린 시간을 시간 띠에 색칠하고 구해 보세요.

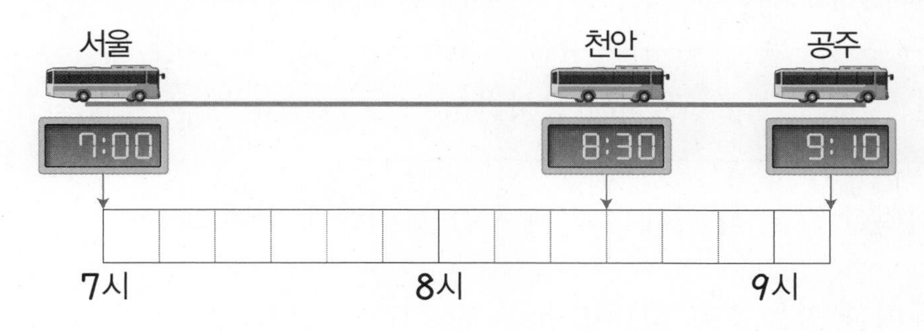

(1) 서울에서 천안까지: □ 시간 □ 분 = □ 분

(2) 천안에서 공주까지: □ 분

6 하루의 시간을 알아볼까요

• 하루의 시간

전날 밤 12시부터 낮 12시까지를 오전이라고 합니다.
낮 12시부터 밤 12시까지를 오후라고 합니다.
하루는 24시간입니다.

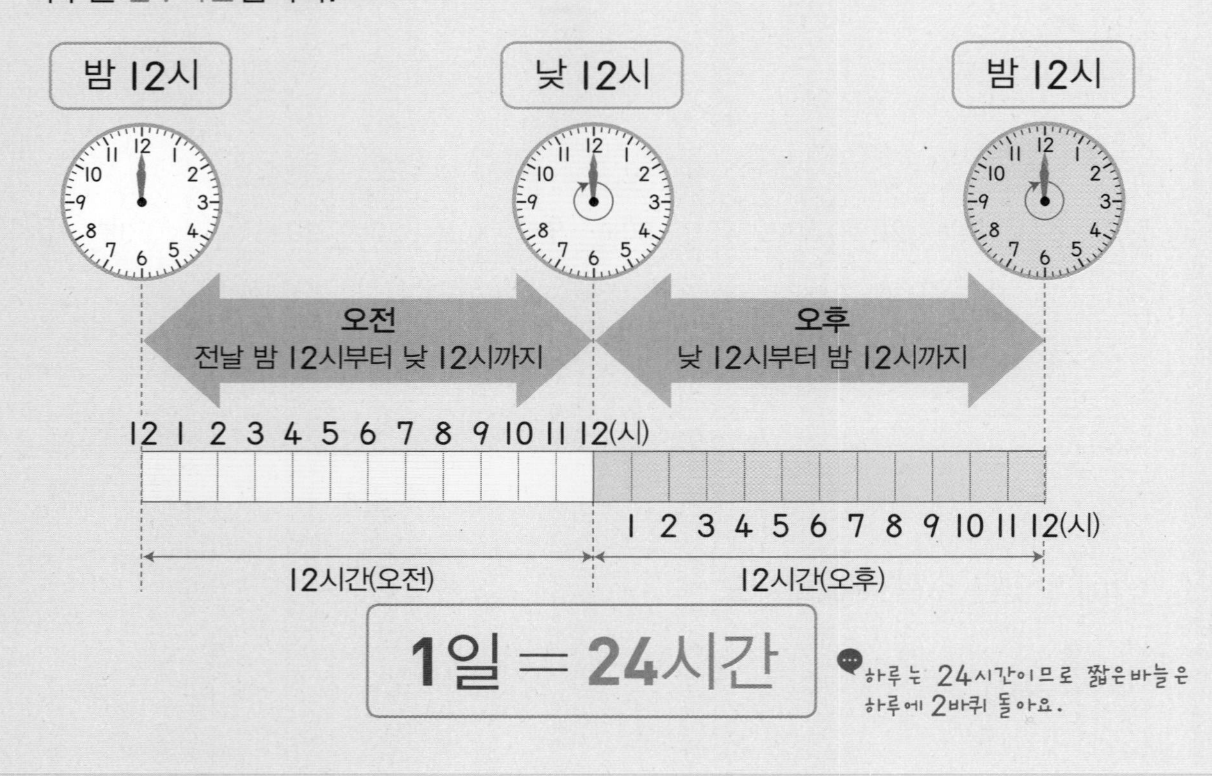

1 세경이의 생활 계획표를 보고 물음에 답하세요.

하는 일	아침 식사	수업	점심 식사	취미 활동	저녁 식사	잠
걸린 시간	2시간			5시간	2시간	

(1) 세경이가 계획한 일을 하는 데 걸리는 시간을 빈칸에 써넣으세요.

(2) 세경이가 계획한 일을 전부 하려면 모두 몇 시간이 걸릴까요?

( )

(3) 하루는 몇 시간일까요? ( )

2 □ 안에 알맞은 수를 써넣으세요.

(1) 24시간 = □일　　(2) 2일 = □시간

(3) 1일 5시간 = 1일 + 5시간 = □시간 + 5시간 = □시간

3 다음 시각이 오전을 나타내면 ○표, 오후를 나타내면 △표 하세요.

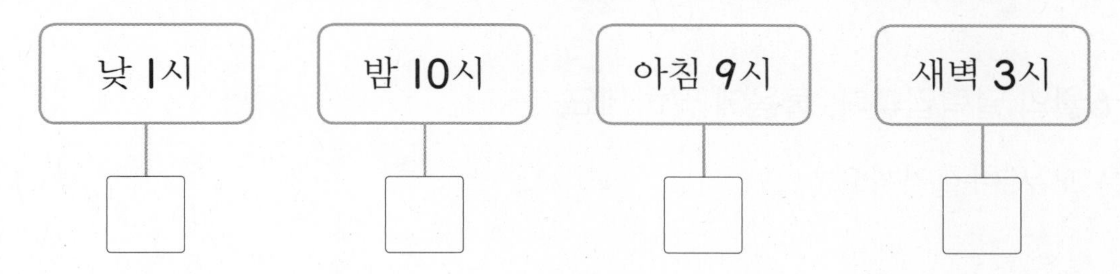

4 송현이 동생이 유치원에 있었던 시간을 시간 띠에 색칠하고 구해 보세요.

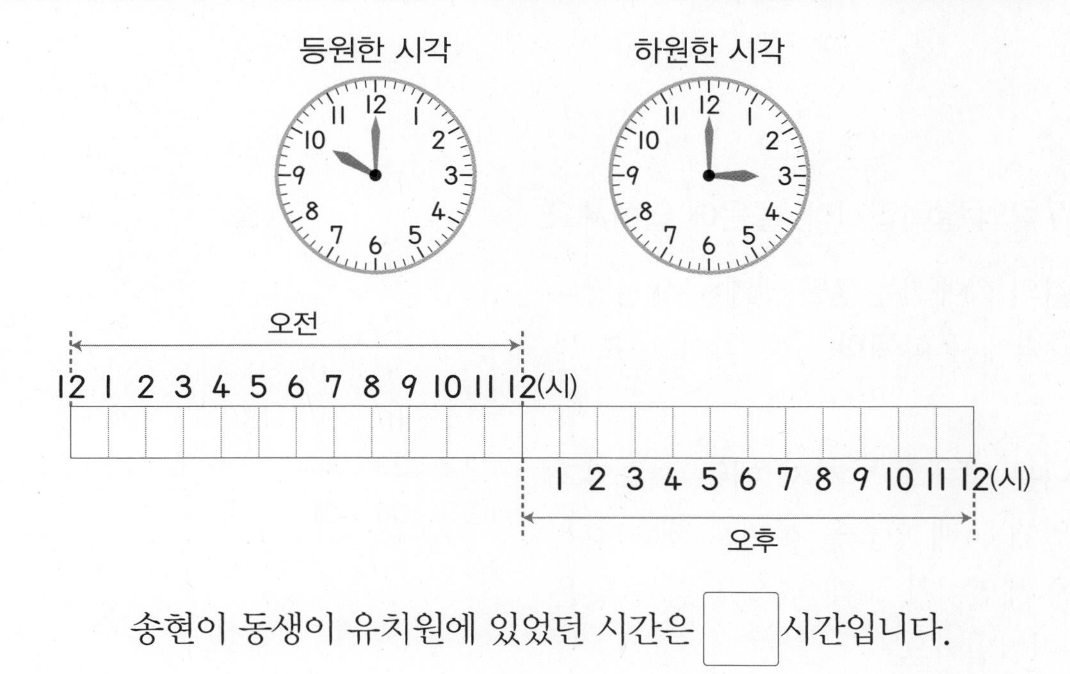

송현이 동생이 유치원에 있었던 시간은 □시간입니다.

교과서 개념

7 달력을 알아볼까요

달력 알아보기

1주일은 7일입니다.

5월

일	월	화	수	목	금	토
		1	2	3	4	5
6	7	8	9	10	11	12
13	14	15	16	17	18	19
20	21	22	23	24	25	26
27	28	29	30	31	1	2

+7일 +7일 +7일

6월 1일은 금요일입니다.

같은 요일이 7일마다 반복돼요.

1 어느 해 6월의 달력입니다. 물음에 답하세요.

6월

일	월	화	수	목	금	토
				1	2	3
4	5	6	7	8	9	10
11	12	13	14	15	16	17
18	19	20	21	22	23	24
25	26	27	28	29	30	

(1) 6월은 모두 며칠일까요?

( )

(2) 6월 20일은 무슨 요일일까요?

( )

(3) 6월 4일 일요일로부터 1주일 후는 몇 월 며칠 무슨 요일일까요?

(,)

2 어느 해 7월의 달력입니다. 물음에 답하세요.

7월

일	월	화	수	목	금	토
1	2	3	4	5	6	7
8	9	10	11	12	13	14
15	16	17	18	19	20	21
22	23	24	25	26	27	28
29	30	31				

(1) 세연이의 학예회는 7월 셋째 목요일입니다. 달력에서 학예회 날을 찾아 ○표 하세요.

(2) 세연이는 학예회 날까지 매주 수요일과 금요일에 노래 연습을 하기로 했습니다. 7월에 세연이가 노래 연습을 하는 날은 모두 며칠일까요?

( )

정답과 풀이 39쪽

각 월의 날수 알아보기

1년은 12개월입니다.

월	1	2	3	4	5	6	7	8	9	10	11	12
날수 (일)	31	28 (29)	31	30	31	30	31	31	30	31	30	31

2월의 날수는 4년마다 29일까지 있습니다.

높은 곳은 31일, 낮은 곳은 30일로 생각해요. 2월만 28일이에요.

3 □ 안에 알맞은 수를 써넣으세요.

(1) 1주일 = □일

(2) 21일 = □주일

(3) 1년 9개월 = □개월 + 9개월 = □개월

(4) 31개월 = 12개월 + 12개월 + 7개월 = □년 □개월

4 달력을 완성하고 □ 안에 알맞은 수를 써넣으세요.

10월

일	월	화	수	목	금	토
	1	2	3	4	5	6
7	8	9	10	11	12	13
14	15	16	17	18	19	20
21	22					

(1) 10월은 □일까지 있습니다.

(2) 같은 해 11월 1일은 □요일입니다.

(3) 10월 첫째 날부터 다음 해 □월 마지막 날까지는 12개월이므로 □년입니다.

기본기 강화 문제

① 긴바늘이 가리키는 시각 읽기

• 긴바늘이 가리키는 숫자가 몇 분을 나타내는지 써 보세요.

1

☐ 분

숫자 눈금 한 칸은 5분을 나타내요.

2

☐ 분

3

☐ 분

4

☐ 분

5

☐ 분

② 시각 읽기(1)

• 시계를 보고 몇 시 몇 분인지 써 보세요.

1

☐ 시 ☐ 분

2

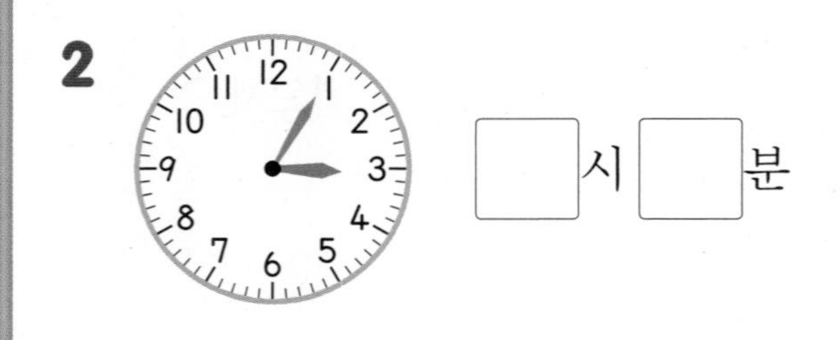

☐ 시 ☐ 분

3

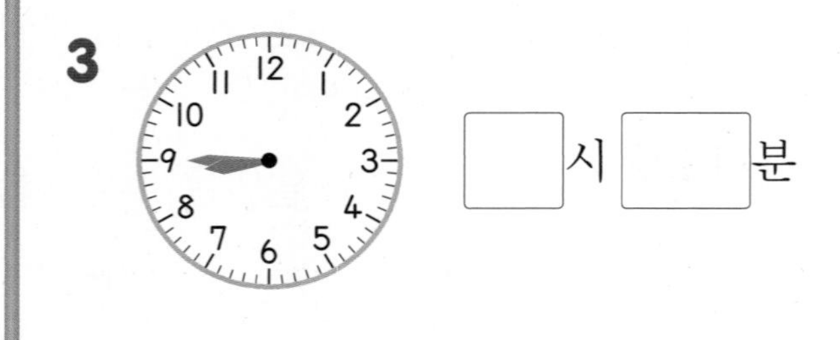

☐ 시 ☐ 분

4

☐ 시 ☐ 분

5

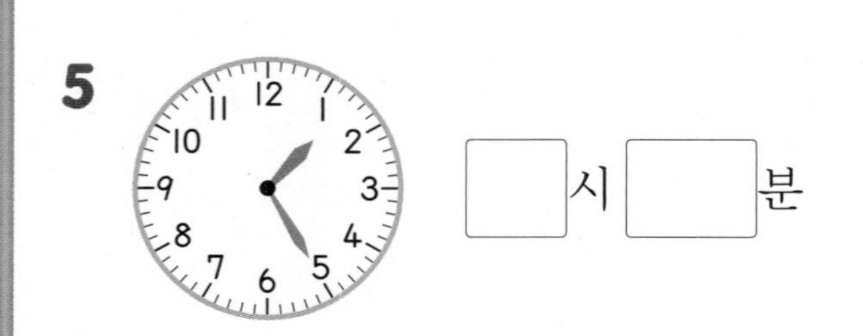

☐ 시 ☐ 분

3 긴바늘 그려 넣기(1)

• 시각에 맞게 시계에 긴바늘을 그려 넣으세요.

1 11시 5분

2 1시 20분

3 7시 25분

4 10시 40분

5 4시 55분

4 같은 시각끼리 연결하기

• 같은 시각을 나타낸 것끼리 이어 보세요.

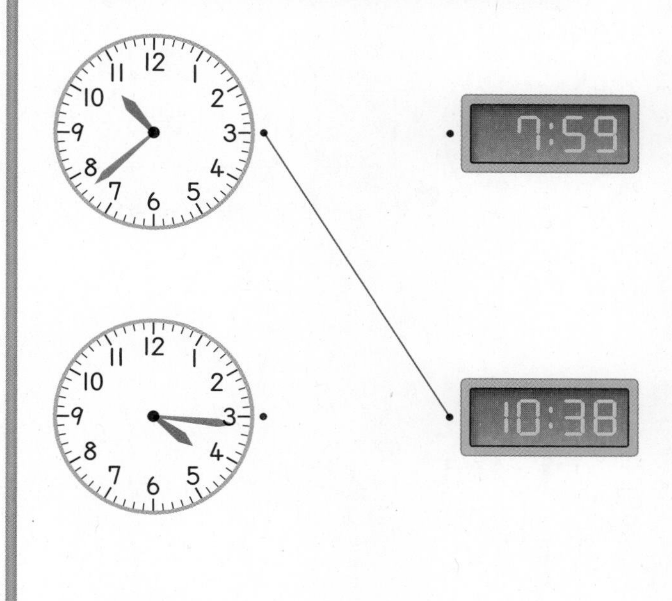

5 시각 읽기(2)

• 시계를 보고 몇 시 몇 분인지 써 보세요.

1

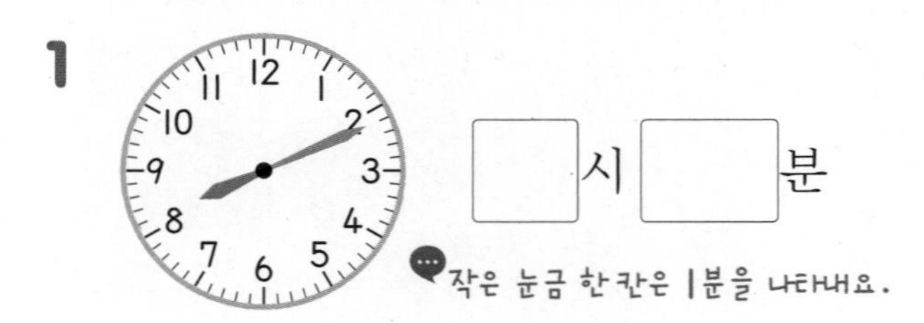

작은 눈금 한 칸은 1분을 나타내요.

2

3

4

5

6 긴바늘 그려 넣기(2)

• 시각에 맞게 시계에 긴바늘을 그려 넣으세요.

1

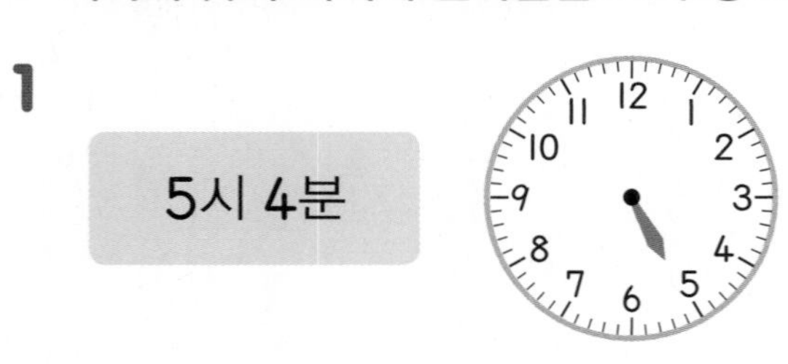

2

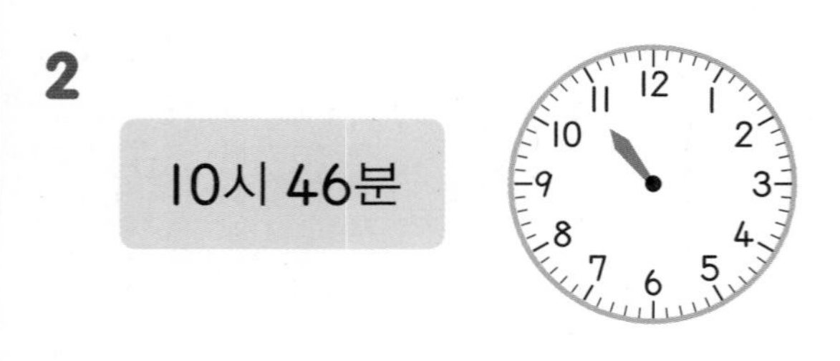

3

4

5

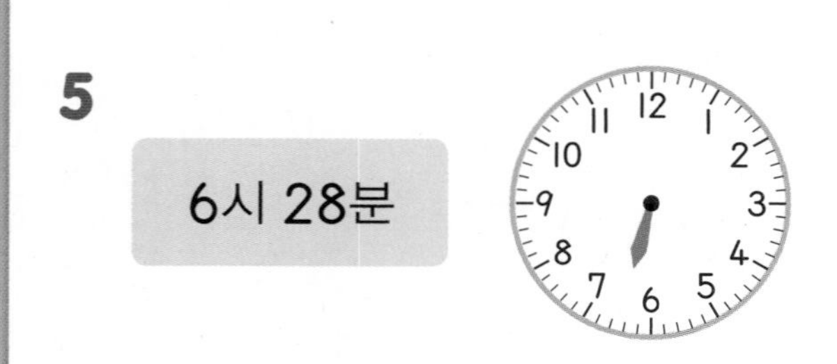

➔ 정답과 풀이 40쪽

7 여러 가지 방법으로 시각 읽기

- 시계를 보고 옳게 나타낸 것에 ○표 하세요.

1

2시 11분	2:55	3시 10분 전

2시 55분은 3시가 되기 5분 전의 시각이에요.

2

5시 10분 전	5시 50분	4시 10분

3

12:10	12시 50분	1시 50분 전

4

9시 40분	8시 15분 전	8시 45분

5

11시 5분 전	11시 11분	10:11

♪ 재미 팡팡!

8 몇 시 몇 분인지 읽기

- 세아가 읽은 시각이 맞으면 →, 틀리면 ↓로 가서 도착한 곳에 ○표 하세요.

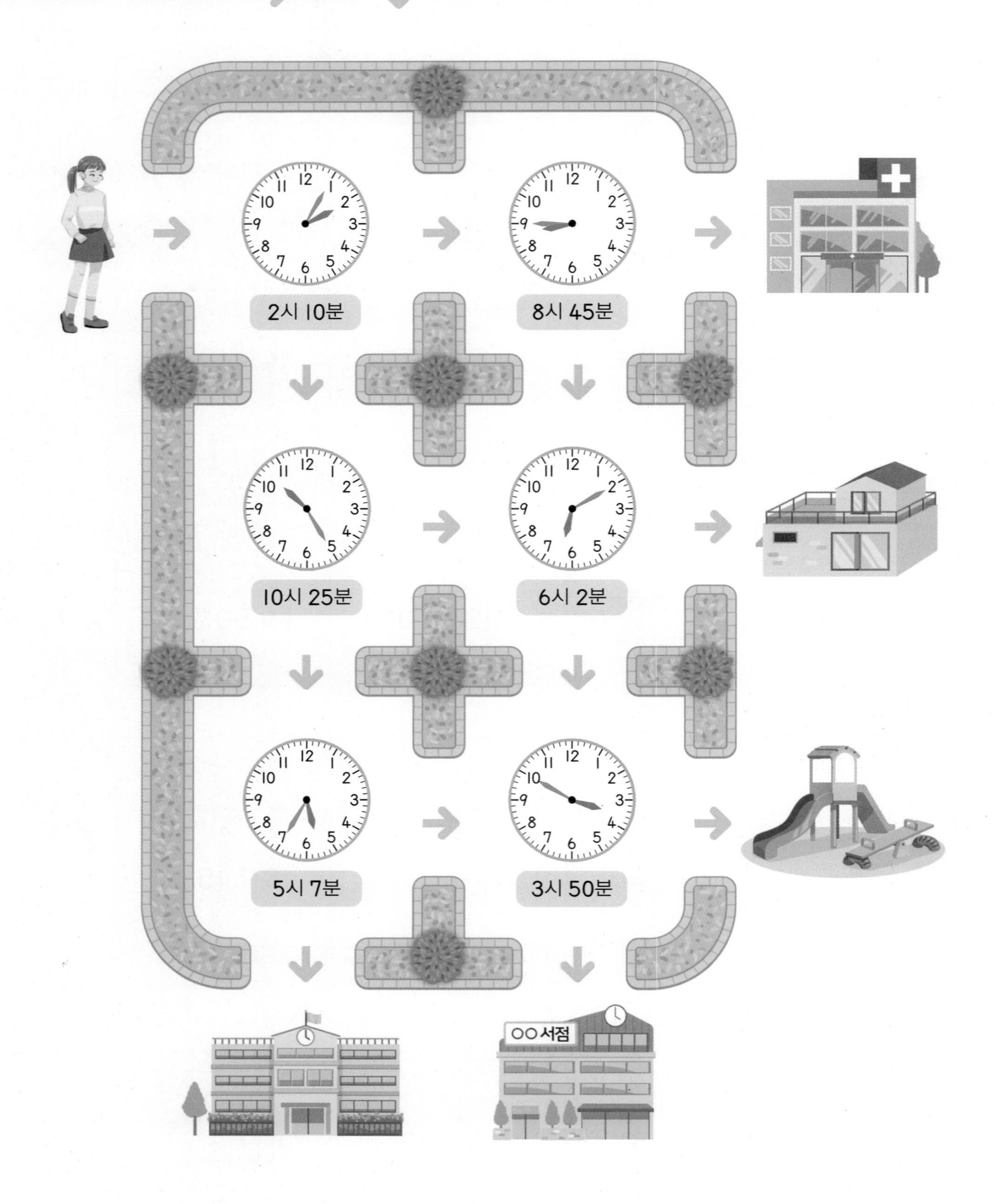

➲ 정답과 풀이 40쪽

9 시간 띠를 이용하여 걸린 시간 구하기(1)

• 어떤 일을 시작한 시각과 마친 시각입니다. 일을 하는 데 걸린 시간을 시간 띠에 색칠하고 구해 보세요.

1 운동을 시작한 시각 2시 운동을 마친 시각 2시 30분

40분 50분 2시 10분 20분 30분 40분 50분 3시 10분 20분 30분 40분 50분 4시 10분 20분

시간 띠의 한 칸은 10분을 나타내요.

운동을 하는 데 걸린 시간 → □분

2 숙제를 시작한 시각 5시 20분 숙제를 마친 시각 6시

40분 50분 4시 10분 20분 30분 40분 50분 5시 10분 20분 30분 40분 50분 6시 10분 20분

숙제를 하는 데 걸린 시간 → □분

3 청소를 시작한 시각 10시 50분 청소를 마친 시각 11시 40분

40분 50분 10시 10분 20분 30분 40분 50분 11시 10분 20분 30분 40분 50분 12시 10분 20분

청소를 하는 데 걸린 시간 → □분

4 공연을 시작한 시각 8시 10분 공연을 마친 시각 9시 10분

40분 50분 8시 10분 20분 30분 40분 50분 9시 10분 20분 30분 40분 50분 10시 10분 20분

공연을 하는 데 걸린 시간 → □분 = □시간

10 시간 띠로 시간 알아보기

• 시간 띠의 한 칸이 10분을 나타낼 때 □ 안에 알맞은 수를 써넣으세요.

1

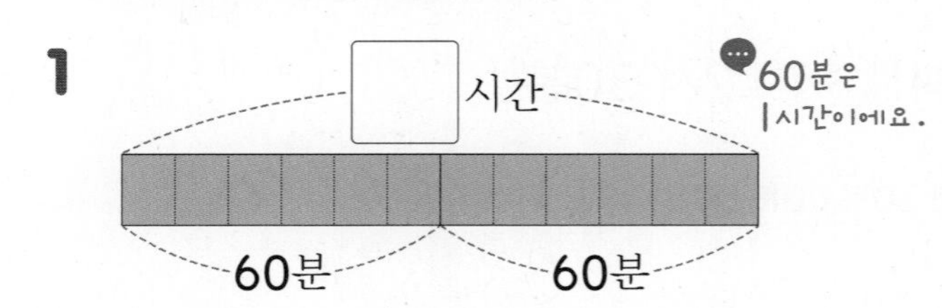

➡ 120분 = 60분 + 60분

= □시간 + □시간

= □시간

2

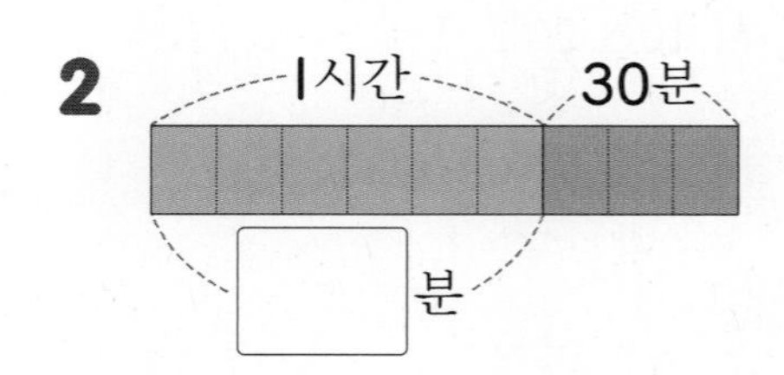

➡ 1시간 30분 = 1시간 + 30분

= □분 + 30분

= □분

3

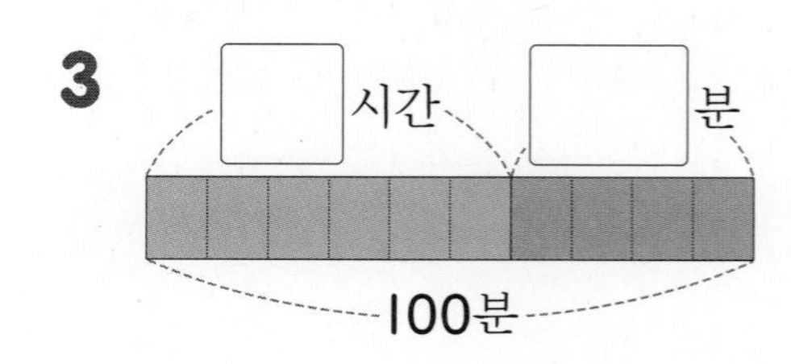

➡ 100분 = 60분 + □분

= □시간 + □분

= □시간 □분

11 1시간 알아보기

• □ 안에 알맞은 수를 써넣으세요.

1 180분

= 60분 + 60분 + 60분

= □시간 + □시간 + □시간

= □시간

2 70분 = 60분 + □분

= □시간 + □분

= □시간 □분

3 150분 = 60분 + 60분 + □분

= 1시간 + 1시간 + □분

= □시간 □분

4 2시간 50분

= 1시간 + 1시간 + 50분

= □분 + □분 + □분

= □분

5 3시간 20분

= 1시간 + 1시간 + 1시간 + 20분

= □분 + □분 + □분

+ □분

= □분

정답과 풀이 40쪽

12 긴 바늘이 돈 후의 시각

- 긴바늘이 주어진 바퀴만큼 돈 후의 시각을 써 보세요.

1

긴바늘이
한 바퀴 돈 후

긴바늘이 한 바퀴 도는 데 걸리는 시간은 1시간이에요.

2

긴바늘이
한 바퀴 돈 후

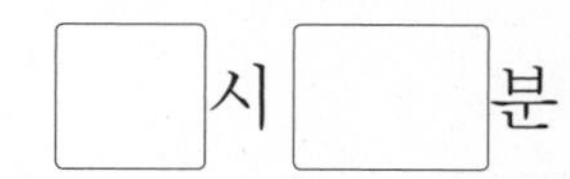

3

긴바늘이
한 바퀴 돈 후

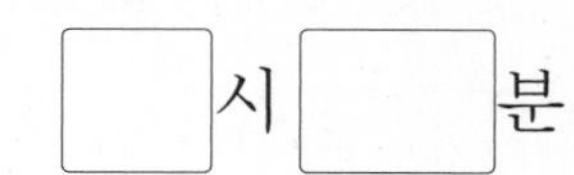

4

긴바늘이
두 바퀴 돈 후

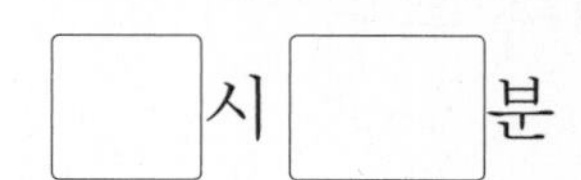

5

긴바늘이
세 바퀴 돈 후

□시 □분

13 1일, 1년 알아보기

- □ 안에 알맞은 수를 써넣으세요.

1 1일 = □시간

2 48시간 = □일

3 1일 10시간 = 1일 + 10시간
= □시간 + 10시간
= □시간

4 36시간 = 24시간 + □시간
= □일 + 12시간
= □일 □시간

5 1년 = □개월

6 24개월 = □년

7 2년 6개월 = 1년 + 1년 + 6개월
= □개월 + □개월 + 6개월
= □개월

8 20개월 = 12개월 + □개월
= □년 + □개월
= □년 □개월

14 시간 띠를 이용하여 걸린 시간 구하기(2)

• 비가 오기 시작한 시각과 비가 멈춘 시각입니다. 비가 내린 시간을 시간 띠에 색칠하고 구해 보세요.

1 시작한 시각 오전 7시 멈춘 시각 오후 7시

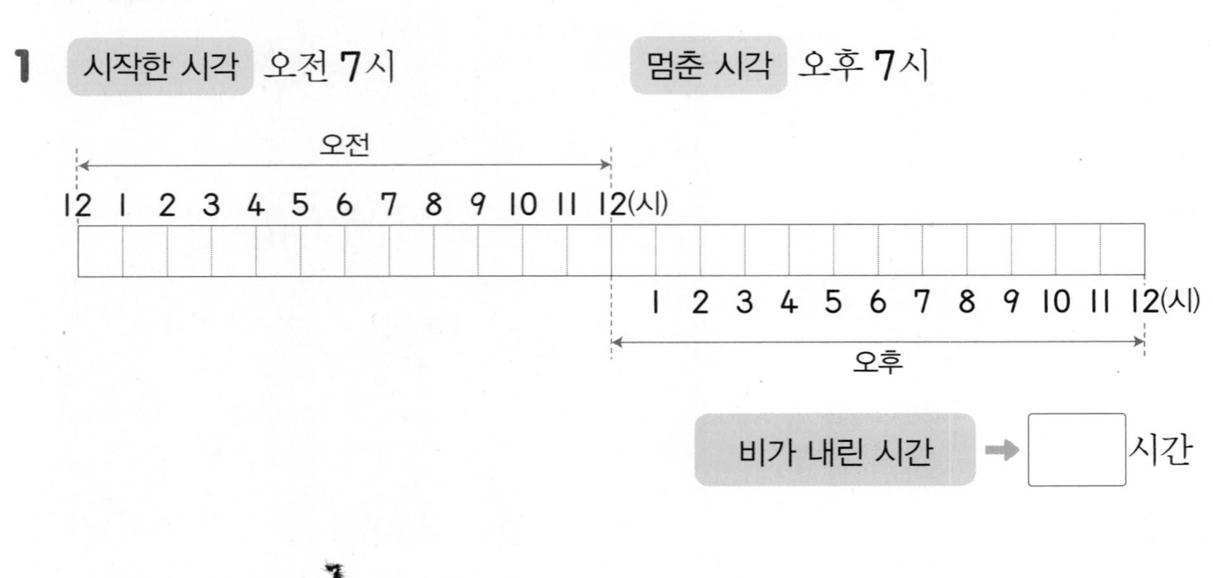

비가 내린 시간 ➡ ☐시간

2 시작한 시각 오전 5시 멈춘 시각 오후 2시

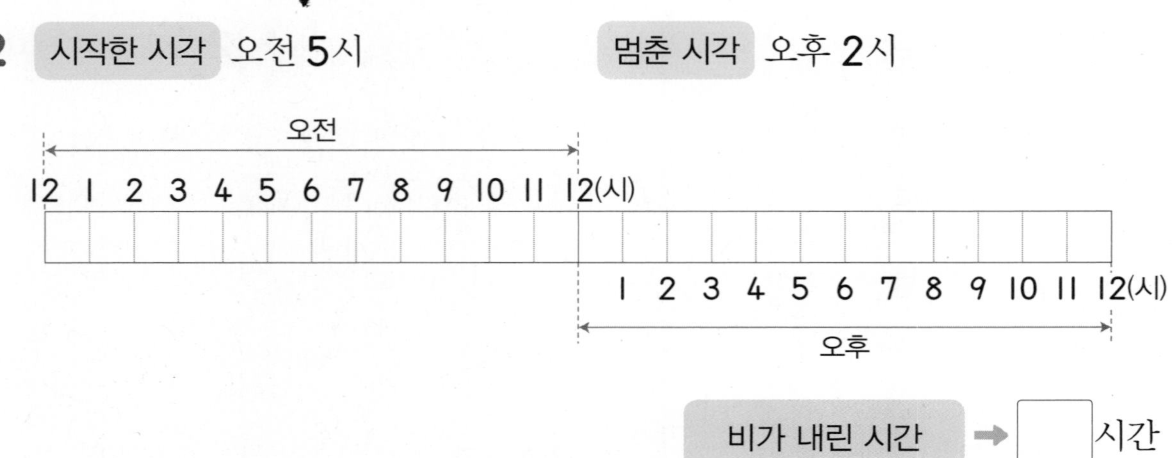

비가 내린 시간 ➡ ☐시간

3 시작한 시각 오전 3시 멈춘 시각 오후 9시

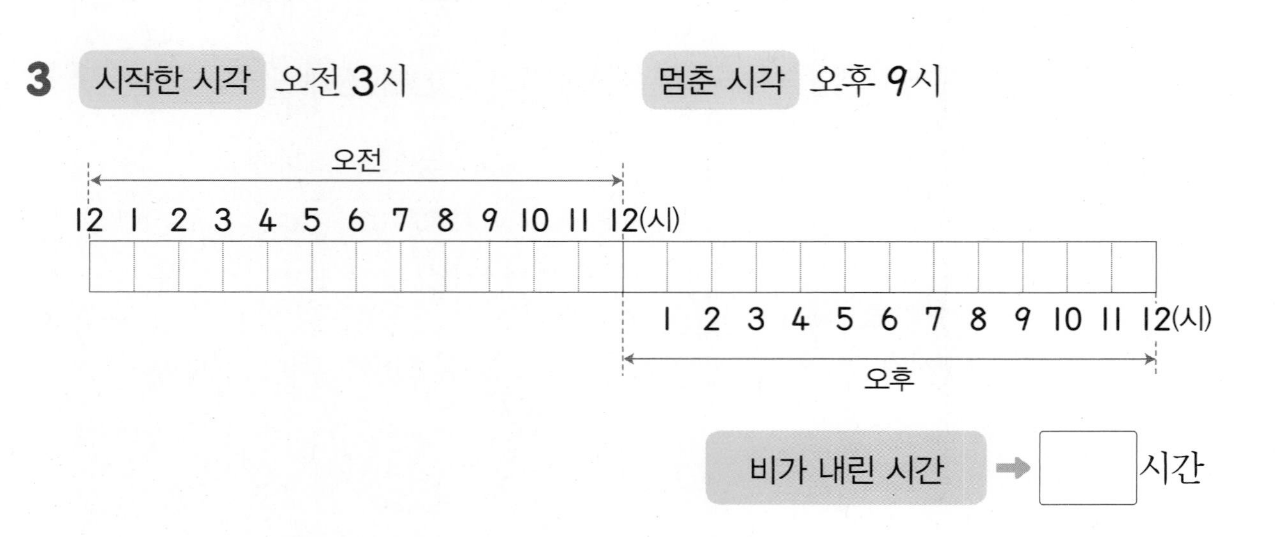

비가 내린 시간 ➡ ☐시간

➔ 정답과 풀이 41쪽

15 짧은바늘이 돈 후의 시각

• 짧은바늘이 주어진 바퀴만큼 돈 후의 시각을 써 보세요.

1

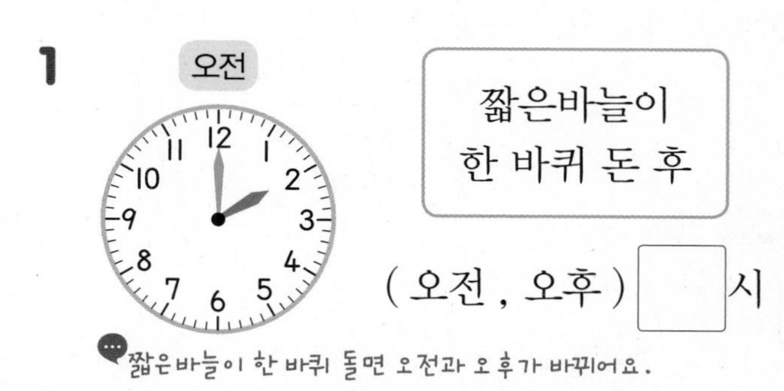

(오전 , 오후) □시

짧은바늘이 한 바퀴 돌면 오전과 오후가 바뀌어요.

2

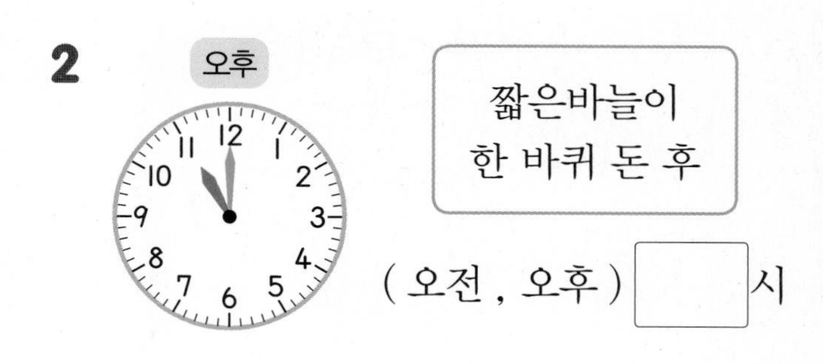

(오전 , 오후) □시

3

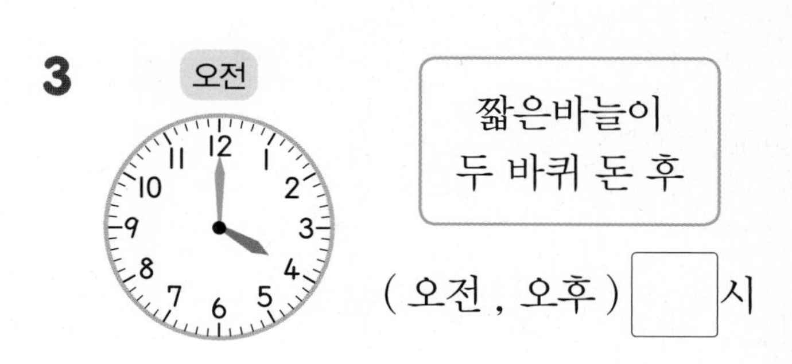

(오전 , 오후) □시

4

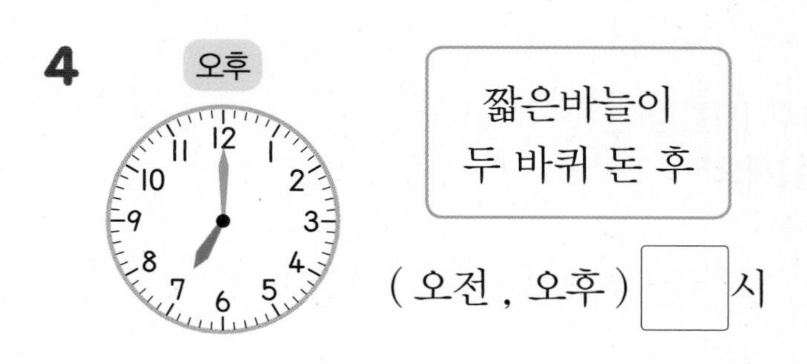

(오전 , 오후) □시

16 달력 알아보기

• 어느 해 7월의 달력입니다. 물음에 답하세요.

7월

일	월	화	수	목	금	토
				1	2	3
4	5	6	7	8	9	10
11	12	13	14	15	16	17 제헌절
18 민서 생일	19	20	21	22	23	24
25	26	27	28	29	30	31

1 7월 21일은 무슨 요일일까요?

□요일

2 이달 화요일의 날짜를 모두 써 보세요.

□일, □일, □일, □일

3 같은 요일이 며칠마다 반복될까요?

□일

4 제헌절로부터 1주일 후는 며칠일까요?

□일

5 8월 1일은 무슨 요일일까요?

□요일

6 민서 생일의 2주일 전은 몇 월 며칠일까요?

□월 □일

17 몇 시간 몇 분이 흐른 뒤의 시각 구하기

STEP 1 구하려는 것을 찾아요.

1 세현이네 합창단이 합창 연습을 시작한 시각은 5시 20분입니다. 합창 연습을 1시간 30분 동안 했다면 합창 연습이 **끝난 시각은 몇 시 몇 분**일까요?

STEP 2 문제를 간단히 나타내요.

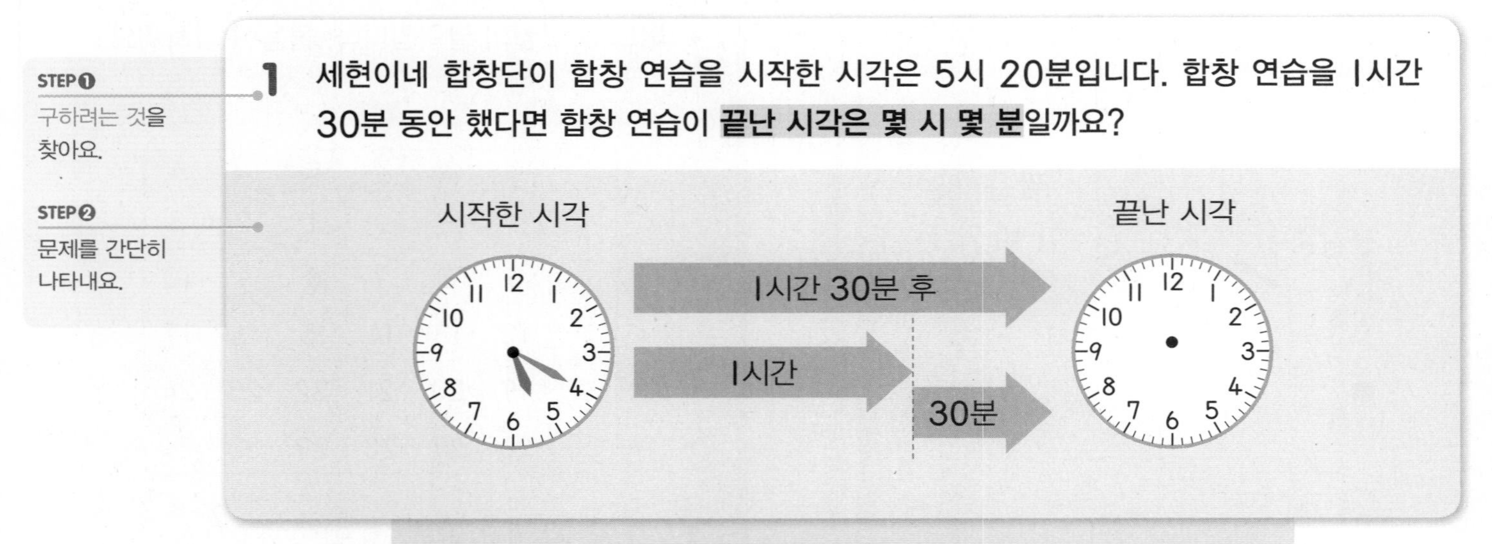

5시 20분에서 1시간 30분이 지난 시각은?

STEP 3 문제를 해결해요.

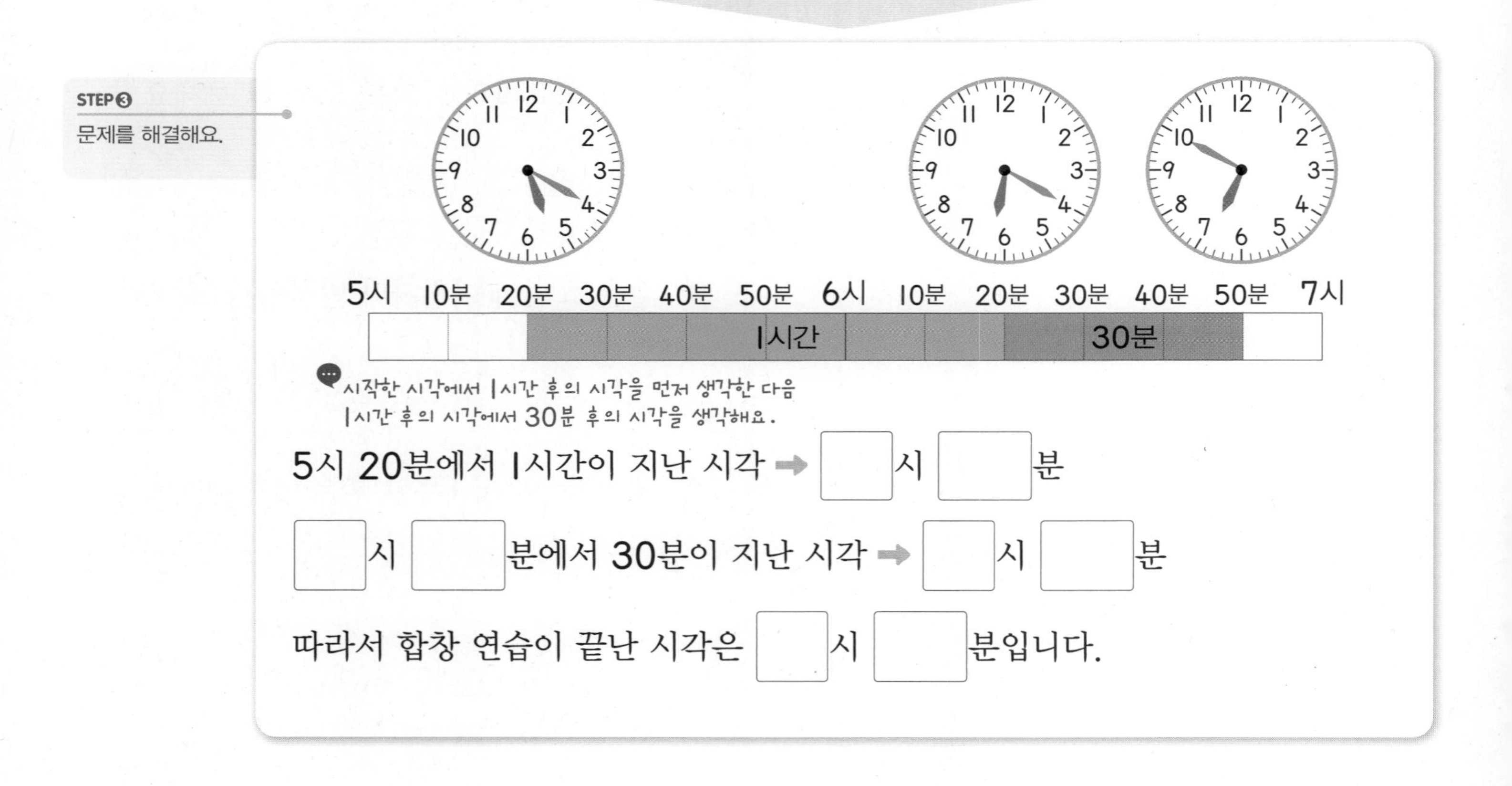

시작한 시각에서 1시간 후의 시각을 먼저 생각한 다음 1시간 후의 시각에서 30분 후의 시각을 생각해요.

5시 20분에서 1시간이 지난 시각 ➡ ☐시 ☐분

☐시 ☐분에서 30분이 지난 시각 ➡ ☐시 ☐분

따라서 합창 연습이 끝난 시각은 ☐시 ☐분입니다.

2 현겸이가 종이접기를 시작한 시각은 12시 10분입니다. 종이접기를 1시간 20분 동안 했다면 종이접기를 **마친 시각은 몇 시 몇 분**일까요?

(　　　　　　　　)

정답과 풀이 42쪽

18 축제 기간 구하기

STEP ❶ 구하려는 것을 찾아요.

1 6월 28일부터 7월 11일까지 불꽃놀이 축제가 열립니다. **축제가 열리는 기간은 모두 며칠**일까요?

STEP ❷ 문제를 간단히 나타내요.

6월

일	월	화	수	목	금	토
		1	2	3	4	5
6	7	8	9	10	11	12
13	14	15	16	17	18	19
20	21	22	23	24	25	26
27	28	29	30			

7월

일	월	화	수	목	금	토
				1	2	3
4	5	6	7	8	9	10
11	12	13	14	15	16	17
18	19	20	21	22	23	24
25	26	27	28	29	30	31

(6월에 열리는 기간)+(7월에 열리는 기간)

STEP ❸ 문제를 해결해요.

6월			7월										
28일	29일	30일	1일	2일	3일	4일	5일	6일	7일	8일	9일	10일	11일

6월은 30일까지 있어요.

따라서 축제가 열리는 기간은 모두 3 + 11 = ☐(일)입니다.

2 해인이네 가족은 1월 25일부터 2월 3일까지 가족 여행을 가기로 했습니다. **여행 기간은 모두 며칠**일까요?

(　　　　　　　)

3 3월 30일부터 4월 마지막 날까지 봄꽃 축제가 열립니다. **축제가 열리는 기간은 모두 며칠**일까요?

(　　　　　　　)

단원 평가 ❶

점수 확인

1 시계를 보고 빈칸에 몇 분을 나타내는지 써넣으세요.

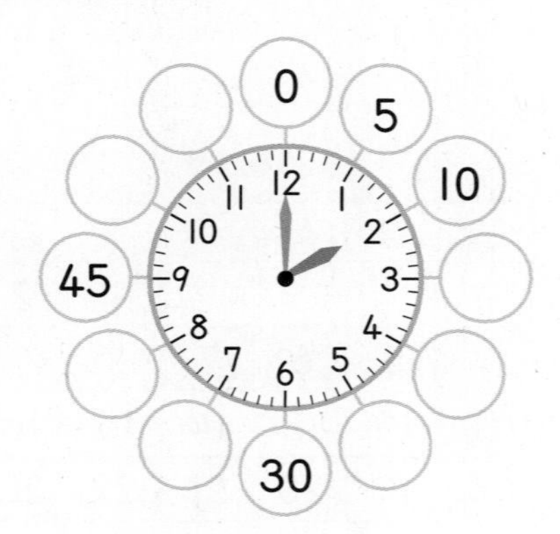

2 시계를 보고 몇 시 몇 분인지 써 보세요.

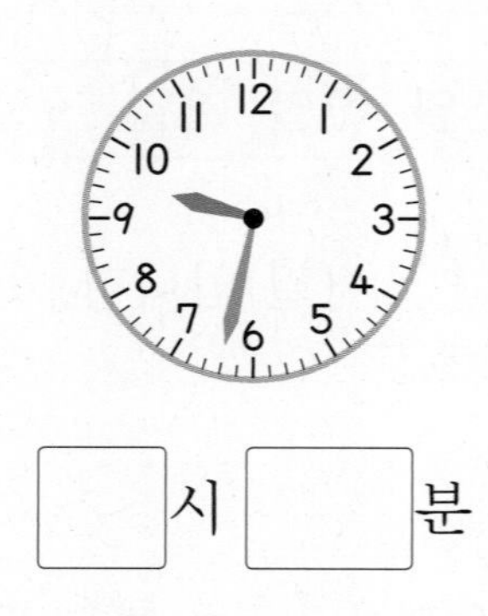

□시 □분

3 시계에 시각을 나타내 보세요.

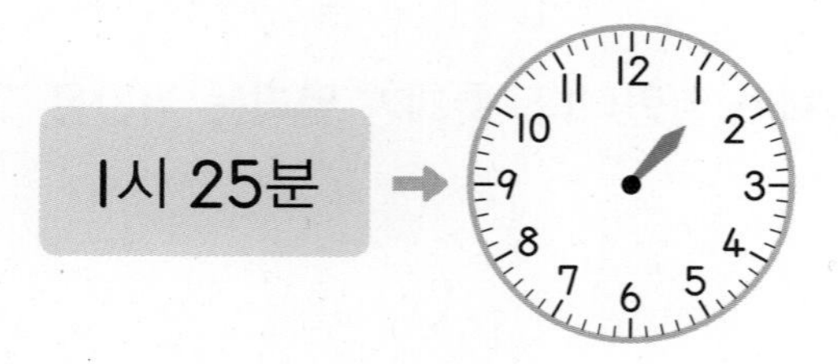

4 시계를 보고 □ 안에 알맞은 수를 써넣으세요.

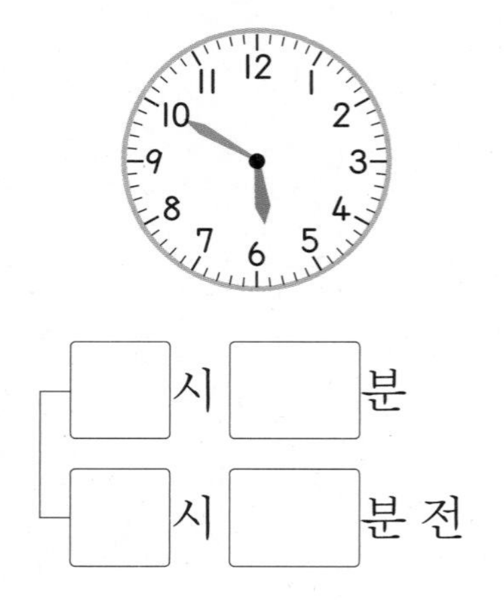

□시 □분

□시 □분 전

5 □ 안에 알맞은 수를 써넣으세요.

(1) 2주일 = □일

(2) 2년 = □개월

6 시계의 짧은바늘이 한 바퀴 돌았을 때 나타내는 시각을 구해 보세요.

(오전 , 오후) □시 □분

7 다음 중 날수가 다른 월은 어느 것일까요? (　　　)

① 3월　　② 7월　　③ 10월
④ 11월　　⑤ 12월

서술형 문제

8 가람이가 집에서 출발하여 삼촌 댁까지 가는 데 걸린 시간을 보기 와 같이 풀이 과정을 쓰고 답을 구해 보세요.

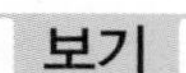

보기

출발한 시각　　도착한 시각

2:10　　

서현이가 출발한 시각은 2시 10분이고 이모 댁에 도착한 시각은 3시 30분입니다. 따라서 이모 댁까지 가는 데 걸린 시간은 1시간 20분입니다.

답 1시간 20분

출발한 시각　　도착한 시각

가람이가 출발한 시각은 ………………

………………

………………

답 ………………

9 9월의 마지막 날은 무슨 요일일까요?

9월

일	월	화	수	목	금	토
				1	2	3
4	5	6	7	8	9	10

(　　　　　　　　)

서술형 문제

10 시계의 짧은바늘이 2에서 8까지 가는 동안 긴바늘은 모두 몇 바퀴를 돌아야 하는지 보기 와 같이 풀이 과정을 쓰고 답을 구해 보세요.

보기

짧은바늘이 5에서 9까지
가는 동안 긴바늘이 도는 횟수

5시부터 9시까지는 4시간입니다. 따라서 긴바늘은 한 시간에 한 바퀴를 돌므로 모두 4바퀴를 돌아야 합니다.

답 4바퀴

2시부터 8시까지는 ………………

………………

………………

답 ………………

단원 평가 ❷

점수 확인

1 □ 안에 오전과 오후를 알맞게 써넣으세요.

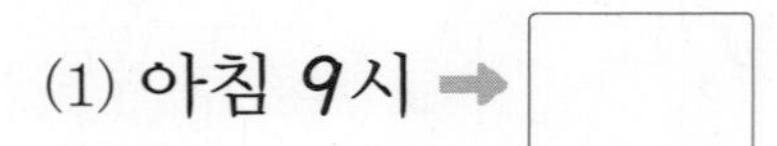

(1) 아침 9시 ➡ □

(2) 저녁 7시 ➡ □

2 같은 시각을 나타낸 것끼리 이어 보세요.

3 설명을 보고 시계가 나타내는 시각을 써 보세요.

- 시계의 짧은바늘이 6과 7 사이에 있습니다.
- 시계의 긴바늘이 2를 가리킵니다.

□시 □분

4 □ 안에 알맞은 수를 써넣으세요.

(1) 1시간 25분 = □분

(2) 170분 = □시간 □분

(3) 2년 8개월 = □개월

5 시계에 주어진 시각에서 1시간 후 시각을 나타내 보세요.

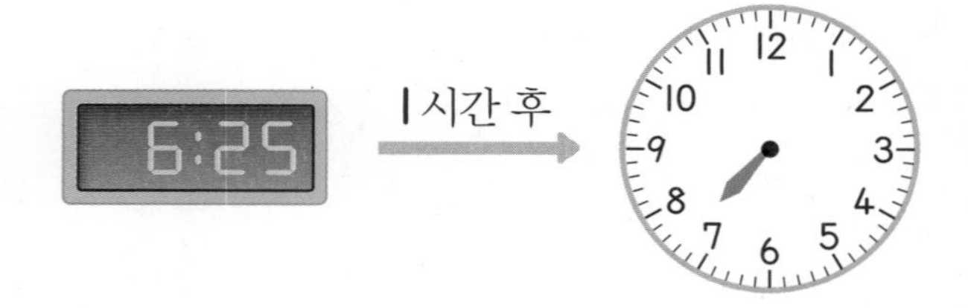

6 학교에 더 빨리 도착한 사람의 이름을 써 보세요.

나는 9시 10분 전에 도착했어.

서아

나는 8시 40분에 도착했어.

태하

(　　　　　)

정답과 풀이 43쪽

7 영우네 가족이 여행한 시간은 몇 시간일까요?

(   )

서술형 문제

8 수혁이가 공부를 시작한 시각은 6시 30분입니다. 공부를 40분 동안 했다면 공부를 끝낸 시각은 몇 시 몇 분인지 보기 와 같이 풀이 과정을 쓰고 답을 구해 보세요.

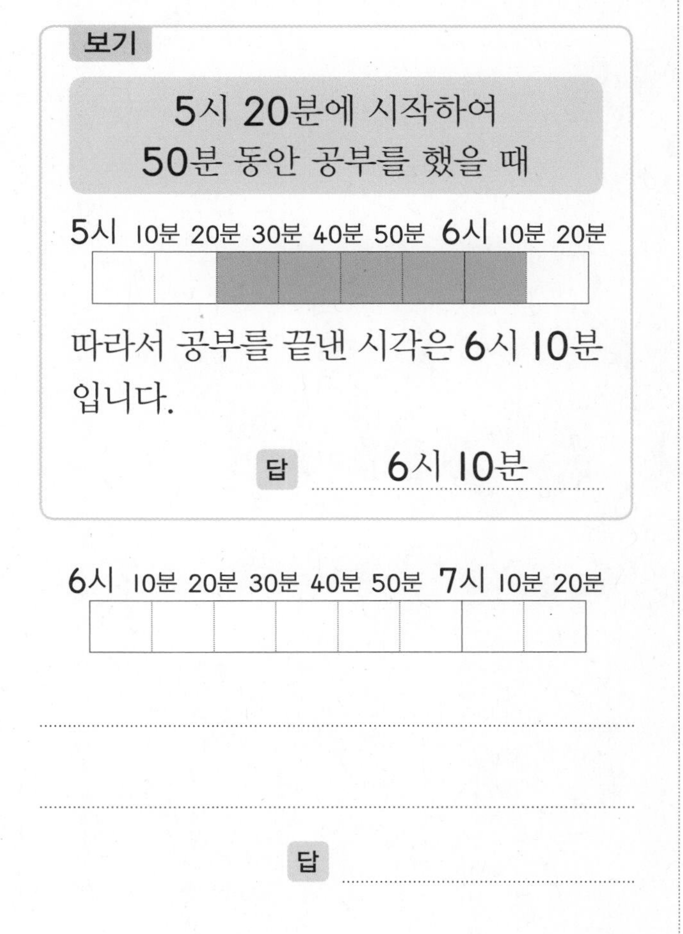

9 연수의 생일은 지후 생일의 10일 후입니다. 연수의 생일은 며칠이고 무슨 요일일까요?

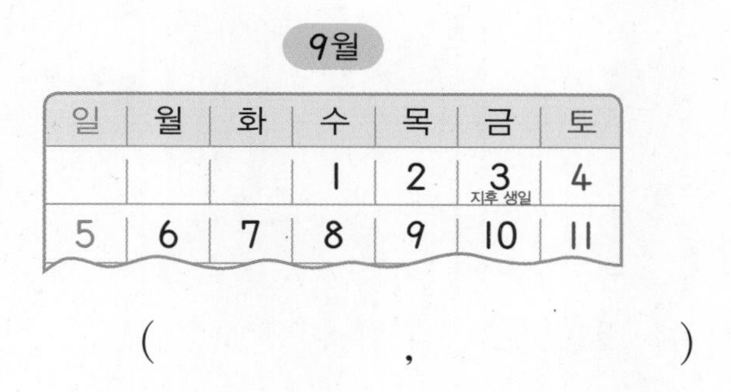

9월

일	월	화	수	목	금	토
			1	2	3 (지후 생일)	4
5	6	7	8	9	10	11

(,   )

서술형 문제

10 진구는 세계위인전집을 7월, 8월 두 달 동안 매일 읽었습니다. 모두 며칠 동안 읽었는지 보기 와 같이 풀이 과정을 쓰고 답을 구해 보세요.

보기

4월, 5월 두 달 동안 읽었을 때

각 월의 날수는 4월이 30일, 5월이 31일입니다. 따라서 진구는 세계위인전집을 모두 $30+31=61$(일) 동안 읽었습니다.

답 61일

각 월의 날수는

답

5 표와 그래프

체육 시간에 고리 던지기를 했더니 고리들이 어지럽게 널려 있어요.
색깔에 따라 분류하여 고리걸이에 고리 스티커를 붙여 보세요.

스티커 붙이기

1 자료를 분류하여/조사하여 표로 나타내 볼까요

자료를 표로 나타내기

❶ 자료 조사하기

친구들이 좋아하는 곤충을 조사합니다.

좋아하는 곤충

➡ 조사한 자료를 보면 **누가 어떤 곤충을 좋아하는지** 알 수 있습니다.

❷ 기준에 따라 분류하기

좋아하는 곤충

개미	나비	무당벌레	사슴벌레
하진, 민호, 아란	예린, 정훈, 은설, 로운, 라온	소율, 종완, 서희, 하람	민찬, 재경, 지원

❸ 표로 나타내기

좋아하는 곤충별로 중복되거나 빠뜨리지 않도록 사람 수를 셉니다.

좋아하는 곤충별 학생 수

곤충	개미	나비	무당벌레	사슴벌레	합계
학생 수(명)	3	5	4	3	15

➡ 표로 나타내면 **좋아하는 곤충별 학생 수를 한눈에** 알아보기 쉽습니다.

!

• 자료를 조사하여 표로 나타내는 순서

❶ 무엇을 조사할지 정하기 ➡ ❷ 조사할 방법을 정하기 ➡ ❸ 자료를 조사하기 ➡ ❹ 표로 나타내기

정답과 풀이 44쪽

1 초하네 반 학생들이 좋아하는 과일을 조사하였습니다. 물음에 답하세요.

좋아하는 과일

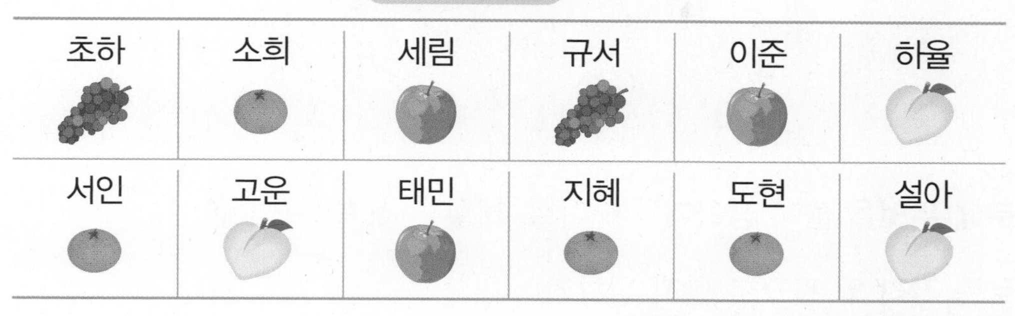

: 포도, : 귤, : 사과, : 복숭아

(1) 좋아하는 과일별 학생들의 이름을 써 보세요.

좋아하는 과일

포도	귤	사과	복숭아
초하, 규서			

(2) 좋아하는 과일별 학생 수를 표로 나타내 보세요.

좋아하는 과일별 학생 수

과일	포도	귤	사과	복숭아	합계
학생 수(명)					

2 수호네 반 학생들이 좋아하는 운동을 조사하였습니다. 좋아하는 운동별 학생 수를 표로 나타내 보세요.

좋아하는 운동

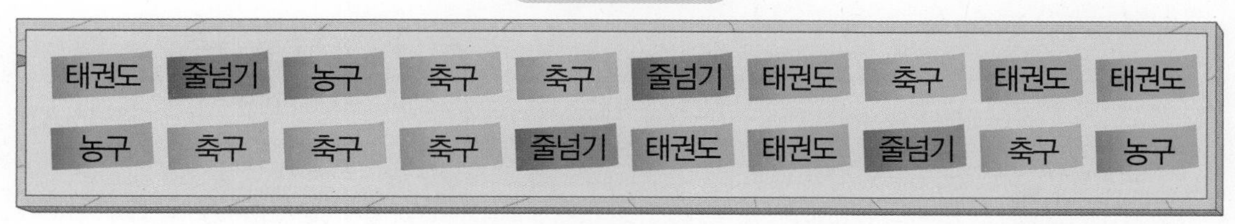

좋아하는 운동별 학생 수

운동	태권도	줄넘기	농구	축구	합계
학생 수(명)					

자료를 분류하여 그래프로 나타내 볼까요

• 표를 그래프로 나타내기

좋아하는 계절별 학생 수

계절	봄	여름	가을	겨울	합계
학생 수(명)	3	5	4	3	15

❶ 가로와 세로에 무엇을 쓸지 정하기 ㊕ 가로: 계절 / 세로: 학생 수

└• 가로에 학생 수, 세로에 계절을 나타낼 수도 있습니다.

❷ 가로와 세로를 각각 몇 칸으로 할지 정하기

㊕ 가로: 계절은 봄, 여름, 가을, 겨울로 4가지이므로 4칸
세로: 학생 수 중 5명이 가장 많으므로 5칸

❸ ○, ×, / 등을 이용하여 나타내기

㊕ 봄을 좋아하는 학생은 3명이므로 ○를 3개 그립니다.

❹ 그래프의 제목 쓰기 ㊕ 좋아하는 계절별 학생 수 —• 제목을 가장 먼저 써도 됩니다.

좋아하는 계절별 학생 수

학생 수(명) / 계절	봄	여름	가을	겨울
5		○		
4		○	○	
3	○	○	○	○
2	○	○	○	○
1	○	○	○	○

그래프로 나타낼 때는 ○를 한 칸에 하나씩, 맨 아래 칸부터 빈칸 없이 채워야 해요.

!

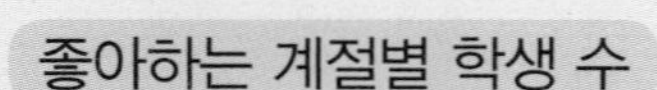

학생 수(명) / 계절	봄	여름	가을	겨울
5				
4		~~○~~	○	
3	○	○	○	○
2	○	○	○	○
1	○	○	○	○

좋아하는 계절별 학생 수

학생 수(명) / 계절	봄	여름	가을	겨울
5		○		~~○~~
4		○	○	
3	○	○	○	
2	○	○	○	○
1	○	○	○	○

1 선율이네 모둠 학생들이 좋아하는 간식을 조사하여 그래프로 나타냈습니다. 바르게 나타낸 그래프를 모두 찾아 기호를 써 보세요.

㉠ 좋아하는 간식별 학생 수

4			×	
3		×	×	
2	×	×	×	
1	×	×	×	×
학생 수(명) / 간식	과자	빵	사탕	초콜릿

㉡ 좋아하는 간식별 학생 수

4	○		○	
3	○	○	○	
2		○	○	
1		○	○	○
학생 수(명) / 간식	과자	빵	사탕	초콜릿

㉢ 좋아하는 간식별 학생 수

초콜릿	○			
사탕	○	○	○	○
빵	○	○	○	
과자	○	○		
간식 / 학생 수(명)	1	2	3	4

㉣ 좋아하는 간식별 학생 수

초콜릿	/			
사탕	//	/	/	
빵	/	/	/	
과자	/	/		
간식 / 학생 수(명)	1	2	3	4

( )

2 세훈이네 모둠 학생들이 가지고 있는 붙임딱지의 색깔을 조사하여 표로 나타냈습니다. 표를 보고 ○를 이용하여 그래프를 완성해 보세요.

세훈이네 모둠 학생들이 가지고 있는 색깔별 붙임딱지 수

색깔	파란색	초록색	노란색	합계
학생 수(명)	1	3	2	6

세훈이네 모둠 학생들이 가지고 있는 색깔별 붙임딱지 수

3			
2			
1	○		
학생 수(명) / 색깔	파란색	초록색	노란색

5

3 가람이가 가지고 있는 학용품의 수를 표로 나타냈습니다. 물음에 답하세요.

가람이가 가진 학용품의 수

학용품	볼펜	가위	지우개	연필	합계
수(개)	4	1	3	6	14

(1) 표를 보고 ○를 이용하여 그래프로 나타내 보세요.

가람이가 가진 학용품의 수

6				
5				
4				
3				
2				
1				
수(개) / 학용품	볼펜	가위	지우개	연필

(2) (1)의 그래프의 세로에 나타낸 것은 무엇일까요?

( )

(3) 표를 보고 /를 이용하여 그래프로 나타내 보세요.

가람이가 가진 학용품의 수

연필						
지우개						
가위						
볼펜						
학용품 / 수(개)	1	2	3	4	5	6

4 기악반 학생들이 연주하는 악기를 조사하여 표로 나타냈습니다. 표를 보고 ×를 이용하여 그래프로 나타내 보세요.

연주하는 악기별 학생 수

악기	피아노	리코더	바이올린	합계
학생 수(명)	6	10	4	20

연주하는 악기별 학생 수

바이올린										
리코더										
피아노										
악기 / 학생 수(명)	1	2	3	4	5	6	7	8	9	10

5 현수네 반 학생들이 좋아하는 장난감을 조사하여 표로 나타냈습니다. 표를 그래프로 나타내는 순서에 맞게 ◯ 안에 1, 2, 3, 4를 써 보세요.

좋아하는 장난감별 학생 수

장난감	블록	슬라임	게임기	인형	합계
학생 수(명)	3	4	5	2	14

제목을 쓰는 것은 처음이나 마지막 모두 가능해요.

5			○	
4		○	○	
3	○	○	○	
2	○	○	○	○
1	○	○	○	○
학생 수(명) / 장난감	블록	슬라임	게임기	인형

좋아하는 장난감별 학생 수를 ○로 표시해요. ◯

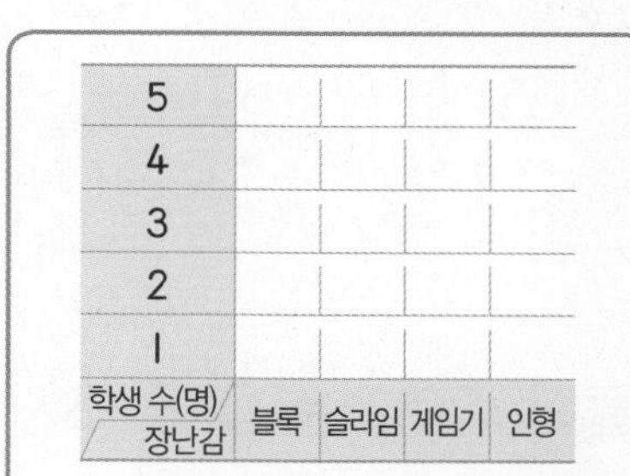

가로와 세로를 각각 몇 칸으로 할지 정해요. ◯

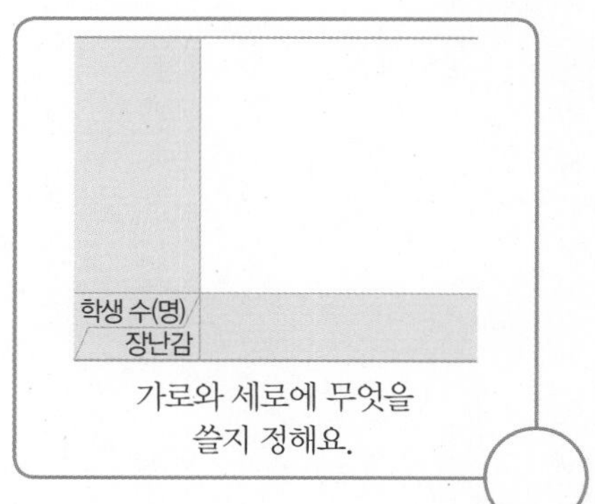

가로와 세로에 무엇을 쓸지 정해요. ◯

좋아하는 장난감별 학생 수

장난감	블록	슬라임	게임기	인형	합계
학생 수(명)	3	4	5	2	14

조사한 표를 살펴봐요. ◯

표와 그래프를 보고 무엇을 알 수 있을까요

● 표

혈액형별 학생 수

혈액형	A형	B형	O형	AB형	합계
학생 수(명)	6	5	7	2	20

표에서 알 수 있는 것

• 학생 20명을 조사했습니다.
• B형인 학생은 5명입니다.

➡ 조사한 자료의 전체 수, 조사한 자료별 수를 알아보기 편리합니다.

● 그래프

혈액형별 학생 수

7			/	
6	/		/	
5	/	/	/	
4	/	/	/	
3	/	/	/	
2	/	/	/	/
1	/	/	/	/
학생 수(명) / 혈액형	A형	B형	O형	AB형

그래프에서 알 수 있는 것

• O형인 학생이 가장 많습니다.
• AB형인 학생이 가장 적습니다.

➡ 자료별 수가 가장 많은 것, 가장 적은 것을 알아보기 편리합니다.

1 민기네 반 학생들이 좋아하는 꽃을 조사하여 표로 나타냈습니다. □ 안에 알맞은 수를 써넣으세요.

좋아하는 꽃별 학생 수

꽃	장미	튤립	데이지	합계
학생 수(명)	13	8	9	30

(1) 튤립을 좋아하는 학생은 □명입니다.

(2) 조사한 학생은 모두 □명입니다.

2 은결이네 모둠 학생들이 한 달 동안 읽은 책 수를 조사하여 그래프로 나타냈습니다. □ 안에 알맞은 이름을 써넣으세요.

학생별 읽은 책 수

6			○	
5	○		○	○
4	○		○	○
3	○	○	○	○
2	○	○	○	○
1	○	○	○	○
책 수(권) / 이름	은결	나린	기혁	현아

(1) 책을 가장 많이 읽은 사람은 □ 입니다.

(2) 책을 가장 적게 읽은 사람은 □ 입니다.

(3) 읽은 책의 수가 은결이와 같은 사람은 □ 입니다.

3 주예네 반 학생들이 좋아하는 놀이 기구를 조사하여 표와 그래프로 나타냈습니다. 표와 그래프를 완성하고 알맞은 말에 ○표 하세요.

좋아하는 놀이 기구별 학생 수

놀이 기구	미끄럼틀	그네	시소	정글짐	합계
학생 수(명)	9	13	7	4	

좋아하는 놀이 기구별 학생 수

정글짐	△	△	△	△									
시소	△	△	△	△									
그네	△	△	△	△									
미끄럼틀	△	△	△	△									
놀이 기구 / 학생 수(명)	1	2	3	4	5	6	7	8	9	10	11	12	13

(1) 조사한 전체 학생 수를 알아보기 더 편리한 것은 (표 , 그래프)입니다.

(2) 가장 많은 학생들이 좋아하는 놀이 기구를 알아보기 더 편리한 것은 (표 , 그래프)입니다.

기본기 강화 문제

1 자료를 표로 나타내기

• **종류별로 세어 표로 나타내 보세요.**

1 동물 수를 세어 표로 나타내 보세요.

동물 수

동물	코끼리	기린	토끼	말	합계
동물 수(마리)					

2 악보에 나오는 음표를 세어 표로 나타내 보세요.

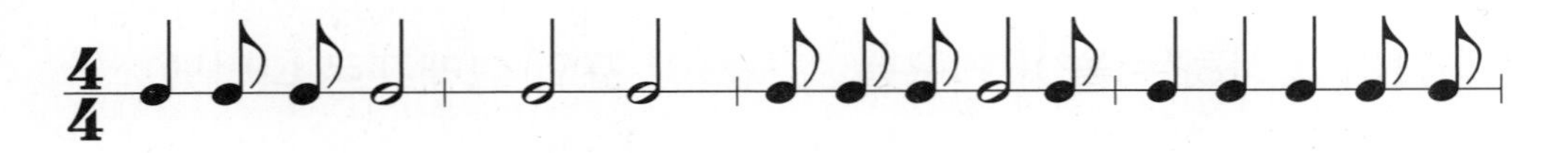

악보에 나오는 음표 수

음표	𝅗𝅥	♩	♪	합계
음표 수(번)				

3 날씨별로 날수를 세어 표로 나타내 보세요.

일	월	화	수	목	금	토
				1 ☀	2 ☂	3 ☁
4 ❄	5 ❄	6 ☁	7 ☂	8 ☁	9 ☀	10 ☂
11 ☀	12 ☀	13 ☂	14 ☀	15 ☂	16 ☀	17 ☀
18 ☁	19 ☀	20 ☁	21 ☂	22 ☁	23 ☁	24 ☀
25 ☀	26 ❄	27 ❄	28 ☁	29 ☀	30 ☀	

날씨별 날수

날씨	날수(일)
☀	
☁	
☂	
❄	
합계	

2 조각 수 구하기

• 모양 조각으로 모양을 만들었습니다. 사용한 조각 수를 표로 나타내 보세요.

1

모양을 만드는 데 사용한 조각 수

조각	육각형	평행사변형	사다리꼴	삼각형	합계
조각 수(개)					

2

모양을 만드는 데 사용한 조각 수

조각	삼각형	마름모	평행사변형	정사각형	합계
조각 수(개)					

3 표를 그래프로 나타내기

• **표를 보고 그래프를 완성하고, □ 안에 알맞은 수나 말을 써넣으세요.**

1

좋아하는 악기별 학생 수

악기	학생 수(명)
드럼	3
장구	2
피아노	5
합계	10

좋아하는 악기별 학생 수

3	○		
2	○		
1	○		
학생 수(명) / 악기	드럼		피아노

그래프의 가로에 악기를 나타낸다면 세로에는 □를 나타내며, 세로에 학생 수를 나타낼 때 세로는 적어도 □칸으로 나누는 것이 좋겠습니다.

2

키우고 싶은 동물별 학생 수

동물	강아지	고양이	햄스터	앵무새	도마뱀	합계
학생 수(명)	7	5	3	1	2	18

키우고 싶은 동물별 학생 수

도마뱀	△	△					
앵무새							
햄스터							
고양이							
동물 / 학생 수(명)	1	2	3	4			

그래프의 가로에 학생 수를 나타낸다면 세로에는 □을 나타내며, 가로에 학생 수를 나타낼 때 가로는 적어도 □칸으로 나누는 것이 좋겠습니다.

➔ 정답과 풀이 46쪽

4 그래프의 가로와 세로를 바꾸어 나타내기

• 오른쪽 그래프는 왼쪽 그래프의 가로 항목과 세로 항목을 바꾸어 나타낸 것입니다. 오른쪽 그래프를 완성해 보세요.

1

좋아하는 전통 놀이별 학생 수

4		/	
3		/	
2		/	/
1	/	/	/
학생 수(명) / 전통 놀이	투호 놀이	연날리기	제기차기

➡

좋아하는 전통 놀이별 학생 수

제기차기				
연날리기				
투호 놀이	/			
전통 놀이 / 학생 수(명)	1	2	3	4

2

장래희망별 학생 수

5			○	
4		○	○	
3	○	○	○	
2	○	○	○	○
1	○	○	○	○
학생 수(명) / 장래희망	의사	선생님	가수	운동 선수

➡

장래희망별 학생 수

운동선수	○	○			
가수					
장래희망 / 학생 수(명)	1	2	3	4	5

3

종류별 장난감 수

퍼즐	△	△	△		
인형	△	△	△	△	
자동차	△	△	△	△	△
장난감 / 수(개)	1	2	3	4	5

➡

종류별 장난감 수

3			
2			
1			
수(개) /	자동차	인형	퍼즐

5

5 표의 내용 알아보기

• 표를 보고 물음에 답하세요.

1 아인이네 반 회장선거 후보별 득표 수

후보	아인	규하	은세	희준	합계
표 수(표)	3	7	6	5	

(1) 은세는 몇 표를 얻었나요?

( )

(2) 투표를 한 학생은 모두 몇 명일까요?

( )

(3) 규하는 희준이보다 몇 표 더 많이 얻었나요?

( )

2 승원이네 반 학생들이 좋아하는 색깔별 학생 수

색깔	빨강	노랑	파랑	초록	합계
학생 수(명)	5	8	4	3	20

(1) 승원이네 반 학생들 중 몇 명이 노란색을 좋아하나요?

( )

(2) 승원이네 반의 티셔츠 색깔을 정해 보고 그 까닭을 써 보세요.

( )

까닭

6 그래프의 내용 알아보기

1 그래프를 보고 가장 많은 학생들과 가장 적은 학생들이 좋아하는 음료를 차례로 써 보세요.

좋아하는 음료별 학생 수

5			△	
4	△		△	
3	△	△	△	
2	△	△	△	△
1	△	△	△	△
학생 수(명) / 음료	우유	주스	탄산수	녹차

(,)

2 그래프를 보고 주희가 가장 많이 읽은 책과 가장 적게 읽은 책을 차례로 써 보세요.

주희가 읽은 종류별 책 수

역사책	/	/	/				
수학책	/	/	/	/			
과학책	/	/	/	/	/	/	/
미술책	/	/	/	/	/		
종류 / 책 수(권)	1	2	3	4	5	6	7

(,)

정답과 풀이 47쪽

7 자료를 표와 그래프로 나타내기

1 수지네 반 학생들이 체험 학습으로 놀이공원에 가려고 합니다. 학생들이 타고 싶은 놀이 기구를 조사한 자료를 표와 그래프로 나타내고 물음에 답하세요.

수지네 반 학생들이 타고 싶은 놀이 기구

수지	지석	호준	주하	해진	명진	서인	영석
청룡열차	범퍼카	회전목마	회전목마	범퍼카	회전목마	바이킹	범퍼카
효근	해든	승현	혜서	로운	성수	아라	예린
회전목마	청룡열차	범퍼카	청룡열차	바이킹	바이킹	회전목마	회전목마

타고 싶은 놀이 기구별 학생 수

놀이 기구	학생 수(명)
청룡열차	3
범퍼카	
회전목마	
바이킹	
합계	

타고 싶은 놀이 기구별 학생 수

3	○			
2	○			
1	○			
학생 수(명) / 놀이 기구	청룡열차	범퍼카	회전목마	바이킹

(1) 바이킹을 타고 싶어 하는 학생은 몇 명일까요?

( )

(2) 가장 많은 학생들이 타고 싶어 하는 놀이 기구는 무엇일까요?

( )

(3) 표나 그래프를 보고 수지네 반 학생들의 의견을 선생님께 전하려고 합니다. □ 안에 알맞은 말을 써넣으세요.

선생님, 우리 반 학생들이 가장 타고 싶은 □ 은/는 꼭 타게 해 주세요. 그리고 둘째로 많이 타고 싶은 □ 도 탔으면 좋겠습니다. 감사합니다.

8 그래프 보고 기준보다 많은 항목 찾기

STEP ❶
구하려는 것을
찾아요.

1 호찬이네 모둠 학생들이 일주일 동안 모은 빈 유리병의 수를 그래프로 나타냈습니다. 일주일 동안 **빈 유리병을 5병보다 많이 모은 학생은 모두 몇 명**일까요?

STEP ❷
문제를 간단히
나타내요.

일주일 동안 모은 빈 유리병의 수

7					○	
6		○			○	
5		○		○	○	
4		○	○	○	○	
3		○	○	○	○	○
2	○	○	○	○	○	○
1	○	○	○	○	○	○
수(병) / 이름	호찬	가희	이준	목화	진율	세진

➡ 5병보다 많은 것은 6병부터입니다.
5병보다 많이 모은 학생을 찾아봅니다.

그래프를 보면 학생별 ○의 수를 각각 세지 않아도 기준보다 ○의 수가 많은 항목을 쉽게 찾을 수 있어요.

그래프에서 ○의 수가 5개보다 많은 학생 수는?

STEP ❸
문제를 해결해요.

○의 수 = 모은 빈 유리병의 수

그래프에서 ○의 수가 5개보다 많은 학생은 [ ], [ ]입니다.

따라서 일주일 동안 빈 유리병을 5병보다 많이 모은 학생은 모두 [ ]명입니다.

2 하빈이네 모둠 학생들이 동물원에서 보고 싶은 동물을 조사하여 그래프로 나타냈습니다. **4명보다 많은 학생이 보고 싶어 하는 동물**을 모두 찾아 써 보세요.

보고 싶은 동물별 학생 수

6					△
5	△				△
4	△		△		△
3	△	△	△		△
2	△	△	△	△	△
1	△	△	△	△	△
학생 수(명) / 동물	코끼리	호랑이	원숭이	하마	기린

(　　　　　　　　　　)

3 소담이네 학교 학생들이 받고 싶은 생일 선물을 조사하여 그래프로 나타냈습니다. **6명보다 많은 학생이 받고 싶어 하는 선물**을 모두 찾아 써 보세요.

받고 싶은 생일 선물별 학생 수

인형	/	/	/	/	/				
로봇	/	/	/	/	/	/			
옷	/	/	/	/					
신발	/	/							
자전거	/	/	/	/	/	/	/	/	/
휴대 전화	/	/	/	/	/	/	/		
선물 / 학생 수(명)	1	2	3	4	5	6	7	8	9

(　　　　　　　　　　)

5

단원 평가 ❶

점수	확인

[1~4] 선주네 반 학생들이 기르고 있는 동물을 조사하였습니다. 물음에 답하세요.

기르고 있는 동물

선주	아영	진수	미애	우영
수혁	혜성	주원	태경	창민
민규	성호	윤서	성민	연지

: 강아지, : 고양이, : 토끼, : 금붕어

1 태경이가 기르고 있는 동물은 무엇일까요?

( )

2 자료를 보고 표로 나타내 보세요.

기르고 있는 동물별 학생 수

동물	강아지	고양이	토끼	금붕어	합계
학생 수(명)					

3 토끼를 기르고 있는 학생은 몇 명일까요?

( )

4 조사한 학생은 모두 몇 명일까요?

( )

[5~8] 9월부터 12월까지의 날씨 중 비가 온 날을 조사하여 표와 그래프로 나타냈습니다. 물음에 답하세요.

월별 비 온 날수

월	9월	10월	11월	12월	합계
날수(일)	5		4		17

월별 비 온 날수

6		○		
5		○		
4		○		
3		○		
2		○		○
1		○		○
날수(일) / 월	9월	10월	11월	12월

5 표와 그래프를 완성해 보세요.

6 비가 적게 온 월부터 차례로 써 보세요.

( )

7 비가 가장 많이 온 월과 가장 적게 온 월의 비 온 날 수의 차는 며칠일까요?

( )

8 표와 그래프 중 비가 가장 많이 온 월을 한눈에 알아보기 편리한 것은 어느 것일까요?

( )

➲ 정답과 풀이 48쪽

서술형 문제

9 예진이네 반 학생들이 좋아하는 운동을 조사하여 그래프로 나타냈습니다. 배드민턴을 좋아하는 학생 수보다 좋아하는 학생 수가 더 많은 운동은 무엇인지 보기 와 같이 풀이 과정을 쓰고 답을 구해 보세요.

좋아하는 운동별 학생 수

6		○		
5	○	○		
4	○	○		○
3	○	○		○
2	○	○	○	○
1	○	○	○	○
학생 수(명) / 운동	배드민턴	수영	축구	태권도

보기

태권도를 좋아하는 학생 수보다 좋아하는 학생 수가 더 적은 운동

태권도를 좋아하는 학생은 4명이므로 ○의 수가 4개보다 적은 운동을 찾으면 축구입니다.

답 축구

배드민턴을 좋아하는 학생은 ....

....

....

답 ....

서술형 문제

10 문구점에서 오늘 판매한 학용품을 조사하여 그래프로 나타냈습니다. 그래프를 참고하여 내일 판매할 학용품을 주문하려고 합니다. 가장 많이 주문해야 하는 학용품은 무엇인지 보기 와 같이 풀이 과정을 쓰고 답을 구해 보세요.

오늘 판매한 학용품 수

공책	/	/	/	/		
지우개	/	/	/	/	/	
연필	/	/	/			
자	/	/				
테이프	/	/	/	/	/	/
학용품 / 수(개)	1	2	3	4	5	6

보기

가장 적게 주문해야 하는 학용품

그래프에서 /의 수가 가장 적은 학용품은 자입니다. 따라서 가장 적게 주문해야 하는 학용품은 자입니다.

답 자

그래프에서 /의 수가 가장 ....

....

....

답 ....

5

단원 평가 ❷

점수 | 확인

[1~4] 현석이네 반 학생들이 좋아하는 채소를 조사하여 표로 나타냈습니다. 물음에 답하세요.

좋아하는 채소별 학생 수

채소	당근	호박	감자	오이	합계
학생 수(명)	4	3	4	5	16

1 표를 보고 △를 이용하여 그래프를 완성해 보세요.

좋아하는 채소별 학생 수

5				
4	△			
3	△			
2	△			
1	△			
학생 수(명) / 채소	당근	호박	감자	오이

2 1의 그래프에서 가로와 세로에는 각각 무엇을 나타냈나요?

가로 (　　　　), 세로 (　　　　)

3 가장 적은 학생들이 좋아하는 채소는 무엇일까요?

(　　　　)

4 가장 적은 학생들이 좋아하는 채소를 한눈에 알 수 있는 것은 표와 그래프 중 어느 것일까요?

(　　　　)

[5~8] 슬기네 모둠 학생들이 공 던지기 놀이를 하여 공이 들어가면 ○표, 들어가지 않으면 ×표를 하여 나타낸 것입니다. 물음에 답하세요.

공 던지기

슬기	○	×	×	○	×	×
찬혁	○	○	○	×	○	○
민영	○	×	○	○	×	○
준태	○	○	×	×	○	×
이름 / 순서	1	2	3	4	5	6

5 학생들은 공을 각각 몇 번씩 던졌나요?

(　　　　)

6 공이 들어간 횟수를 표로 나타내 보세요.

학생별 공이 들어간 횟수

이름	준태	민영	찬혁	슬기	합계
횟수(번)					

7 6의 표를 보고 /를 이용하여 그래프로 나타내 보세요.

학생별 공이 들어간 횟수

슬기					
찬혁					
민영					
준태					
이름 / 횟수(번)	1	2	3	4	5

➲ 정답과 풀이 49쪽

서술형 문제

8 공이 가장 많이 들어간 학생은 누구인지 보기 와 같이 풀이 과정을 쓰고 답을 구해 보세요.

보기

공이 가장 적게 들어간 학생

그래프에서 / 의 수가 가장 적은 학생은 슬기입니다. 따라서 공이 가장 적게 들어간 학생은 슬기입니다.

답 슬기

그래프에서 / 의 수가 ....

....

....

답 ....

9 서하네 반 학생들이 좋아하는 간식을 조사하여 표로 나타냈습니다. 마카롱을 좋아하는 학생 수가 피자를 좋아하는 학생 수의 2배일 때 떡볶이를 좋아하는 학생은 몇 명일까요?

좋아하는 간식별 학생 수

간식	치킨	마카롱	피자	떡볶이	합계
학생 수(명)	7		5		26

(   )

서술형 문제

10 은호네 반 학생들이 살고 있는 마을을 조사하여 그래프로 나타냈습니다. 조사한 학생이 모두 20명일 때 별빛마을의 학생은 몇 명인지 보기 와 같이 풀이 과정을 쓰고 답을 구해 보세요.

살고 있는 마을별 학생 수

6	○			
5	○			○
4	○	○		○
3	○	○		○
2	○	○		○
1	○	○		○
학생 수(명) / 마을	하늘	숲속	별빛	바다

보기

조사한 학생이 18명일 때

하늘마을 6명, 숲속마을 4명, 바다마을 5명이므로 별빛마을은 $18-6-4-5=3$(명)입니다.

답 3명

하늘마을 ....

....

....

답 ....

6 규칙 찾기

밤하늘의 달을 본 적이 있나요? 달은 한 달마다 모양이 규칙적으로 변해요.
달 모양의 변화를 보고 알맞은 달 모양 스티커를 붙여 보세요.

1 무늬에서 규칙을 찾아볼까요

무늬에서 규칙 찾기

색깔의 규칙 찾기

- 주황색과 연두색이 반복됩니다.
- ↘ 방향으로 같은 색깔이 반복됩니다.

모양의 규칙 찾기

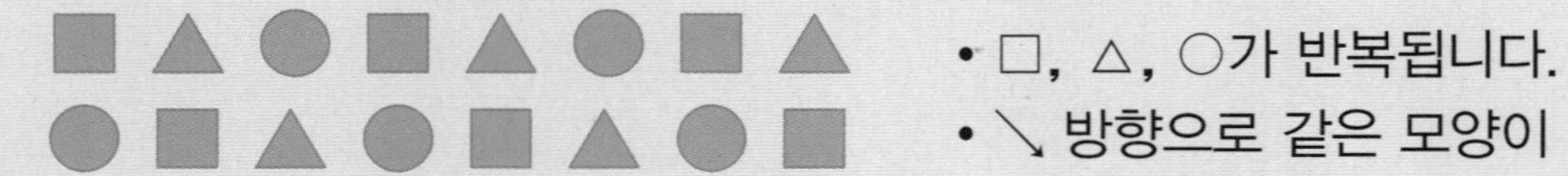

- □, △, ○가 반복됩니다.
- ↘ 방향으로 같은 모양이 반복됩니다.

방향의 규칙 찾기

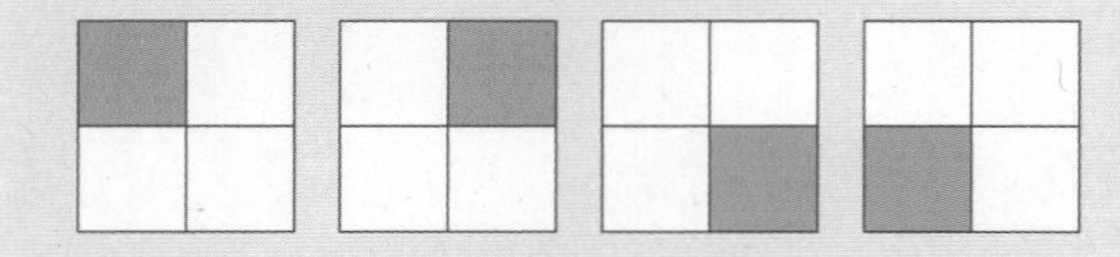

연두색의 색칠된 부분이 시계 방향으로 돌아갑니다.

수가 늘어나는 규칙 찾기

빨간색과 파란색이 각각 1개씩 늘어나며 반복됩니다.

1 그림을 보고 물음에 답하세요.

(1) 반복되는 무늬를 찾아 ⬭로 묶어 보세요.

(2) □ 안에 알맞은 모양을 그리고 색칠해 보세요.

정답과 풀이 50쪽

2 규칙을 찾아 □ 안에 알맞은 모양을 그리고 색칠해 보세요.

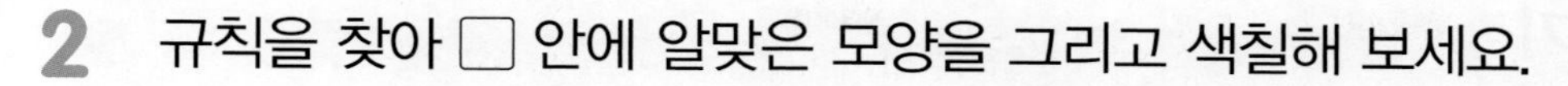

(1)

(2)

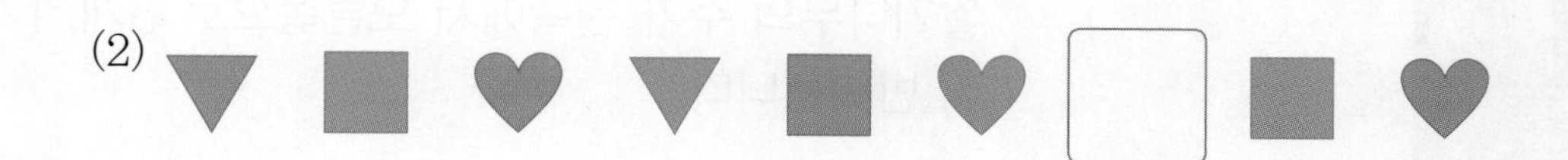

3 (과자 그림)은 1, (사탕 그림)은 2, (도넛 그림)은 3으로 바꾸어 나타내고 규칙을 써 보세요.

1	2	3	1	2		

규칙 ....

4 규칙을 찾아 알맞게 색칠해 보세요.

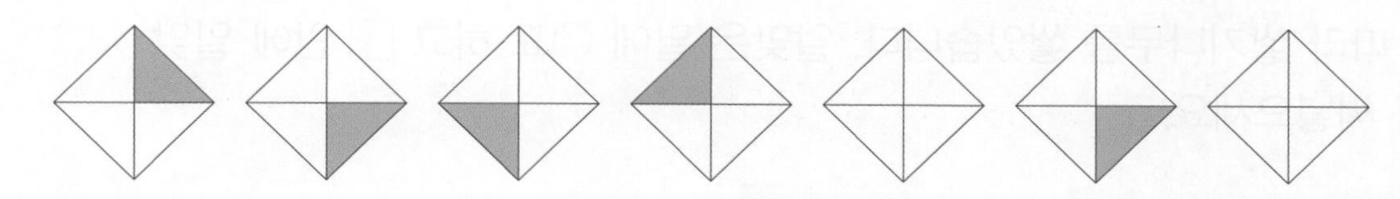

5 규칙을 찾아 □ 안에 알맞은 모양을 그리고 색칠해 보세요.

모양이 반복되는 규칙인지 늘어나는 규칙인지 찾아봐요.

6

2 쌓은 모양에서 규칙을 찾아볼까요

● 쌓은 모양에서 규칙 찾기

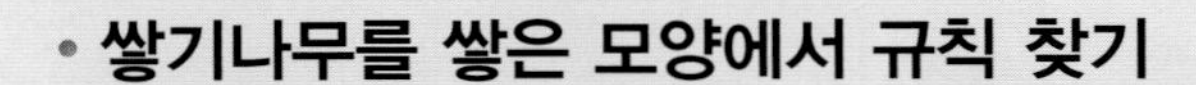

- 쌓기나무를 쌓은 모양에서 규칙 찾기

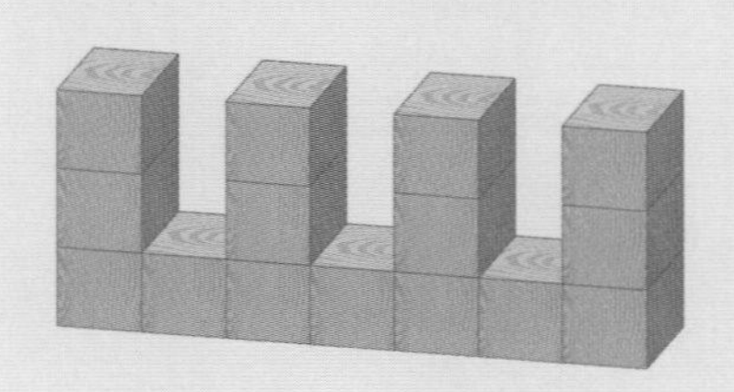

쌓기나무의 수가 왼쪽에서 오른쪽으로 3개, 1개씩 반복됩니다.

- 쌓기나무의 수가 늘어나는 규칙 찾기

오른쪽에 있는 쌓기나무 앞에 쌓기나무가 1개씩 늘어납니다.

1 규칙에 따라 쌓기나무를 쌓았습니다. □ 안에 알맞은 수를 써넣으세요.

쌓기나무의 수가 왼쪽에서 오른쪽으로 □개, □개씩 반복됩니다.

2 규칙에 따라 쌓기나무를 쌓았습니다. 알맞은 말에 ○표 하고 □ 안에 알맞은 수를 써넣으세요.

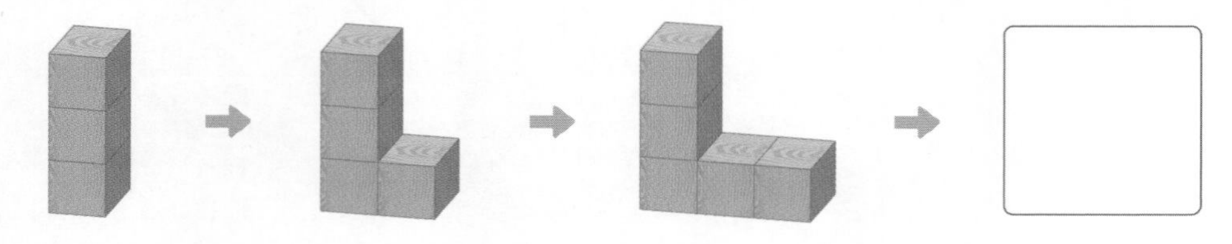

(1) 1층의 쌓기나무가 (왼쪽 , 오른쪽)으로 □개씩 늘어납니다.

(2) 다음에 이어질 모양에 쌓을 쌓기나무는 모두 □개입니다.

3 생활에서 규칙을 찾아볼까요

➔ 정답과 풀이 50쪽

● 생활에서 규칙 찾기

- 승강기 버튼에 있는 수는 위로 갈수록 1씩 커집니다.
- 승강기 버튼에 있는 수는 아래로 갈수록 1씩 작아집니다.
- 승강기 버튼에 있는 수는 오른쪽으로 갈수록 4씩 커집니다.

1 달력에서 찾을 수 있는 규칙으로 맞으면 ○표, 틀리면 ×표 하세요.

일	월	화	수	목	금	토
	1	2	3	4	5	6
7	8	9	10	11	12	13
14	15	16	17	18	19	20
21	22	23	24	25	26	27
28	29	30	31			

(1) 모든 요일은 7일마다 반복됩니다.

( )

(2) 오른쪽으로 갈수록 1씩 작아집니다.

( )

2 버스 출발 시간표에서 규칙을 찾아 □ 안에 알맞은 수를 써넣으세요.

서울 → 대전

	평일		주말	
출발 시각	7시	13시	8시	17시
	9시	15시	11시	20시
	11시	17시	14시	23시

규칙
- 평일은 □ 시간 간격으로 버스가 출발합니다.
- 주말은 □ 시간 각격으로 버스가 출발합니다.

4 덧셈표에서 규칙을 찾아볼까요

덧셈표에서 규칙 찾기

+	0	1	2	3	4	5	6	7	8	9
0	0	1	2	3	4	5	6	7	8	9
1	1	2	3	4	5	6	7	8	9	10
2	2	3	4	5	6	7	8	9	10	11
3	3	4	5	6	7	8	9	10	11	12
4	4	5	6	7	8	9	10	11	12	13
5	5	6	7	8	9	10	11	12	13	14
6	6	7	8	9	10	11	12	13	14	15
7	7	8	9	10	11	12	13	14	15	16
8	8	9	10	11	12	13	14	15	16	17
9	9	10	11	12	13	14	15	16	17	18

•가로줄에도 똑같은 수들이 있습니다.

- 아래쪽으로 갈수록 1씩 커집니다.
- 오른쪽으로 갈수록 1씩 커집니다.
- ↙ 방향으로 같은 수들이 있습니다.
- ↘ 방향으로 2씩 커집니다.
- 세로줄(↓ 방향)에 있는 수들은 가로줄(→ 방향)에도 똑같은 수들이 있습니다.
- 점선을 따라 접었을 때 만나는 수는 서로 같습니다.

1 덧셈표에서 규칙을 찾으려고 합니다. 물음에 답하세요.

+	0	1	2	3	4	5
0	0	1	2	3	4	5
1	1	2	3	4	5	6
2	2	3	4	5	6	7
3	3	4	5	6	7	8
4	4	5	6	7	8	9
5	5	6	7	8	9	10

(1) ▭으로 색칠한 수의 규칙을 찾아 □ 안에 알맞은 수를 써넣으세요.

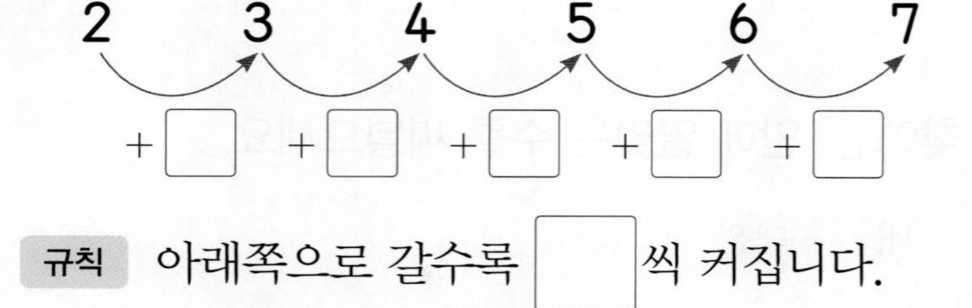

규칙 아래쪽으로 갈수록 □씩 커집니다.

(2) ▭으로 색칠한 수의 규칙을 찾아 □ 안에 알맞은 수를 써넣으세요.

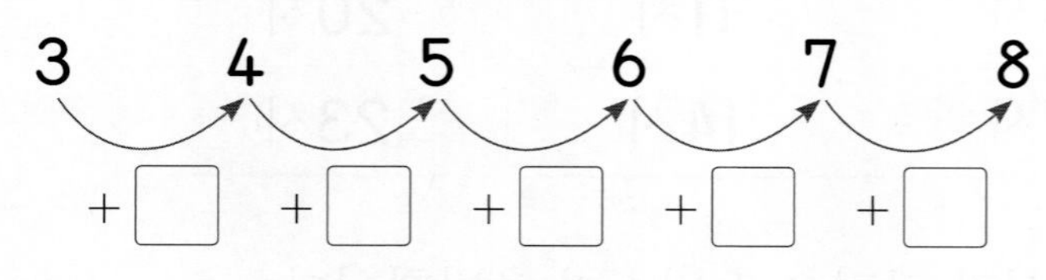

규칙 오른쪽으로 갈수록 □씩 커집니다.

➲ 정답과 풀이 51쪽

[2~5] 덧셈표를 보고 물음에 답하세요.

+	0	1	2	3	4	5	6	7
0	0	1	2	3	4	5	6	7
1	1	2	3	4	5		7	8
2	2	3	4		6	7	8	9
3	3	4	5	6	7	8	9	10
4	4	5	6	7	8	9	10	11
5	5	6	7	8		10	11	12
6	6	7		9	10	11	12	13
7	7	8	9	10	11	12	13	14

2 빈칸에 알맞은 수를 써넣으세요.

세로 줄과 가로 줄에 있는 수가 만나는 곳에 합을 적어요.

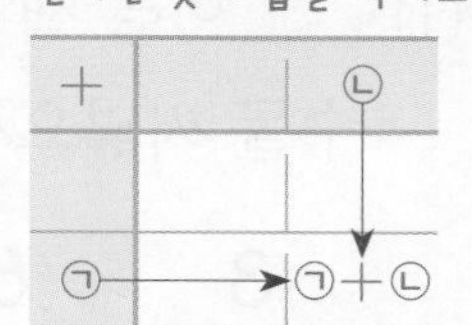

3 ▭으로 색칠한 수의 규칙을 찾아 써 보세요.

규칙 (↘, ↖) 방향으로 갈수록 ☐씩 커집니다.

4 ▭으로 색칠한 수의 규칙으로 알맞은 것에 ○표 하세요.

• 같은 수들이 놓여 있습니다. (　　　)
• ↙ 방향으로 갈수록 2씩 커집니다. (　　　)

5 덧셈표에서 찾을 수 있는 규칙을 모두 찾아 기호를 써 보세요.

㉠ 모두 짝수입니다.
㉡ 같은 줄에서 아래쪽으로 갈수록 1씩 커집니다.
㉢ 같은 줄에서 오른쪽으로 갈수록 2씩 커집니다.
㉣ ↙ 방향의 수들은 모두 같은 수입니다.

(　　　　　　　)

6

곱셈표에서 규칙을 찾아볼까요

● 곱셈표에서 규칙 찾기

×	1	2	3	4	5	6	7	8	9
1	1	2	3	4	5	6	7	8	9
2	2	4	6	8	10	12	14	16	18
3	3	6	9	12	15	18	21	24	27
4	4	8	12	16	20	24	28	32	36
5	5	10	15	20	25	30	35	40	45
6	6	12	18	24	30	36	42	48	54
7	7	14	21	28	35	42	49	56	63
8	8	16	24	32	40	48	56	64	72
9	9	18	27	36	45	54	63	72	81

- ■단의 수는 아래쪽으로 갈수록 ■씩 커집니다.
- ■단의 수는 오른쪽으로 갈수록 ■씩 커집니다.
- 2단, 4단, 6단, 8단 곱셈구구에 있는 수는 모두 짝수입니다.
- 5단 곱셈구구의 일의 자리 숫자는 5, 0이 반복됩니다.
- 점선을 따라 접었을 때 만나는 수는 서로 같습니다.

1 곱셈표에서 규칙을 찾으려고 합니다. 물음에 답하세요.

×	1	2	3	4	5	6
1	1	2	3	4	5	6
2	2	4	6	8	10	12
3	3	6	9	12	15	18
4	4	8	12	16	20	24
5	5	10	15	20	25	30
6	6	12	18	24	30	36

(1) ■으로 색칠한 수의 규칙을 찾아 □ 안에 알맞은 수를 써넣으세요.

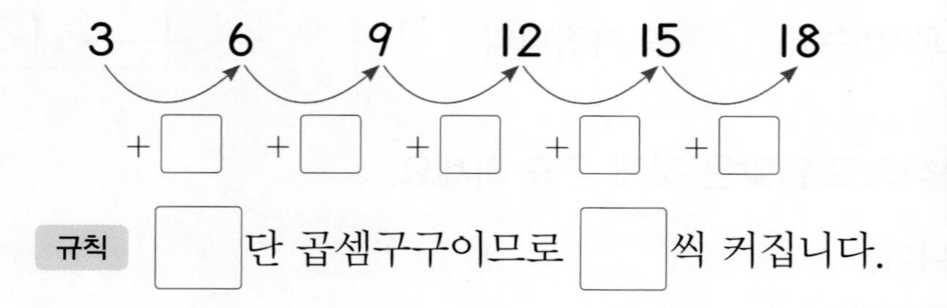

규칙 □ 단 곱셈구구이므로 □ 씩 커집니다.

(2) ■으로 색칠한 수의 규칙을 찾아 □ 안에 알맞은 수를 써넣으세요.

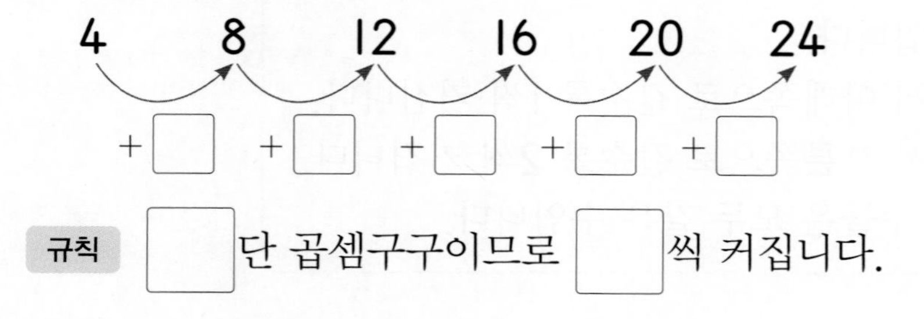

규칙 □ 단 곱셈구구이므로 □ 씩 커집니다.

정답과 풀이 51쪽

[2～5] 곱셈표를 보고 물음에 답하세요.

×	1	2	3	4	5	6	7
1	1	2	3	4	5	6	7
2	2	4		8	10	12	14
3	3	6	9	12	15	18	21
4	4	8	12	16	20		28
5	5		15	20	25	30	35
6	6	12		24	30	36	42
7	7	14	21	28	35	42	49

2 빈칸에 알맞은 수를 써넣으세요.

3 ▭으로 색칠한 수와 규칙이 같은 수를 찾아 색칠해 보세요.

4 ▭으로 색칠한 수의 규칙을 찾아 □ 안에 알맞은 수를 써넣으세요.

규칙 오른쪽으로 갈수록 □씩 커집니다.

5 곱셈표에서 찾을 수 있는 규칙으로 맞으면 ○표, 틀리면 ×표 하세요.

(1) 2단 곱셈구구의 수는 모두 짝수입니다. ( )

(2) 점선 위의 수는 ↘ 방향으로 갈수록 3씩 커집니다. ( )

(3) 점선을 따라 접었을 때 만나는 수는 서로 같습니다. ( )

6

기본기 강화 문제

1 규칙 찾기(1)

• 규칙을 찾아 □ 안에 알맞은 모양을 그려 넣으세요.

1 

2

3 

4

5 

6

7

8 

2 규칙 찾기(2)

• 규칙을 찾아 □ 안에 알맞은 모양을 그리고 색칠해 보세요.

1 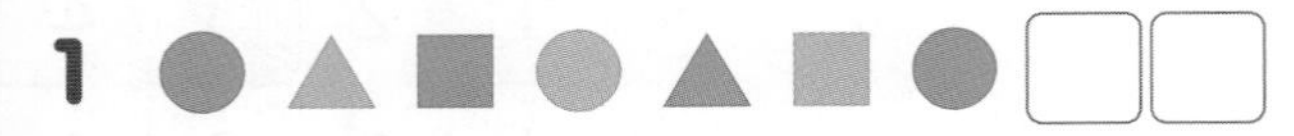

2 

3

4

5

6

3 규칙 찾기(3)

• 규칙을 찾아 ☐ 안에 알맞은 모양을 그려 넣으세요.

1

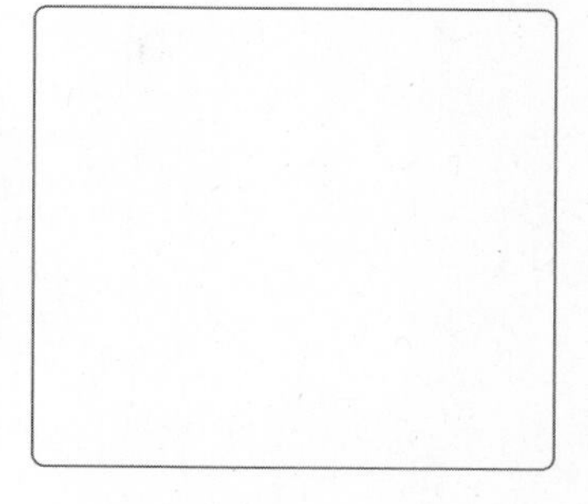

2

3

4

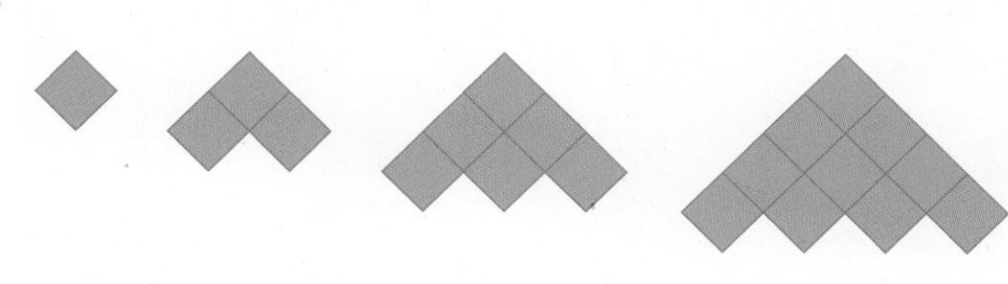

5

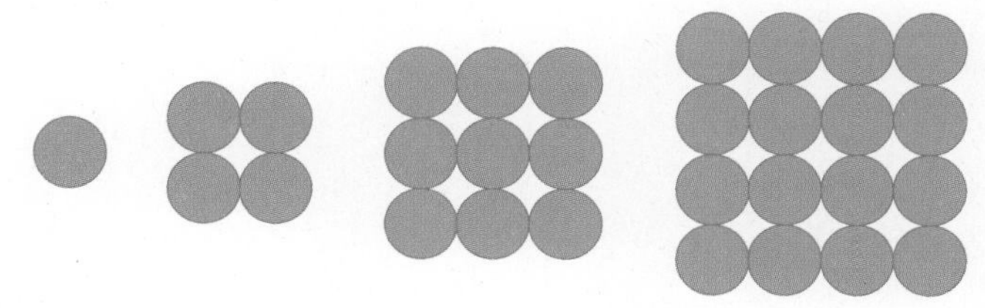

4 소리 규칙 만들기

- 재미있는 동작으로 소리 규칙을 만들어 보았습니다. 그림을 보고 □ 안에 알맞은 수를 써넣고 규칙을 찾아 써 보세요.

1

1 2 3

1	1	3	2	□	□	□	□	□	□

규칙 ....

....

2

1 2 3

1	3	2	□	□	□	□	□

규칙 ....

....

정답과 풀이 52쪽

5 무늬 만들기

- 규칙을 찾아 빈칸에 알맞은 모양을 그려 보세요.

1

2

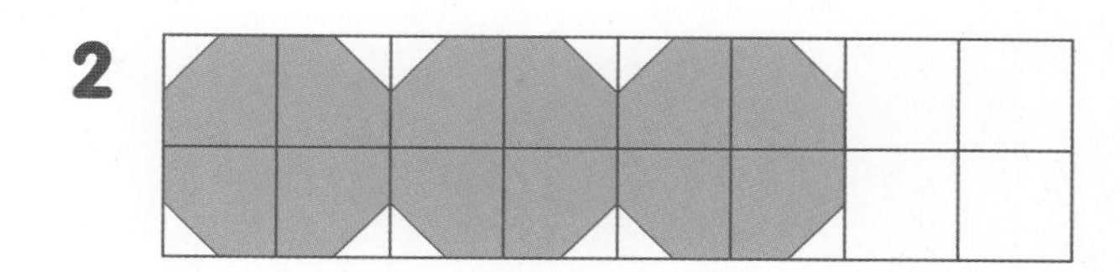

3

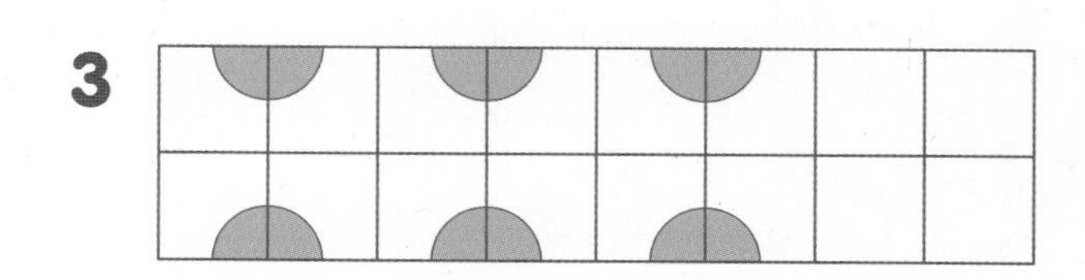

4

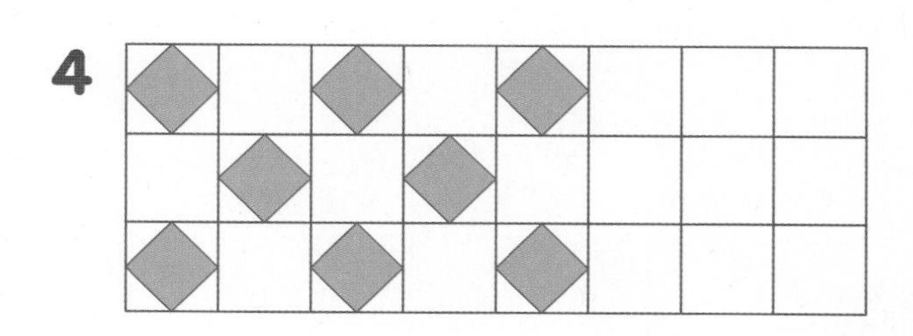

5

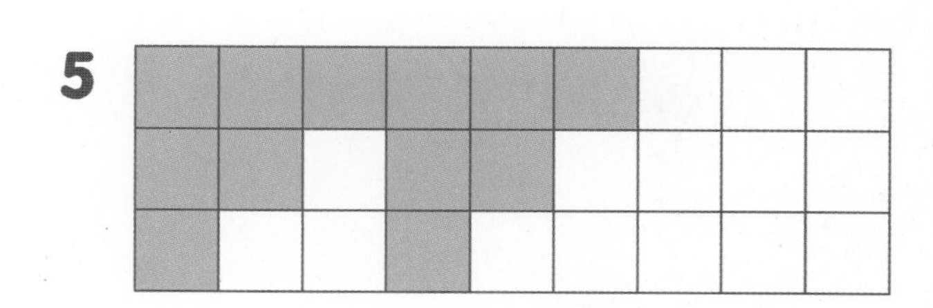

6

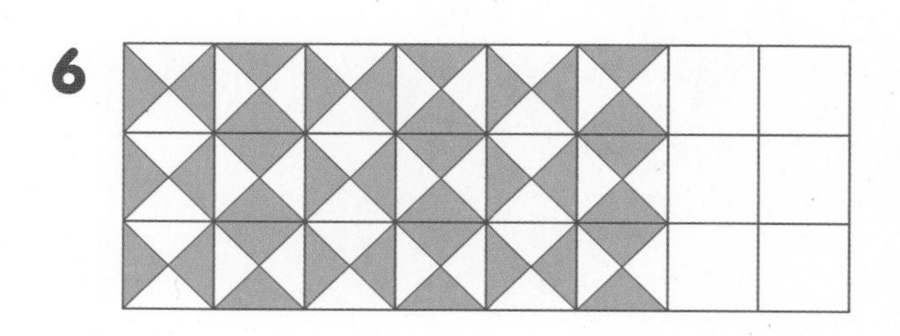

6 쌓은 모양에서 규칙 찾기

- 규칙에 따라 쌓기나무를 쌓았습니다. □ 안에 알맞은 수를 써넣으세요.

1

규칙 쌓기나무의 수가 왼쪽에서 오른쪽으로 □개, □개씩 반복됩니다.

2

규칙 아래층으로 가면서 쌓기나무가 □개씩 늘어납니다.

3

규칙 쌓기나무의 수가 왼쪽에서 오른쪽으로 □개, □개씩 반복됩니다.

4

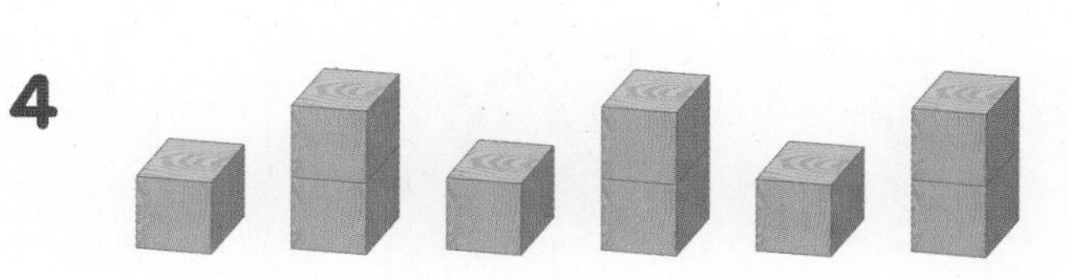

규칙 쌓기나무가 □층, □층으로 반복됩니다.

7 규칙을 찾아 쌓기나무의 수 구하기

• 규칙에 따라 쌓기나무를 쌓았습니다. 빈칸에 들어갈 모양을 만드는 데 필요한 쌓기나무는 모두 몇 개인지 구해 보세요.

1

(　　　　　　　　)

2

(　　　　　　　　)

3

(　　　　　　　　)

4

(　　　　　　　　)

정답과 풀이 52쪽

8 덧셈표 완성하고 규칙 찾기

• 덧셈표를 완성하고 물음에 답하세요.

+	2	4	6	8	10	12	14	16
2	4	6	8	10	12	14	16	18
4	6	8	10	12	14	16		20
6	8		12		16	18	20	22
8	10	12	14	16	18		22	24
10	12	14	16	18	20	22	24	26
12	14	16	18	20		24	26	28
14	16	18	20	22	24	26	28	30
16	18	20	22	24	26	28	30	32

1 덧셈표의 빈칸에 알맞은 수를 써넣으세요.

2 덧셈표 안의 수는 모두 (짝수 , 홀수)입니다.

3 ☐ 안에 있는 수는 오른쪽으로 갈수록 ☐씩 커집니다.

4 보라색 선 위에 놓인 수의 규칙으로 맞으면 ○표, 틀리면 ×표 하세요.

(1) 같은 수들이 놓여 있습니다.
( )

(2) ↙ 방향으로 갈수록 2씩 커집니다.
( )

5 초록색 선 위에 놓인 수의 규칙을 써 보세요.

규칙 ....

9 곱셈표 완성하고 규칙 찾기

• 곱셈표를 완성하고 물음에 답하세요.

×	1	3	5	7	9
1	1	3	5	7	9
3	3	9		21	27
5	5	15	25	35	45
7	7		35	49	63
9	9	27	45	63	

1 곱셈표의 빈칸에 알맞은 수를 써넣으세요.

2 곱셈표 안의 수는 모두 (짝수 , 홀수)입니다.

3 ▬으로 색칠한 수는 아래쪽으로 갈수록 ☐씩 커집니다.

4 ▬으로 색칠한 수는 오른쪽으로 갈수록 ☐씩 커집니다.

5 초록색 선 위에 놓인 수는 같은 수를 ☐번 곱한 것입니다.

6 초록색 선을 따라 접었을 때 만나는 수는 서로 어떤 규칙이 있는지 써 보세요.

규칙 ....

10 덧셈표에서 규칙 찾기

• 덧셈표에서 규칙을 찾아 빈칸에 알맞은 수를 써넣으세요.

+	0	1	2	3	4
0	0	1	2	3	4
1	1	2	3	4	5
2	2	3	4	5	6
3	3	4	5	6	7
4	4	5	6	7	8
5	5	6	7	8	

1

5	6		
	7		9
7			
		10	

2

			13	14
			14	
12	13			16
			17	

3

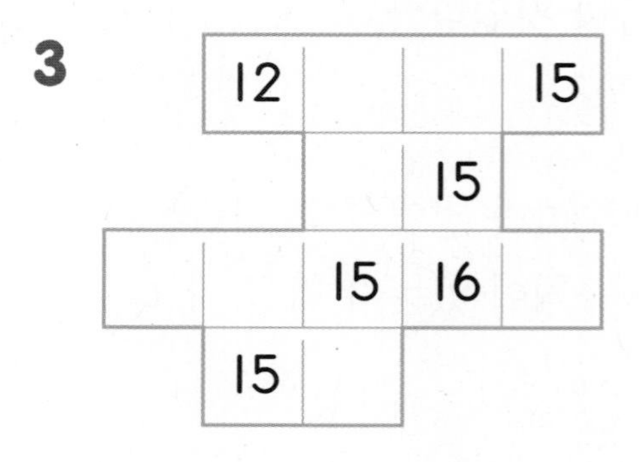

11 곱셈표에서 규칙 찾기

• 곱셈표에서 규칙을 찾아 빈칸에 알맞은 수를 써넣으세요.

×	1	2	3	4
1	1	2	3	4
2	2	4	6	8
3	3	6	9	12
4	4	8	12	

1

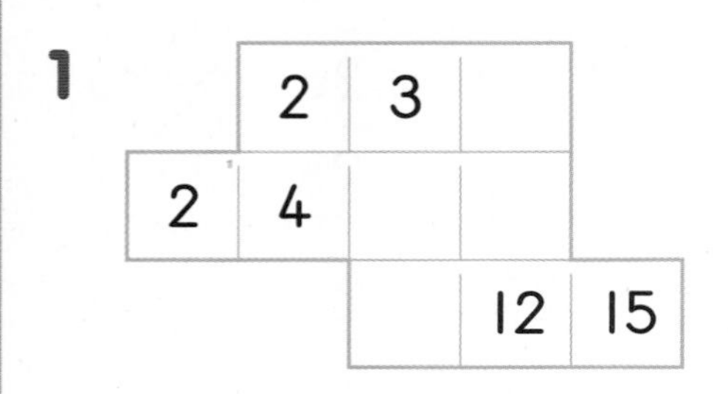

2

3	6			
	8	12		
	10	15		
			24	

3

	42	48	
42	49	56	
48			
			81

12 생활에서 규칙 찾기

1 달력에서 규칙을 찾아 써 보세요.

일	월	화	수	목	금	토
			1	2	3	4
5	6	7	8	9	10	11
12	13	14	15	16	17	18
19	20	21	22	23	24	25
26	27	28	29	30		

(1) 오른쪽으로 갈수록 ☐씩 커집니다.

(2) 아래쪽으로 갈수록 ☐씩 커집니다.

(3) ↙ 방향으로 갈수록 ☐씩 커집니다.

(4) ↘ 방향으로 갈수록 ☐씩 커집니다.

2 규칙을 찾아 짧은바늘이나 긴바늘을 알맞게 그려 보세요.

(1)

(2)

13 숫자판에서 규칙 찾기

1 휴대 전화 숫자판에 있는 규칙을 찾아 써 보세요.

(1) 오른쪽으로 갈수록 ☐씩 커집니다.

(2) 아래쪽으로 갈수록 ☐씩 커집니다.

(3) ↙ 방향으로 갈수록 ☐씩 커집니다.

(4) ↘ 방향으로 갈수록 ☐씩 커집니다.

2 승강기 버튼에 있는 규칙을 찾아 써 보세요.

13	14	15	16	17	18
7	8	9	10	11	12
1	2	3	4	5	6

(1) 오른쪽으로 갈수록 ☐씩 커집니다.

(2) 위쪽으로 갈수록 ☐씩 커집니다.

(3) ↗ 방향으로 갈수록 ☐씩 커집니다.

(4) ↘ 방향으로 갈수록 ☐씩 작아집니다.

14 상자의 수 구하기

STEP ❶ 구하려는 것을 찾아요.

1 규칙에 따라 상자를 쌓았습니다. 상자를 4층으로 쌓으려면 **상자는 모두 몇 개 필요할까요?**

STEP ❷ 문제를 간단히 나타내요.

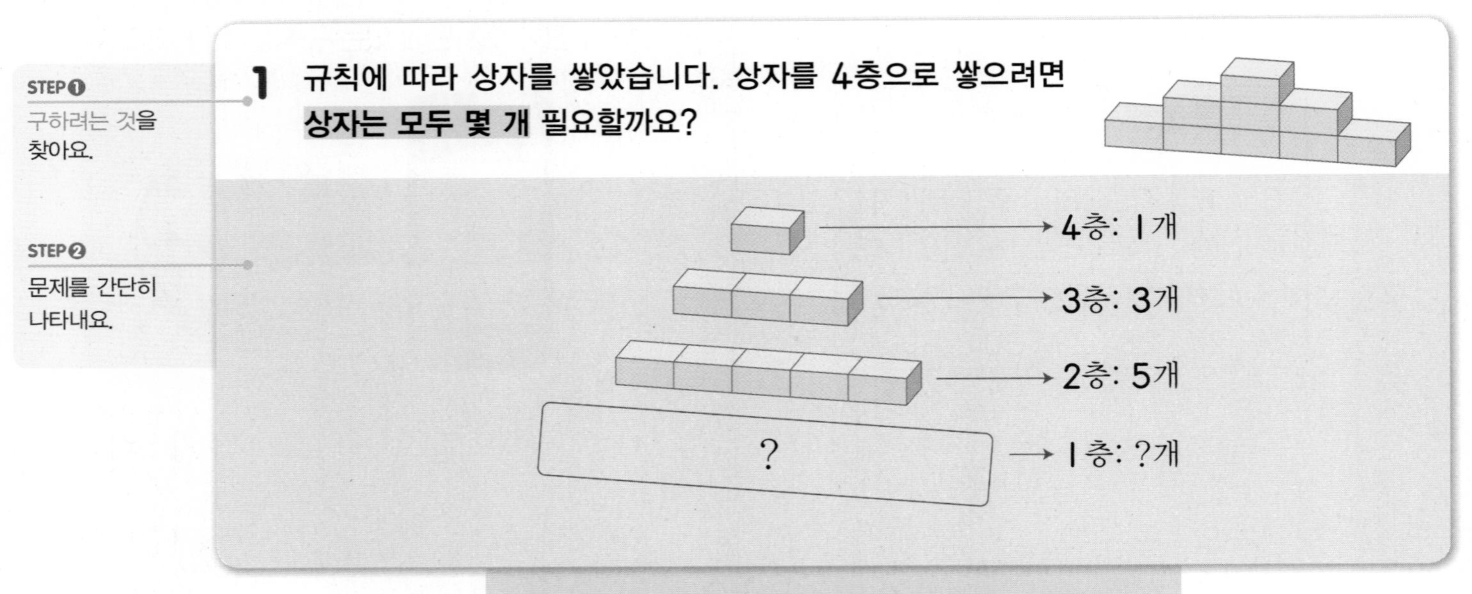

1층~4층 상자의 수를 모두 더하면?

STEP ❸ 문제를 해결해요.

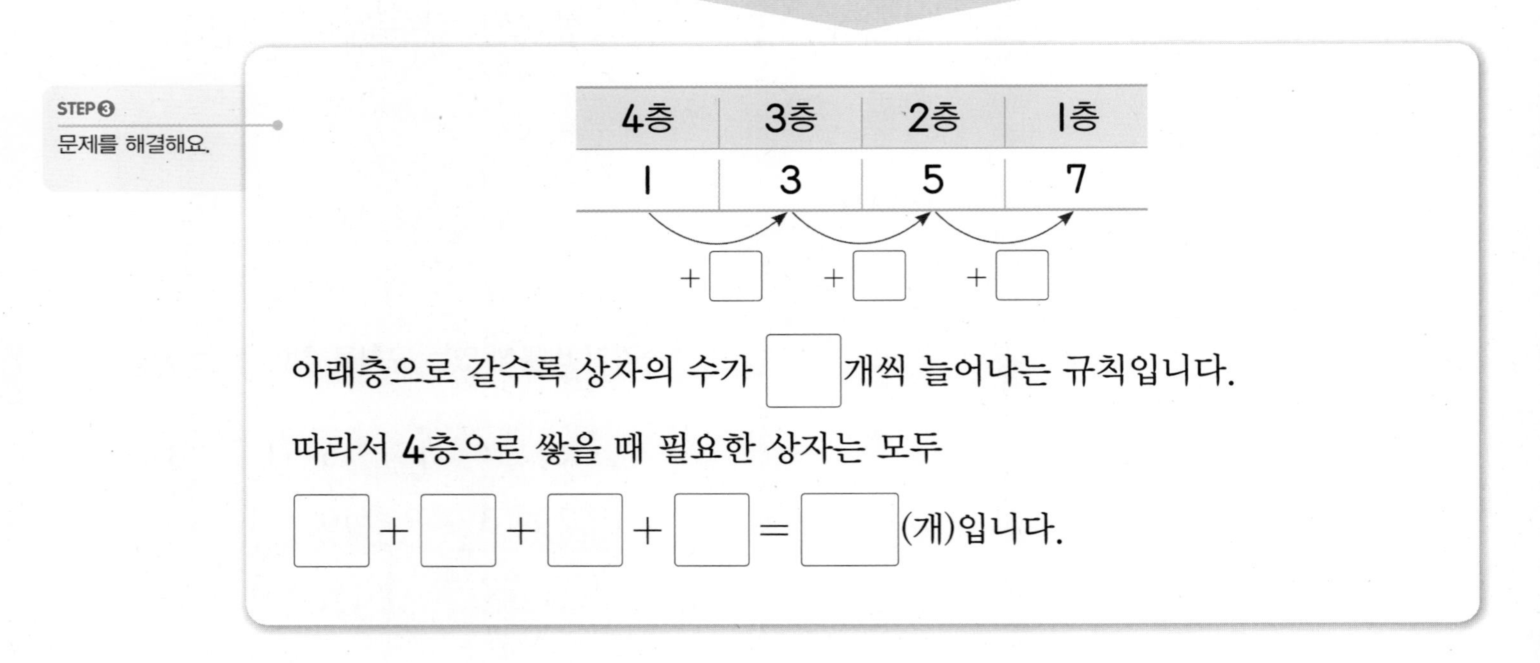

4층	3층	2층	1층
1	3	5	7

+ □   + □   + □

아래층으로 갈수록 상자의 수가 □개씩 늘어나는 규칙입니다.

따라서 4층으로 쌓을 때 필요한 상자는 모두

□ + □ + □ + □ = □(개)입니다.

2 규칙에 따라 상자를 쌓았습니다. 상자를 5층으로 쌓으려면 **상자는 모두 몇 개 필요할까요?**

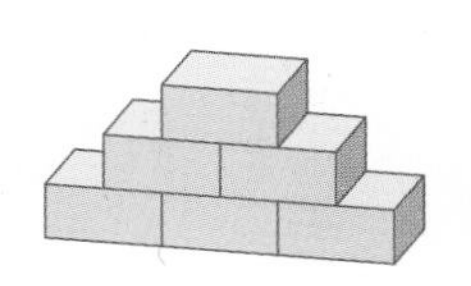

(　　　　　　　　)

15 의자의 번호 구하기

STEP ❶ 구하려는 것을 찾아요.

1 어느 공연장의 자리를 나타낸 그림입니다. 민선이의 자리가 라열 다섯째일 때 민선이가 앉을 **의자의 번호는 몇 번**일까요?

STEP ❷ 문제를 간단히 나타내요.

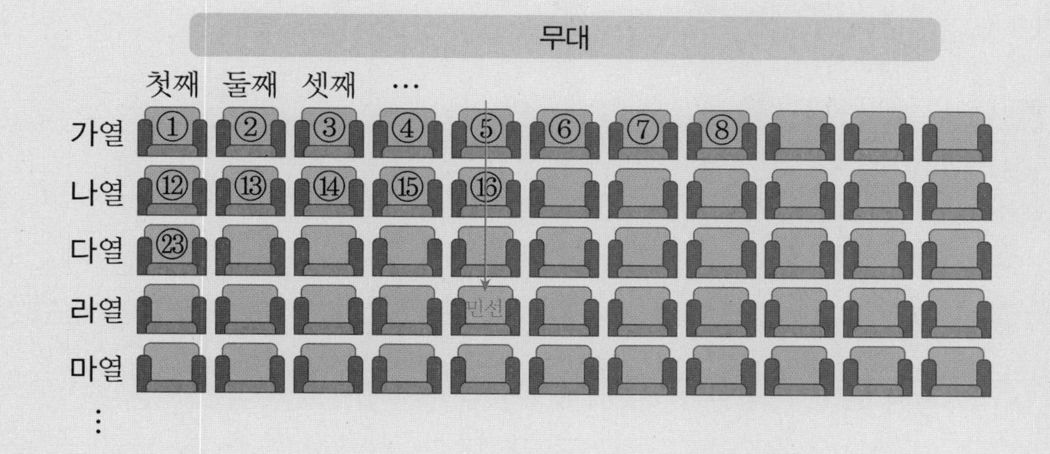

➡ ↓ 방향으로 갈수록 번호가 몇씩 커지는지 구합니다.

5부터 11씩 커지는 수를 구하면?

STEP ❸ 문제를 해결해요.

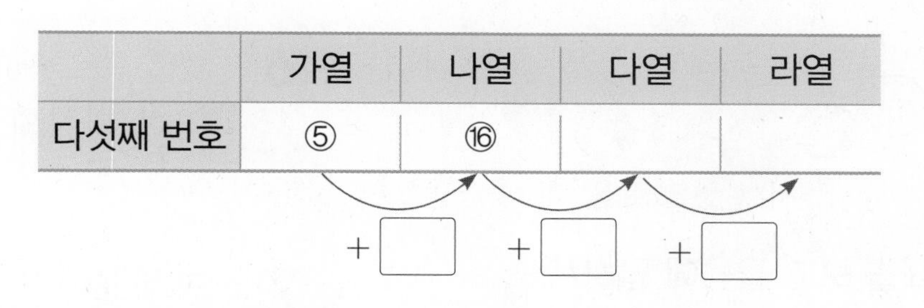

	가열	나열	다열	라열
다섯째 번호	⑤	⑯		

+ □ + □ + □

↓ 방향으로 의자의 번호는 □씩 커집니다.

따라서 민선이가 앉을 의자의 번호는 □번입니다.

2 **1**의 공연장에서 유진이의 자리가 마열 여덟째일 때 유진이가 앉을 **의자의 번호는 몇 번**일까요?

( )

단원 평가 ❶

점수 | 확인

1 규칙을 찾아 □ 안에 알맞은 모양을 그려 넣으세요.

2 ■는 1, ▲는 2, ●는 3으로 바꾸어 나타내 보세요.

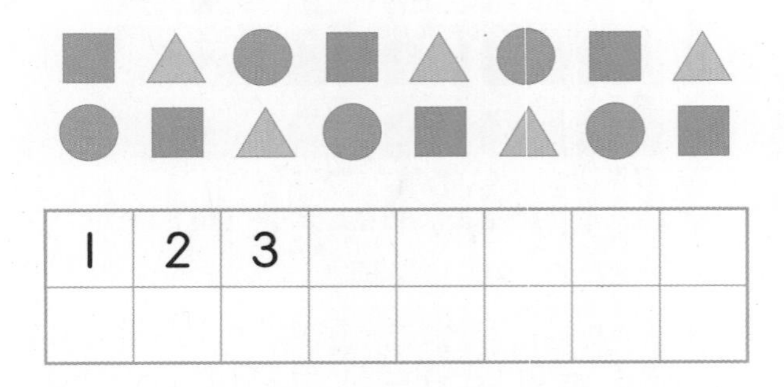

1	2	3					

3 목걸이의 규칙을 찾아 빈칸에 알맞게 색칠해 보세요.

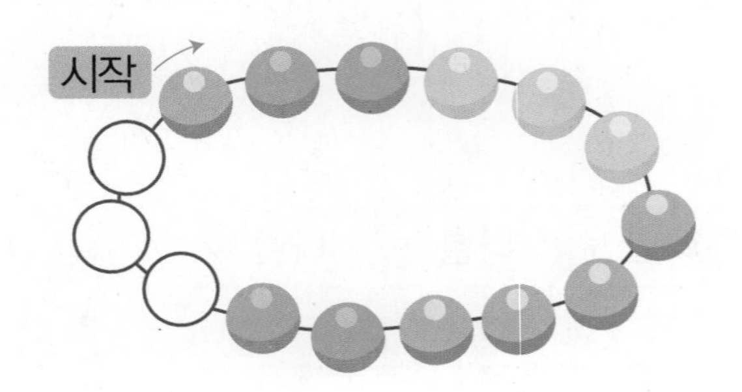

[4~5] 덧셈표를 보고 물음에 답하세요.

+	2	3	4	5	6
2	4	5	6	7	8
3	5	6	7	8	9
4	6	7	8		10
5	7	8	9	10	
6	8	9	10		

4 빈칸에 알맞은 수를 써넣으세요.

5 ▭ 안에 있는 수의 규칙을 써 보세요.

규칙 아래쪽으로 갈수록 □씩 커집니다.

[6~7] 곱셈표를 보고 물음에 답하세요.

×	3	4	5	6	7
3	9	12	15	18	21
4	12	16	20	24	28
5	15	20	25	30	35
6	18	24	30	36	42
7	21	28	35	42	49

6 ▭으로 색칠한 수와 규칙이 같은 수를 찾아 색칠해 보세요.

7 곱셈표에서 찾을 수 있는 규칙을 잘못 설명한 것을 찾아 기호를 써 보세요.

> ㉠ ▭으로 색칠한 수는 아래쪽으로 갈수록 4씩 커집니다.
> ㉡ ↙ 방향으로 갈수록 2씩 커집니다.
> ㉢ 점선을 따라 접었을 때 만나는 수는 서로 같습니다.

( )

➔ 정답과 풀이 54쪽

8 컴퓨터 키보드의 숫자판에서 찾을 수 있는 규칙을 2가지 써 보세요.

규칙 ....

....

서술형 문제

9 규칙에 따라 쌓기나무를 쌓을 때 다음에 이어질 모양에 쌓을 쌓기나무는 모두 몇 개인지 보기 와 같이 풀이 과정을 쓰고 답을 구해 보세요.

보기

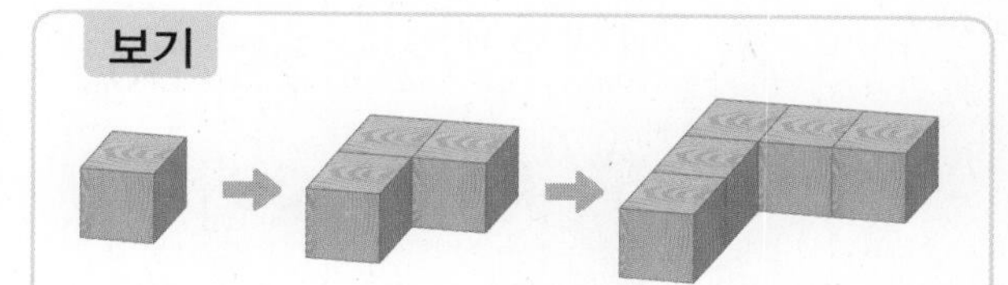

쌓기나무의 수가 1개, 3개, 5개로 2개씩 늘어납니다. 따라서 다음에 이어질 모양에 쌓을 쌓기나무는 모두 $5+2=7$(개)입니다.

답 7개

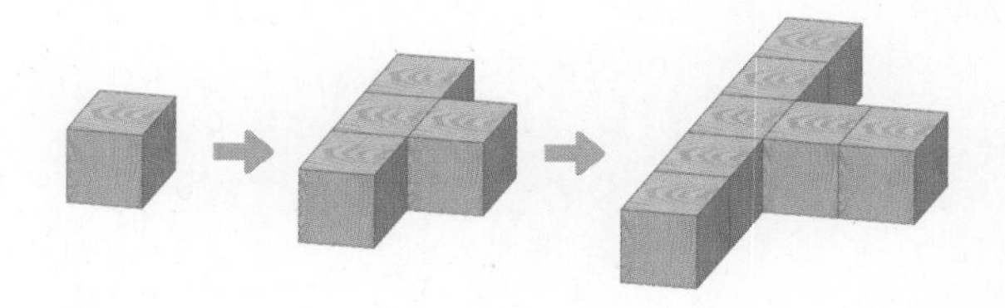

쌓기나무의 수가 ....

....

....

답 ....

서술형 문제

10 어느 해 5월 달력의 일부분을 보고 화요일의 날짜를 모두 구하려고 합니다. 보기 와 같이 풀이 과정을 쓰고 답을 구해 보세요.

5월

일	월	화	수	목	금	토
				1	2	3
4	5	6	7	8	9	10

보기

금요일의 날짜

5월은 31일까지 있고, 아래쪽으로 갈수록 7씩 커집니다. 따라서 금요일의 날짜는 2일, $2+7=9$(일), $9+7=16$(일), $16+7=23$(일), $23+7=30$(일)입니다.

답 2일, 9일, 16일, 23일, 30일

화요일의 날짜

5월은 31일까지 있고, ...

....

....

....

답 ....

6

단원 평가 ❷

점수 확인

1 규칙을 찾아 □ 안에 알맞은 모양을 그려 넣으세요.

2 규칙을 찾아 □ 안에 들어갈 모양으로 알맞은 모양에 ○표 하세요.

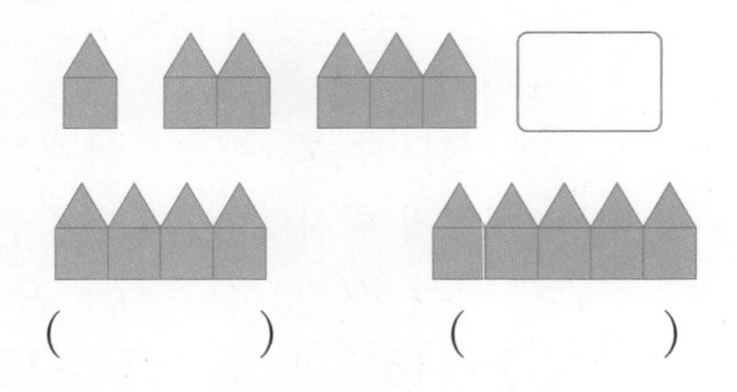

( ) ( )

3 덧셈표에서 찾을 수 있는 규칙을 2가지 써 보세요.

+	4	5	6	7	8
4	8	9	10	11	12
5	9	10	11	12	13
6	10	11	12	13	14
7	11	12	13	14	15
8	12	13	14	15	16

• 오른쪽으로 갈수록 □씩 커집니다.

• 아래쪽으로 갈수록 □씩 커집니다.

4 덧셈표에서 규칙을 찾아 빈칸에 알맞은 수를 써넣으세요.

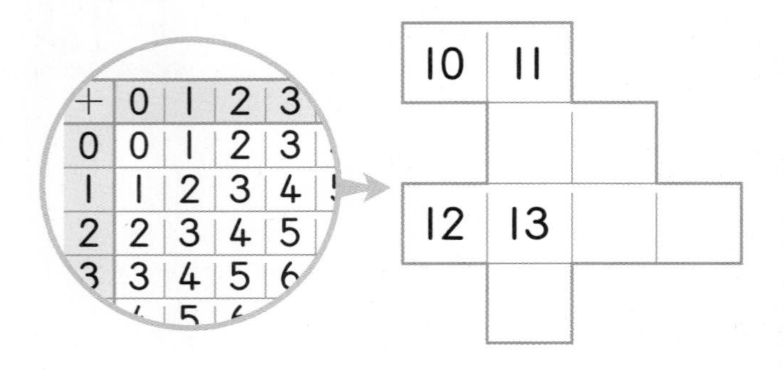

5 곱셈표를 완성해 보세요.

×	3	4		6
5	15	20	25	30
6	18		30	
7	21	28		42
	24	32		48

6 승강기 버튼에서 찾을 수 있는 규칙을 보기 와 같이 써 보세요.

11	12	13	14	15
6	7	8	9	10
1	2	3	4	5

보기
오른쪽으로 갈수록 1씩 커집니다.

규칙 ....

➔ 정답과 풀이 55쪽

7 규칙을 찾아 •을 알맞게 그려 보세요.

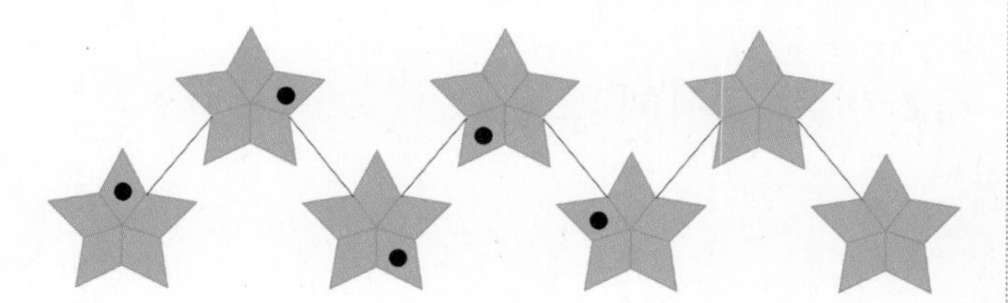

서술형 문제

8 버스 출발 시간표에서 규칙을 찾아 ㉠에 알맞은 시각은 몇 시 몇 분인지 보기 와 같이 풀이 과정을 쓰고 답을 구해 보세요.

	대전 ➡ 서울				
	평일			주말	
출발 시각	9 : 00	9 : 15	9 : 30	9 : 00	9 : 20
	9 : 45	10 : 00	10 : 15	9 : 40	10 : 00
	10 : 30	10 : 45	11 : 00	10 : 20	㉡
	11 : 15	11 : 30	㉠	11 : 00	11 : 20

보기

㉡의 시각

주말은 버스가 20분 간격으로 출발합니다. 따라서 ㉡에 알맞은 시각은 10시 20분에서 20분 후인 10시 40분입니다.

답 10시 40분

㉠의 시각

평일은 버스가 ....

....

....

답 ....

9 규칙에 따라 쌓기나무를 4층으로 쌓을 때 필요한 쌓기나무는 모두 몇 개인지 구해 보세요.

( )

서술형 문제

10 사물함에 번호표가 붙어 있습니다. ♣ 사물함의 번호는 몇 번인지 보기 와 같이 풀이 과정을 쓰고 답을 구해 보세요.

1	5	9			
2	6		♥		
3	7			♣	
4					

보기

♥ 사물함의 번호

사물함 번호가 1, 5, 9로 오른쪽으로 갈수록 4씩 커집니다. 따라서 ♥ 사물함의 번호는 $6+4+4=14$(번)입니다.

답 14번

♣ 사물함의 번호

사물함 번호가 1, 5, 9로 ....

....

....

답 ....

6

사고력이 반짝

● 보기 와 같이 큰 사각형 안에 작은 사각형을 표시해 보세요.

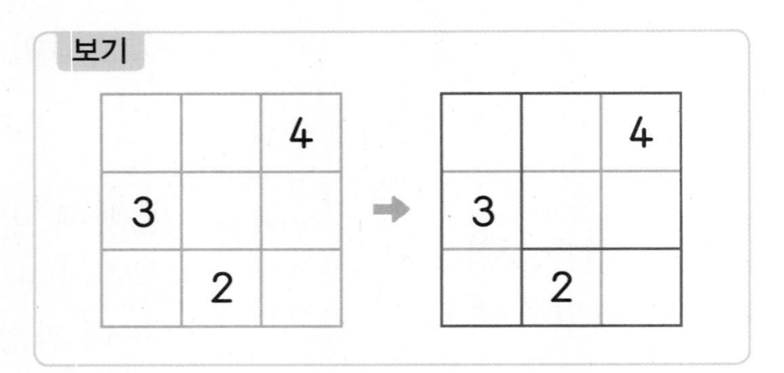

	3		1
		2	
	4		4
2			

원리 2-2 스티커

1 네 자리 수

6～7쪽

2 곱셈구구

32～33쪽

정후 발자국

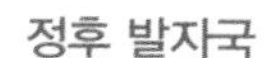

토끼 발자국

캥거루 발자국

3 길이 재기

66～67쪽

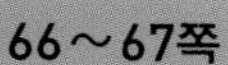

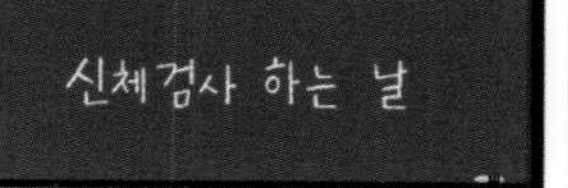

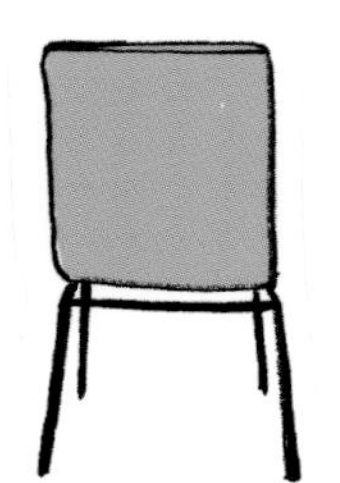

4 시각과 시간

90~91쪽

5 표와 그래프

120~121쪽

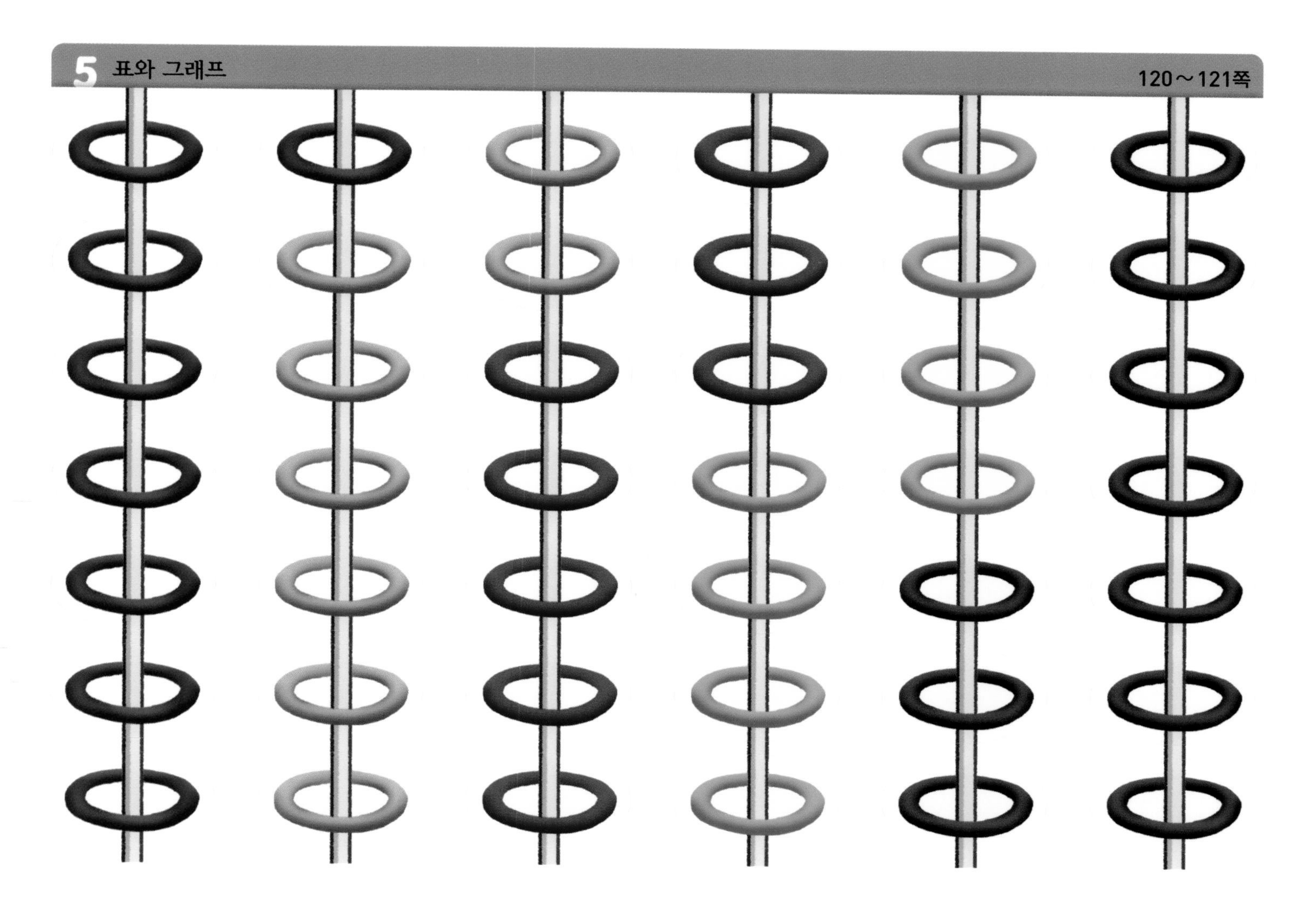

6 규칙 찾기

142~143쪽

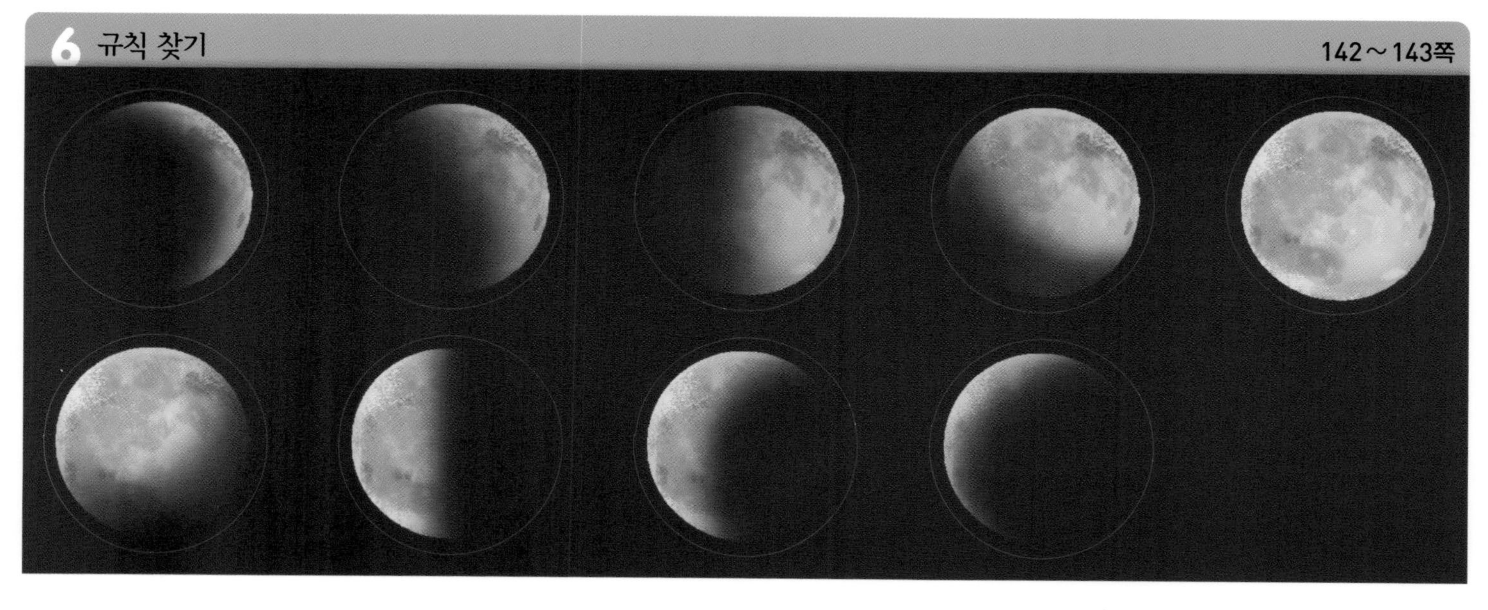

계산이 아닌 개념을 깨우치는

원리 | 정답과 풀이

2-2

수학 좀 한다면

디딤돌

빠른 정답 확인

1 네 자리 수

교과서 개념

1 천을 알아볼까요 8쪽~9쪽

1 10, 1000, 천

2 (1) 1000 (2) 300 (3) 400

3 (1) 200 (2) 500

4 (1) 예

(2) 예

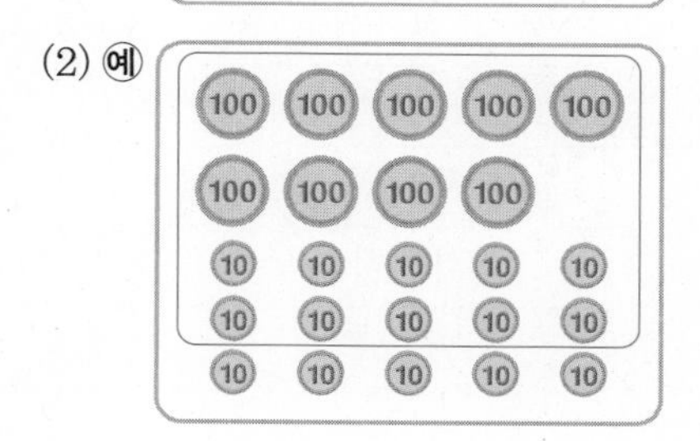

2 몇천을 알아볼까요 10쪽~11쪽

1 (1) 6, 6000 (2) 9, 9000

2 천 이천 삼천 사천 오천 육천 칠천 팔천 구천

1000 2000 3000 4000 5000 6000 7000 8000 9000

3

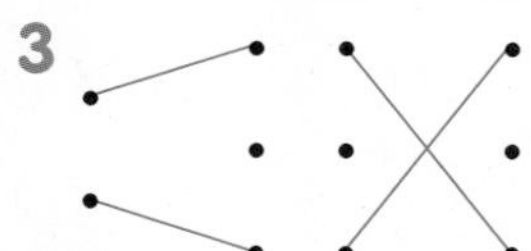

4 예

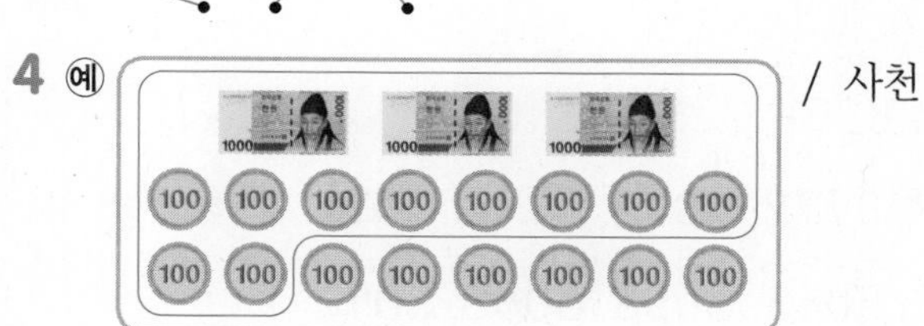

/ 사천

5 5000, 7000

3 네 자리 수를 알아볼까요 12쪽~13쪽

1 (1) 2, 3, 5, 4, 2354, 이천삼백오십사
(2) 6, 2, 5, 7, 6257, 육천이백오십칠

2 (1) 5072, 오천칠십이 (2) 3409, 삼천사백구

3 예 1000 1000 1000 1000 100 100 1 1 1 1 1

4 각 자리의 숫자는 얼마를 나타낼까요 14쪽~15쪽

1 (1) 1, 5, 7 (2) 7, 0, 8 (3) 8, 0, 9

2 4000, 700, 80, 1

3

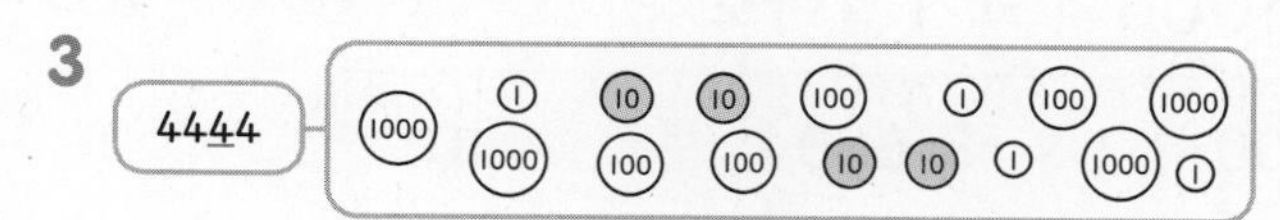

4 (1) 10 (2) 30, 8

5 (1) 600 (2) 400 (3) 7000 (4) 50

5 뛰어 세어 볼까요 16쪽~17쪽

1 4000, 8000 / 9300, 9700
/ 9920, 9960, 9980 / 9991, 9996, 9997

2 (1) 5283, 5293, 5303
(2) 7087, 8087, 9087

3 (1) 1700, 1800, 2000
(2) 2030, 2040, 2050

4 6801, 6701, 6601, 6501, 6401, 6301

6 수의 크기를 비교해 볼까요 18쪽~19쪽

1 (1) 같습니다에 ○표 (2) 3357 (3) 3357

2 (1) 2, 7 / 5, 3 / <
(2) 7, 5 / 2, 9 / >

3 (1) 3995 3996 3997 3998 3999 4000 4001 4002 4003 4004
/ >
(2) 5030 5040 5050 5060 5070 5080 5090 5100 5110 5120
/ <

4 (1) 3097에 ○표 (2) 9271에 ○표

기본기 강화 문제

① 1000의 크기 알아보기 20쪽

2 500　3 600　4 10
5 30　6 50　7 1
8 4　9 9

② 몇천 알아보기 21쪽

2 예 5000
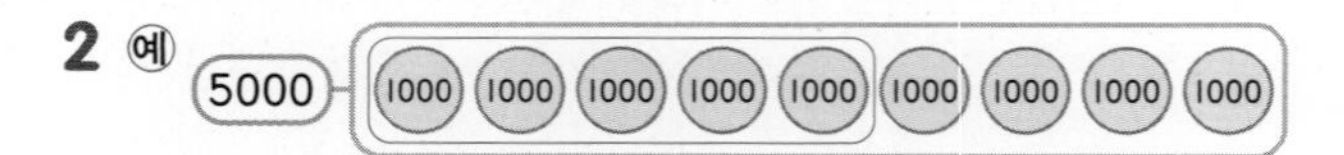

3 예 4000 (1000 1000 1000 1000 1000 1000 1000 1000 1000)

4 예 8000 (1000 1000 1000 1000 1000 1000 1000 1000 1000)

5 예 2000 (100 × 30)

6 예 3000 (1000 1000, 100 × 16)

③ 네 자리 수 쓰고 읽기 22쪽

쓰기	읽기
5374	오천삼백칠십사
3259	삼천이백오십구
1682	천육백팔십이
4385	사천삼백팔십오
9217	구천이백십칠
8426	팔천사백이십육
5764	오천칠백육십사
6913	육천구백십삼
2175	이천백칠십오
3841	삼천팔백사십일
7451	칠천사백오십일
9662	구천육백육십이
4048	사천사십팔
7503	칠천오백삼
6810	육천팔백십
4070	사천칠십
1900	천구백
2007	이천칠
8030	팔천삼십

④ 네 자리 수 나타내기 22쪽

1 4, 2
2 1, 4, 0, 3
3 5612
4 7048

⑤ 뛰어 세기 23쪽

1 7251, 8251
2 8672, 8772, 8872, 8972, 9072
3 5033, 5043, 5053, 5063, 5073
4 4176, 4156, 4146, 4136, 4126

⑥ 수 배열표 채우기 23쪽

1 (1) 1000씩 (2) 100씩
(3) 5150, 6150

2 (1) 100씩 (2) 10씩
(3) 2660, 2870

⑦ 가장 큰 수, 가장 작은 수 찾기 24쪽

1 9540(○) 4590(△) 5409

2 3761 1376(△) 7613(○)

3 2451(△) 5124(○) 4521

4 1503(○) 1500 1035(△)

5 4613 4631(○) 3416(△)

6 6022(△) 6602(○) 6220

7 9009(△) 9090 9900(○)

⑧ 수 카드로 네 자리 수 만들기 24쪽

1 2457

2 6532, 2356

3 8620, 2068

4 9410, 1049

⑨ 낱말 만들기 25쪽

1

낱말	①	②	③	④
	우	리	나	라

2

낱말	①	②	③	④	⑤
	독	도	수	호	대

3

낱말	①	②	③	④	⑤
	우	주	탐	사	선

⑩ 지폐를 동전으로 바꾸기 26쪽

1 10, 10, 10, 30 / 30, 30

2 8개

⑪ 네 자리 수의 크기 비교하기 27쪽

1 > / 십 / 2, 1, 2019 / 준서

2 지후

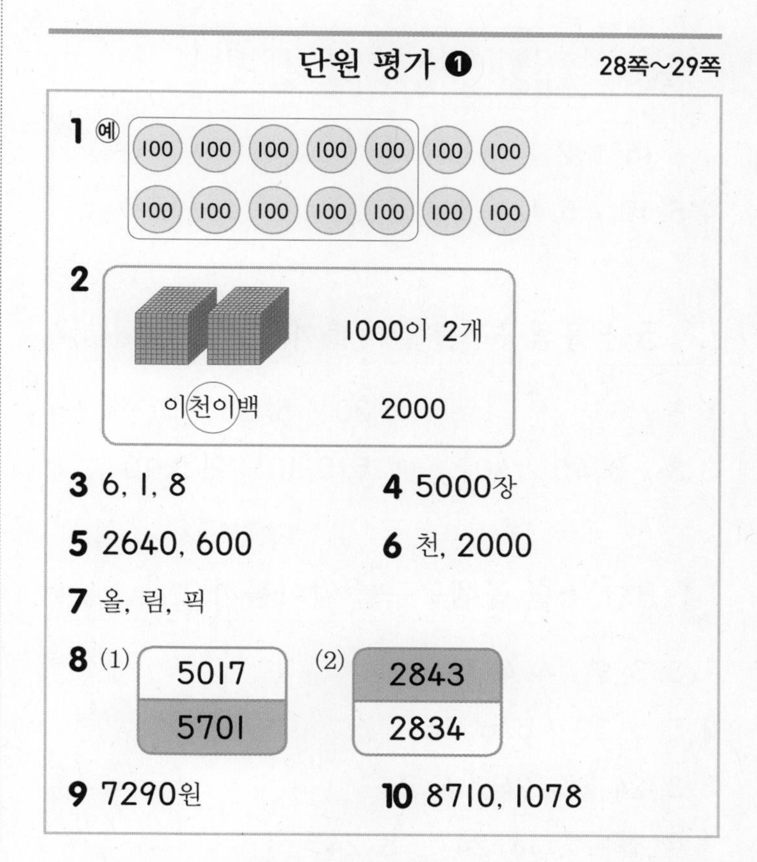

단원 평가 ❶ 28쪽~29쪽

1 예 100 100 100 100 100 100 100 100 100 100 100 100 100 100

2 1000이 2개 / 이천이백(천에 ○) / 2000

3 6, 1, 8 **4** 5000장

5 2640, 600 **6** 천, 2000

7 올, 림, 픽

8 (1) 5017 / 5701 (2) 2843 / 2834

9 7290원 **10** 8710, 1078

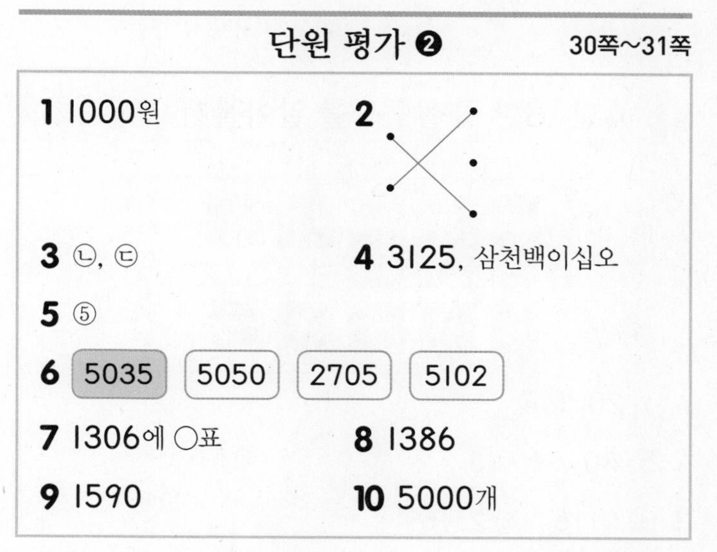

단원 평가 ❷ 30쪽~31쪽

1 1000원 **2**

3 ㉡, ㉢ **4** 3125, 삼천백이십오

5 ⑤

6 5035 5050 2705 5102

7 1306에 ○표 **8** 1386

9 1590 **10** 5000개

2 곱셈구구

교과서 개념

1 2단 곱셈구구를 알아볼까요 34쪽~35쪽

1 2, 2, 2, 2, 2, 2, 14 / 7, 14

2 (1) 3 / 3, 6 (2) 4 / 4, 8

3

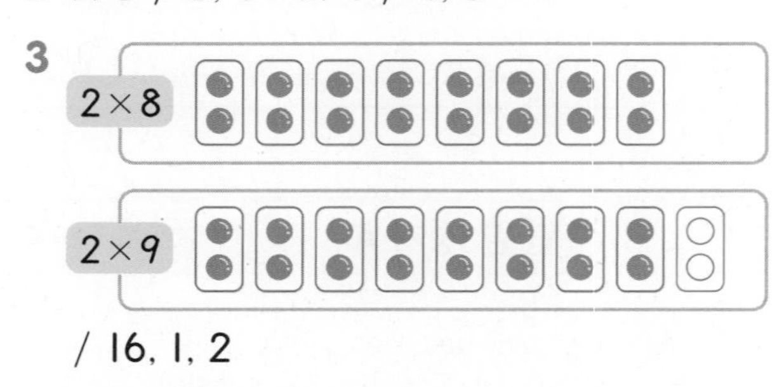

/ 16, 1, 2

4 5, 10 / 6, 12 / 2

2 5단 곱셈구구를 알아볼까요 36쪽~37쪽

1 6 / 5

2 20 / 5, 25 / 5

3 8 / 8, 40 / 40 cm

4 5, 5, 10 / 2, 2, 10

3 3단, 6단 곱셈구구를 알아볼까요 39쪽

1 3, 3, 9 / 4, 4, 12

2 5, 5, 30 / 6, 6, 36

3 8, 24 / 3, 24 / 4, 24

4 (위에서부터) 18, 24 / 18, 24

4 4단, 8단 곱셈구구를 알아볼까요 41쪽

1

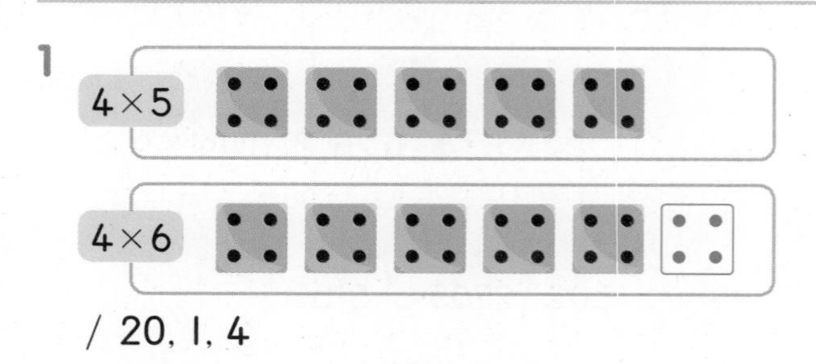

/ 20, 1, 4

2 5, 40 / 6, 48 / 8

3 (1) 4, 16 (2) 2, 16

5 7단 곱셈구구를 알아볼까요 42쪽~43쪽

1 7, 7, 7, 7, 35 / 5, 35

2 3, 3, 21 / 4, 4, 28

3 (1) (위에서부터) 7, 42 / 7 (2) 7, 7, 42

4 8, 56

6 9단 곱셈구구를 알아볼까요 44쪽~45쪽

1 9, 9, 9, 9, 9, 54 / 6, 54

2 4, 4, 36 / 5, 5, 45

3 27, 36

4

5 6, 6, 18 / 3, 3, 18 / 2, 2, 18

7 1단 곱셈구구와 0의 곱을 알아볼까요 47쪽

1 6, 0 / 6, 6

2 (1) 0, 5, 10, 15
(2) 27, 18, 9, 0

3 (1) $1 \times 3 = 3$, $2 \times 1 = 2$, $3 \times 0 = 0$
(2) 5점

8 곱셈표를 만들어 볼까요 48쪽~49쪽

1 (1) 6, 9, 3 (2) 4

2 (1)

×	2	3	4	5	6	7	8	9
2	4	6	8	10	12	14	16	18
3	6	9	12	15	18	21	24	27
4	8	12	16	20	24	28	32	36
5	10	15	20	25	30	35	40	45
6	12	18	24	30	36	42	48	54
7	14	21	28	35	42	49	56	63
8	16	24	32	40	48	56	64	72
9	18	27	36	45	54	63	72	81

(2) 7, 7 (3) 6, 6 (4) (위에서부터) 8, 6 / 3, 4

9 곱셈구구를 이용하여 문제를 해결해 볼까요 50쪽~51쪽

1 (1) 5, 2, 17 (2) 3, 17

2 6, 42

3 4, 8, 32

4 8, 9, 72

5 4, 18

기본기 강화 문제

① 덧셈식을 곱셈식으로 나타내기 52쪽

2 20 / 4 / 4, 20

3 30 / 5 / 5, 30

4 28 / 7 / 7, 28

5 48 / 6 / 6, 48

② 몇씩 묶고 곱셈식으로 나타내기 52쪽

2 예 / $5 \times 2 = 10$

3 예 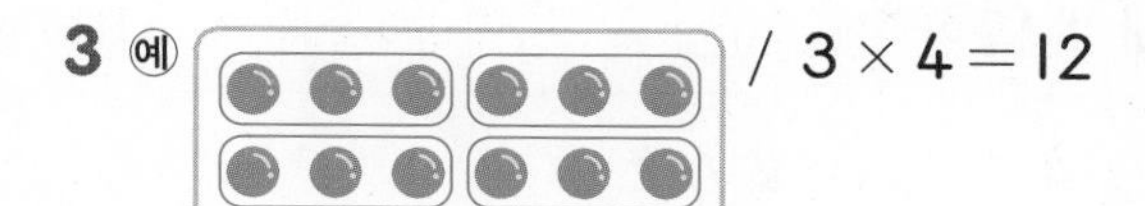 / $3 \times 4 = 12$

4 예 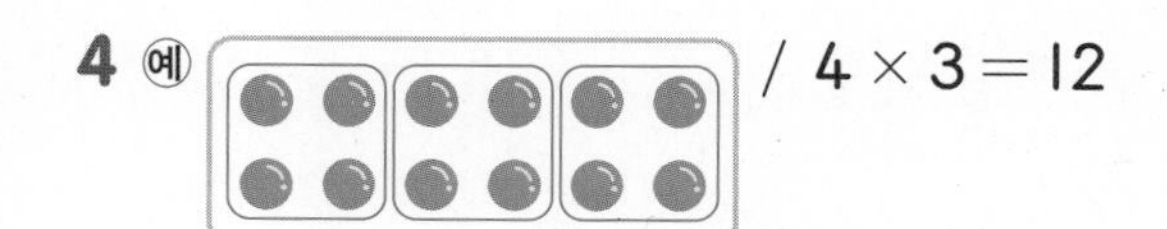 / $4 \times 3 = 12$

③ 수직선에 곱셈구구 나타내기 53쪽

2 0 5 10 15 20 25 30 35 40 45
/ $5 \times 4 = 20$

3 0 7 14 21 28 35 42 49 56 63
/ $7 \times 7 = 49$

4 0 6 12 18 24 30 36 42 48 54
/ $6 \times 9 = 54$

5 0 4 8 12 16 20 24 28 32 36
/ $4 \times 6 = 24$

6 0 8 16 24 32 40 48 56 64 72
/ $8 \times 5 = 40$

④ 곱셈구구 알아보기 54쪽

1 (위에서부터) 6, 24

2 (위에서부터) 5, 30

3 (위에서부터) 4, 28

4 (위에서부터) 3, 24

5 (위에서부터) 7, 63

⑤ 곱셈구구의 곱 찾기 54쪽

1 12, 4, 14에 ○표

2 10, 40, 35에 ○표

3 21, 15, 9에 ○표

4 18, 36, 54에 ○표

5 16, 8, 28에 ○표

6 40, 16, 32에 ○표

⑥ 색칠하기 55쪽

1	7	41	35	68	9	50	96	55	29	3
40	42	7	56	80	17	86	6	41	48	67
28	56	49	63	14	10	79	55	36	87	9
85	14	42	21	78	72	30	9	2	45	15
11	32	63	28	76	88	3	96	75	1	60
61	37	35	7	10	39	9	4	59	38	97
23	2	21	14	95	86	22	20	89	71	5
31	11	42	56	44	2	53	15	1	94	45
13	23	63	14	20	90	8	69	93	29	33
48	2	7	21	9	83	17	43	8	82	21
62	25	49	35	63	28	42	7	49	14	55
1	81	96	56	14	21	42	35	28	35	3
8	26	57	99	63	73	93	17	63	57	17
73	68	17	14	49	85	66	56	7	19	99
51	90	21	29	28	88	42	19	35	92	2
65	95	52	16	53	11	74	99	57	66	1

⑦ 순서 바꾸어 곱하기 56쪽

2 $6 \times 4 = 24$, $4 \times 6 = 24$
또는 $3 \times 8 = 24$, $8 \times 3 = 24$

3 $8 \times 5 = 40$, $5 \times 8 = 40$

4 $3 \times 7 = 21$, $7 \times 3 = 21$

⑧ 곱하는 수와 곱의 관계 56쪽

1 2, 2 / 16

2 8 / 2, 2 / 16

3 2, 2 / 18

4 3, 3 / 18

5 6 / 4, 4 / 24

⑨ 케이크의 무게 비교하기 57쪽

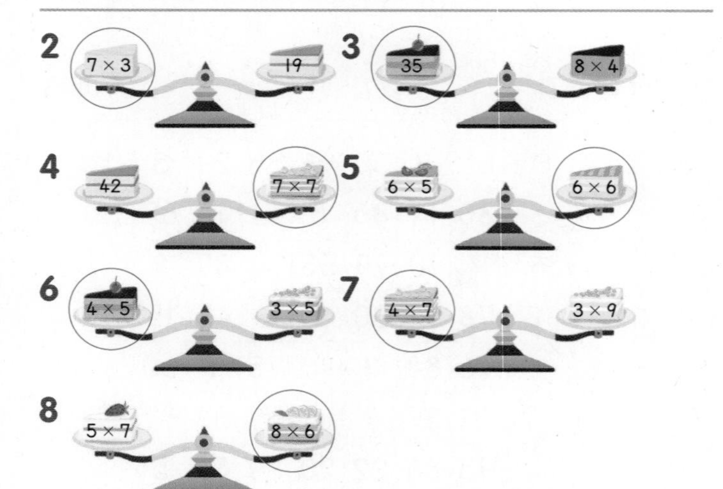

⑩ 곱해서 더해 보기 58쪽

1 20, 8, 28

2 21, 21, 42

3 8, 10, 18

4 8, 56, 64

5 9, 12, 21

⑪ 연결 모형의 수 구하기 58쪽

1 2, 8 / 2, 10 / 10, 18

2 5, 15 / 2, 4 / 15, 4, 19
3, 9 / 2, 10 / 9, 10, 19

⑫ 곱이 같은 곱셈구구 알아보기 59쪽

1 8, 4, 2 **2** 9, 6, 3, 2

3 8, 6, 4, 3 **4** 9, 6, 4

⑬ 얻은 점수 구하기 60쪽

1 7, 14 / 3, 3 / 14, 3, 17

2 15점

⑭ 다르게 배열하기 61쪽

1 36 / 4 / 4 **2** 4줄

단원 평가 ❶ 62쪽~63쪽

1 5, 10 **2** 8, 40

3
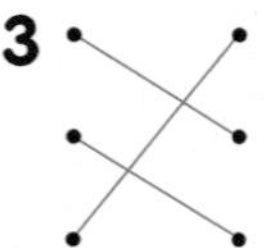

4 7, 14, 21, 28, 35에 ○표

5
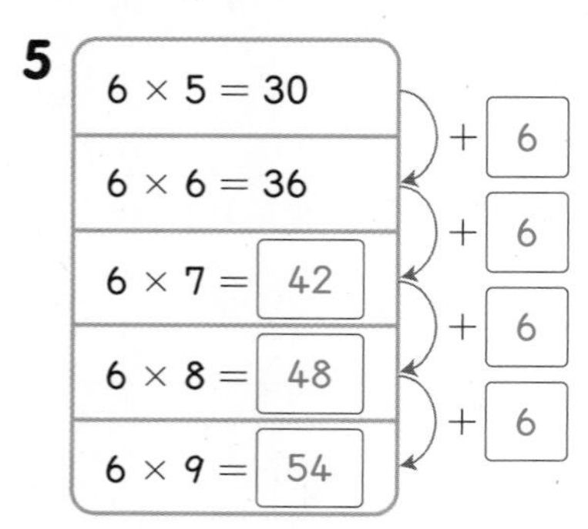

6 2, 16 / 4, 16

7 출발

9	36	20	72	54	9	29
19	63	33	27	70	36	14
22	18	45	81	55	63	18

도착

8 32살

9 0, 0, 3, 10

10 ㉠, ㉢, ㉡

단원 평가 ❷

64쪽~65쪽

1 4, 8

2

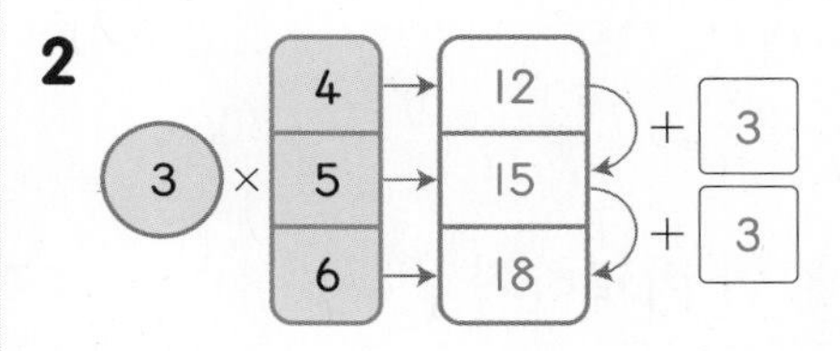

3 7

4

×	3	4	5	6	7	8	9
6	18	24	30	36	42	48	54
7	21	28	35	42	49	56	63
8	24	32	40	48	56	64	72
9	27	36	45	54	63	72	81

5 48

6 <

7 5, 35 / 35문제

8 3점

9 56

10 57장

3 길이 재기

교과서 개념

1 cm보다 더 큰 단위를 알아볼까요

68쪽~69쪽

1 (1) 3 m / 3 미터

(2) 1 m 50 cm / 1 미터 50 센티미터

2 (1) 180 (2) 4, 70 (3) 246 (4) 3, 15

3 (1) 203 cm에 ○표

(2) 6 m 50 cm에 ○표

4 (1) 120 cm (2) 20 cm

5 서아

2 자로 길이를 재어 볼까요

70쪽~71쪽

1 (○) ( )

2 ① 0 ② 143 / 143, 1, 43

3 115 cm에 ○표, 1 m 15 cm에 ○표

4 1, 80

3 길이의 합을 구해 볼까요

72쪽~73쪽

1 2, 70

2 (1) 5, 50 (2) 6, 20 (3) 8, 79

3 4, 75

4 (1) 924, 9, 24 (2) 687, 6, 87

5 74, 80

4 길이의 차를 구해 볼까요

74쪽~75쪽

1 1, 30

2 (1) 4, 20 (2) 2, 91 (3) 3, 25 (4) 5, 34

3 2, 48

4 (1) 420, 4, 20 (2) 107, 1, 7

5 길이를 어림해 볼까요 76쪽~77쪽

1 3

2 5

3 6

4 (1) 50 m (2) 1 m (3) 2 m

기본기 강화 문제

① 1 m 알아보기 78쪽

2 50　3 80

4 30　5 60

② 1 m보다 긴 길이 알아보기 78쪽

1 40　2 1, 70　3 1, 30

4 120　5 150

③ 알맞은 단위 고르기 79쪽

1 cm에 ○표　2 m에 ○표

3 cm에 ○표　4 m에 ○표

④ 길이를 다른 단위로 나타내기 79쪽

1 3　2 700　3 3 / 3, 70

4 791　5 5, 72　6 206

7 548　8 6, 8　9 701

⑤ 줄자로 길이 재기 80쪽

1 130, 1, 30　2 205, 2, 5

3 170, 1, 70　4 145, 1, 45

⑥ 길이의 합과 차 구하기 81쪽

1 3, 78　2 1, 6

3 14, 30　4 4, 18

⑦ 동물의 몸길이 알아보기 82쪽

1 바다거북　2 220 cm

3 4 m 40 cm　4 3 m 5 cm

⑧ 몇 배하여 길이 어림하기 83쪽

1 7　2 12　3 15

⑨ 단위가 다른 길이 비교하기 83쪽

1 $<$　2 $<$

3 $=$　4 $>$

5 $<$　6 $>$

7 $<$　8 $<$

⑩ 길이의 차 구하기 84쪽

1 20 / 20　2 2 m 10 cm

⑪ 길이 어림하기 85쪽

1 100 / 1　2 1 m 10 cm

단원 평가 ❶ 86쪽~87쪽

1 ②
2 m에 ○표
3 (1) 6 / 6, 5 (2) 200 / 210
4 110, 1, 10
5 (1) 160 cm (2) 6 m
6 9, 73
7 ㉣, ㉢, ㉠, ㉡
8 1 m 22 cm
9 태호
10 5 m 61 cm

단원 평가 ❷ 88쪽~89쪽

1 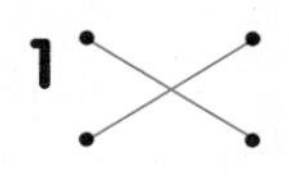
2
3 ㉢
4 1 m 60 cm
5 (1) > (2) <
6 10 m
7 예 소파의 긴 쪽의 길이는 약 2 m입니다.
8 2 m 6 cm
9 ㉡, ㉠, ㉢
10 1 m 42 cm

4 시각과 시간

교과서 개념

1 몇 시 몇 분을 읽어 볼까요(1) 92쪽~93쪽

1 5, 5 / 10
2 10, 15, 25, 30, 35, 45, 50
3 4 / 7 / 35
4 (1) 4, 50 (2) 10, 15
5 (1)  (2) 

2 몇 시 몇 분을 읽어 볼까요(2) 94쪽~95쪽

1 (1) 20분에 ○표 (2) 1분에 ○표 / 22분에 ○표
2 (1) (왼쪽에서부터) 4 / 2 / 42
(2) (왼쪽에서부터) 11, 12 / 6, 4 / 11, 34
3 (1) 6, 38 (2) 1, 11
4 5, 23 / 예 책을 읽습니다.

3 여러 가지 방법으로 시각을 읽어 볼까요 96쪽~97쪽

1 (1) 8, 55 (2) 5 (3) 5
2 (1) 10 (2) 5
3
4 ( )(○)( )
5 (1) 10 (2) 10

4 1시간을 알아볼까요 98쪽

1 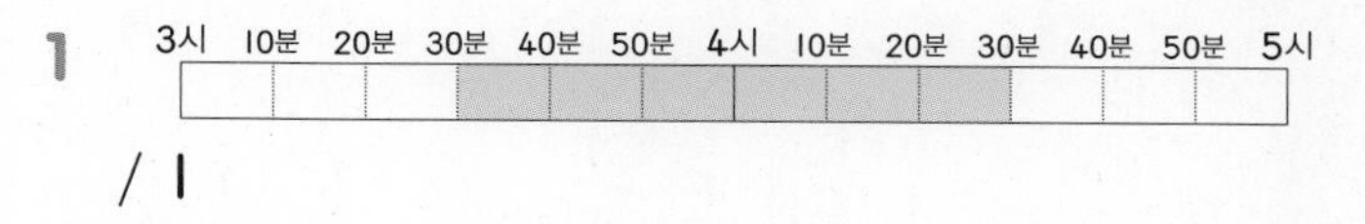

/ 1
2 끝난 시각

5 걸린 시간을 알아볼까요 99쪽

1 (1) 110 (2) 130 (3) 1, 20 (4) 2, 40
2 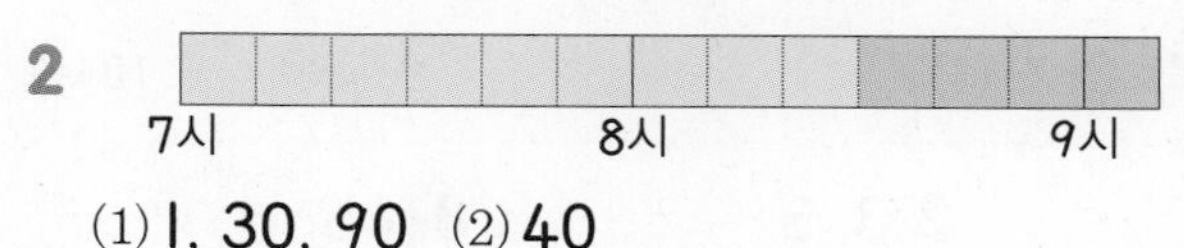

(1) 1, 30, 90 (2) 40

6 하루의 시간을 알아볼까요 100쪽~101쪽

1 (1) 4시간, 2시간, 9시간 (2) 24시간 (3) 24시간
2 (1) 1 (2) 48 (3) 24, 29
3 △, △, ○, ○
4 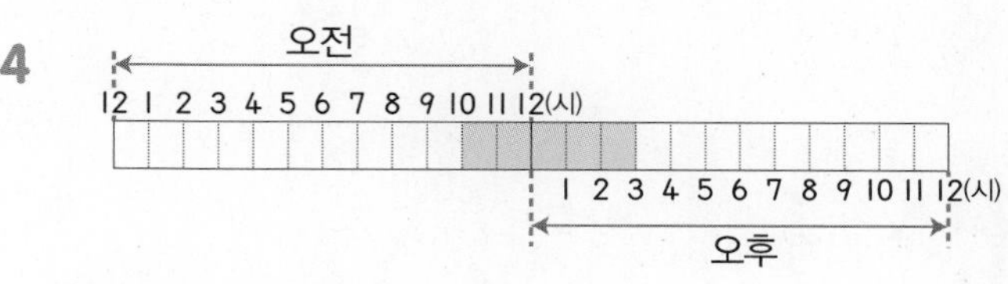

/ 5

7 달력을 알아볼까요 102쪽~103쪽

1 (1) 30일 (2) 화요일 (3) 6월 11일, 일요일

2 (1) 7월 (2) 5일

일	월	화	수	목	금	토
1	2	3	4	5	6	7
8	9	10	11	12	13	14
15	16	17	18	(19)	20	21
22	23	24	25	26	27	28
29	30	31				

3 (1) 7 (2) 3 (3) 12, 21 (4) 2, 7

4 10월

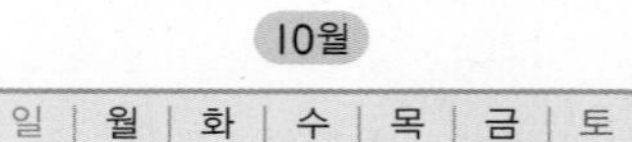
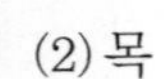

일	월	화	수	목	금	토
	1	2	3	4	5	6
7	8	9	10	11	12	13
14	15	16	17	18	19	20
21	22	23	24	25	26	27
28	29	30	31			

(1) 31
(2) 목
(3) 9, 1

기본기 강화 문제

1 긴바늘이 가리키는 시각 읽기 104쪽

1 15 **2** 25 **3** 40
4 45 **5** 55

2 시각 읽기(1) 104쪽

1 5, 50 **2** 3, 5 **3** 8, 45
4 11, 10 **5** 1, 25

3 긴바늘 그려 넣기(1) 105쪽

2 

3 

4 

5 

4 같은 시각끼리 연결하기 105쪽

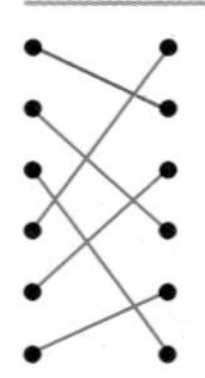

5 시각 읽기(2) 106쪽

1 8, 11 **2** 11, 43 **3** 3, 28
4 9, 9 **5** 2, 36

6 긴바늘 그려 넣기(2) 106쪽

1 

2 

3 

4 

5 

7 여러 가지 방법으로 시각 읽기 107쪽

1

2시 11분	2:55	3시 10분 전

2

5시 10분 전	5시 50분	4시 10분

3

12:10	12시 50분	1시 50분 전

4 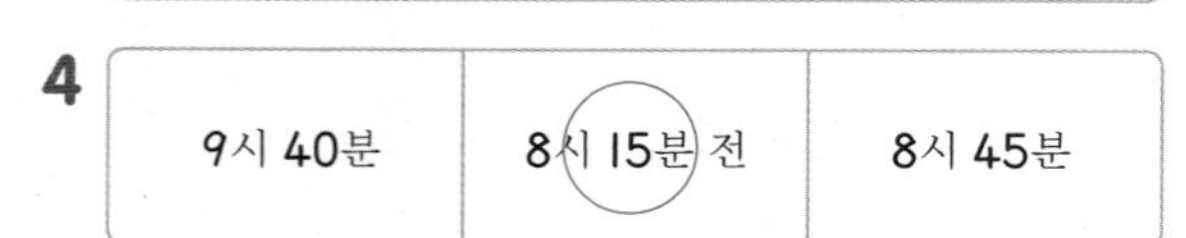

9시 40분	8시 15분 전	8시 45분

5 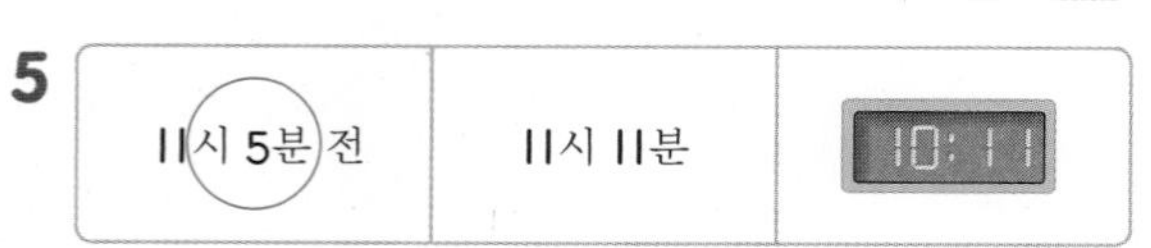

11시 5분 전	11시 11분	10:11

⑧ 몇 시 몇 분인지 읽기 108쪽

⑨ 시간 띠를 이용하여 걸린 시간 구하기(1) 109쪽

1 40분 50분 2시 10분 20분 30분 40분 50분 3시 10분 20분 30분 40분 50분 4시 10분 20분 / 30

2 40분 50분 4시 10분 20분 30분 40분 50분 5시 10분 20분 30분 40분 50분 6시 10분 20분 / 40

3 40분 50분 10시 10분 20분 30분 40분 50분 11시 10분 20분 30분 40분 50분 12시 10분 20분 / 50

4 40분 50분 8시 10분 20분 30분 40분 50분 9시 10분 20분 30분 40분 50분 10시 10분 20분

/ 60, 1

⑩ 시간 띠로 시간 알아보기 110쪽

1 2 / 1, 1 / 2　　2 60 / 60 / 90

3 1, 40 / 40 / 1, 40 / 1, 40

⑪ 1시간 알아보기 110쪽

1 1, 1, 1 / 3　　2 10 / 1, 10 / 1, 10

3 30 / 30 / 2, 30　　4 60, 60, 50 / 170

5 60, 60, 60, 20 / 200

⑫ 긴 바늘이 돈 후의 시각 111쪽

1 3　　2 9, 30　　3 4, 45

4 1, 19　　5 6, 28

⑬ 1일, 1년 알아보기 111쪽

1 24　　2 2

3 24 / 34　　4 12 / 1 / 1, 12

5 12　　6 2

7 12, 12 / 30　　8 8 / 1, 8 / 1, 8

⑭ 시간 띠를 이용하여 걸린 시간 구하기(2) 112쪽

1 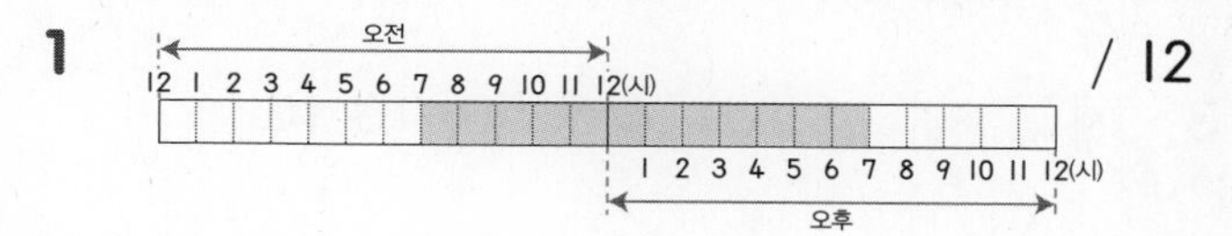

/ 12

2 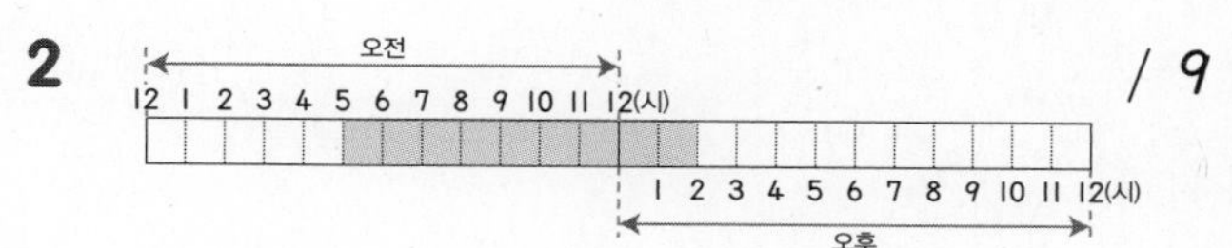

/ 9

3 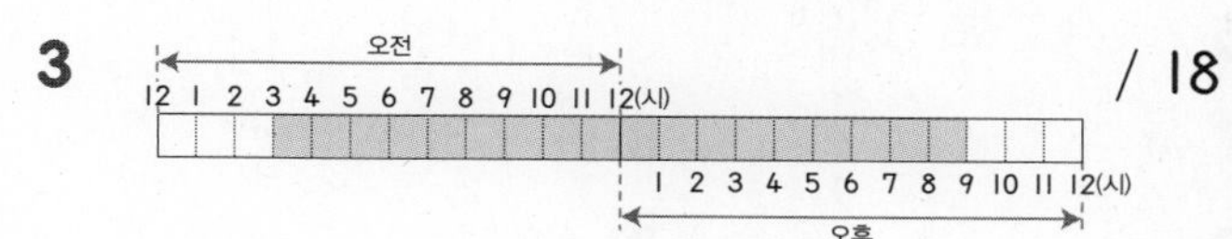

/ 18

⑮ 짧은바늘이 돈 후의 시각 113쪽

1 오후에 ○표 / 2　　2 오전에 ○표 / 11

3 오전에 ○표 / 4　　4 오후에 ○표 / 7

⑯ 달력 알아보기 113쪽

1 수　　2 6, 13, 20, 27

3 7　　4 24

5 일　　6 7, 4

⑰ 몇 시간 몇 분이 흐른 뒤의 시각 구하기 114쪽

1 6, 20 / 6, 20, 6, 50 / 6, 50

2 1시 30분

⑱ 축제 기간 구하기 115쪽

1 14 **2** 10일 **3** 32일

단원 평가 ❶ 116쪽~117쪽

1

2 9, 32

3

4 5, 50 / 6, 10

5 (1) 14 (2) 24

6 오후에 ○표, 3, 35

7 ④ **8** 1시간 30분

9 금요일 **10** 6바퀴

단원 평가 ❷ 118쪽~119쪽

1 (1) 오전 (2) 오후 **2**

3 6, 10

4 (1) 85 (2) 2, 50 (3) 32

5

6 태하

7 31시간 **8** 7시 10분

9 13일, 월요일 **10** 62일

5 표와 그래프

교과서 개념

1 자료를 분류하여/조사하여 표로 나타내 볼까요 123쪽

1 (1) 소희, 서인, 지혜, 도현 / 세림, 이준, 태민 / 하율, 고운, 설아

(2) 2, 4, 3, 3, 12

2 6, 4, 3, 7 / 20

2 자료를 분류하여 그래프로 나타내 볼까요 125쪽~127쪽

1 ㉠, ㉢

2 세훈이네 모둠 학생들이 가지고 있는 색깔별 붙임딱지 수

3		○	
2		○	○
1	○	○	○
학생 수(명)/색깔	파란색	초록색	노란색

3 (1) 가람이가 가진 학용품의 수

6				○
5				○
4	○			○
3	○		○	○
2	○		○	○
1	○	○	○	○
수(개)/학용품	볼펜	가위	지우개	연필

(2) 학용품의 수

(3) 가람이가 가진 학용품의 수

연필	/	/	/	/	/	/
지우개	/	/	/			
가위	/					
볼펜	/	/	/	/		
학용품/수(개)	1	2	3	4	5	6

4

연주하는 악기별 학생 수

바이올린	×	×	×	×						
리코더	×	×	×	×	×	×	×	×	×	×
피아노	×	×	×	×	×	×				
악기 / 학생 수(명)	1	2	3	4	5	6	7	8	9	10

5

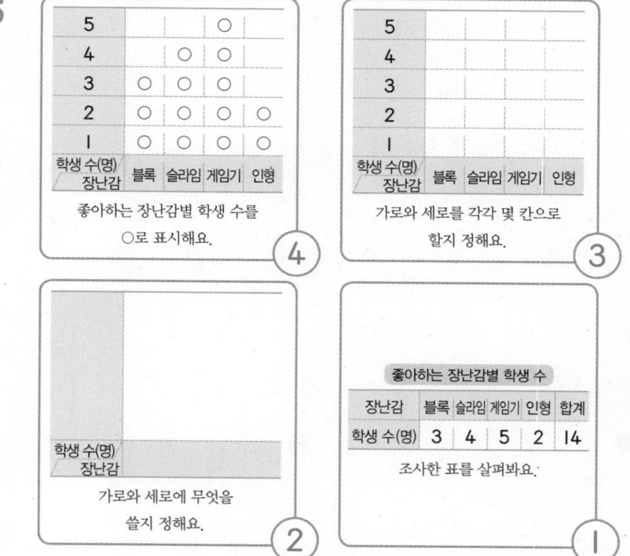

3 표와 그래프를 보고 무엇을 알 수 있을까요 128쪽~129쪽

1 (1) 8 (2) 30

2 (1) 기혁 (2) 나린 (3) 현아

3 33 /

좋아하는 놀이 기구별 학생 수

정글짐	△	△	△	△									
시소	△	△	△	△	△	△	△						
그네	△	△	△	△	△	△	△	△	△	△	△	△	△
미끄럼틀	△	△	△	△	△	△	△	△	△				
놀이 기구 / 학생 수(명)	1	2	3	4	5	6	7	8	9	10	11	12	13

(1) 표에 ○표 (2) 그래프에 ○표

기본기 강화 문제

① 자료를 표로 나타내기 130쪽

1 1, 3, 2, 4, 10

2 4, 4, 8, 16

3 12, 8, 6, 4, 30

② 조각 수 구하기 131쪽

1 3, 4, 2, 6 / 15

2 4, 3, 6, 2 / 15

③ 표를 그래프로 나타내기 132쪽

3

좋아하는 악기별 학생 수

5			○
4			○
3	○		○
2	○	○	○
1	○	○	○
학생 수(명) / 악기	드럼	장구	피아노

/ 학생 수, 5

2

키우고 싶은 동물별 학생 수

도마뱀	△	△					
앵무새	△						
햄스터	△	△	△				
고양이	△	△	△	△	△		
강아지	△	△	△	△	△	△	△
동물 / 학생 수(명)	1	2	3	4	5	6	7

/ 동물, 7

④ 그래프의 가로와 세로를 바꾸어 나타내기 133쪽

1

좋아하는 전통 놀이별 학생 수

제기차기	/	/		
연날리기	/	/	/	/
투호 놀이	/			
전통 놀이 / 학생 수(명)	1	2	3	4

2 예

장래희망별 학생 수

운동선수	○	○			
가수	○	○	○	○	○
선생님	○	○	○	○	
의사	○	○	○		
장래희망 / 학생 수(명)	1	2	3	4	5

3 종류별 장난감 수

5	△		
4	△	△	
3	△	△	△
2	△	△	△
1	△	△	△
수(개) / 장난감	자동차	인형	퍼즐

⑤ 표의 내용 알아보기 134쪽

1 (1) 6표 (2) 21명 (3) 2표

2 (1) 8명

(2) 노란색 / 예 승원이네 반에서 가장 많은 학생들이 좋아하는 색깔이기 때문입니다.

⑥ 그래프의 내용 알아보기 134쪽

1 탄산수, 녹차

2 과학책, 역사책

⑦ 자료를 표와 그래프로 나타내기 135쪽

1 타고 싶은 놀이 기구별 학생 수

놀이 기구	학생 수(명)
청룡열차	3
범퍼카	4
회전목마	6
바이킹	3
합계	16

타고 싶은 놀이 기구별 학생 수

6			○	
5			○	
4		○	○	
3	○	○	○	○
2	○	○	○	○
1	○	○	○	○
학생 수(명) / 놀이 기구	청룡열차	범퍼카	회전목마	바이킹

(1) 3명 (2) 회전목마 (3) 회전목마, 범퍼카

⑧ 그래프 보고 기준보다 많은 항목 찾기 136쪽~137쪽

1 가희, 진율 / 2

2 코끼리, 기린

3 자전거, 휴대 전화

단원 평가 ❶ 138쪽~139쪽

1 강아지

2 6, 4, 2, 3, 15

3 2명

4 15명

5 6, 2 / 월별 비 온 날수

6		○		
5	○	○		
4	○	○	○	
3	○	○	○	
2	○	○	○	○
1	○	○	○	○
날수(일) / 월	9월	10월	11월	12월

6 12월, 11월, 9월, 10월

7 4일

8 그래프

9 수영

10 테이프

단원 평가 ❷ 140쪽~141쪽

1 좋아하는 채소별 학생 수

5				△
4	△		△	△
3	△	△	△	△
2	△	△	△	△
1	△	△	△	△
학생 수(명) / 채소	당근	호박	감자	오이

2 채소, 학생 수

3 호박

4 그래프

5 6번

6 3, 4, 5, 2, 14

7 학생별 공이 들어간 횟수

슬기	/	/			
찬혁	/	/	/	/	/
민영	/	/	/	/	
준태	/	/	/		
이름 / 횟수(번)	1	2	3	4	5

8 찬혁

9 4명

10 5명

6 규칙 찾기

교과서 개념

1 무늬에서 규칙을 찾아볼까요 144쪽~145쪽

1 (1) ★ ★ ★ (2) ★

2 (1) ◆ (2) ▼

3

1	2	3	1	2	3	1
2	3	1	2	3	1	2
3	1	2	3	1	2	3

/ 예 1, 2, 3이 반복됩니다.

4 ◇, ◇

5 ★, ★

2 쌓은 모양에서 규칙을 찾아볼까요 146쪽

1 (1) 2, 1

2 (1) 오른쪽에 ○표, 1 (2) 6

3 생활에서 규칙을 찾아볼까요 147쪽

1 (1) ○ (2) ×

2 2 / 3

4 덧셈표에서 규칙을 찾아볼까요 148쪽~149쪽

1 (1) 1, 1, 1, 1, 1 / 1 (2) 1, 1, 1, 1, 1 / 1

2 (위에서부터) 6 / 5 / 9 / 8

3 ↘에 ○표, 2

4 (○)
( )

5 ㉡, ㉣

5 곱셈표에서 규칙을 찾아볼까요 150쪽~151쪽

1 (1) 3, 3, 3, 3, 3 / 3, 3 (2) 4, 4, 4, 4, 4 / 4, 4

2~3

×	1	2	3	4	5	6	7
1	1	2	3	4	5	6	7
2	2	4	6	8	10	12	14
3	3	6	9	12	15	18	21
4	4	8	12	16	20	24	28
5	5	10	15	20	25	30	35
6	6	12	18	24	30	36	42
7	7	14	21	28	35	42	49

4 7

5 (1) ○ (2) × (3) ○

기본기 강화 문제

① 규칙 찾기(1) 152쪽

1 ▲, ■

2 ●, ▲

3 ♥, ★

4 ●, ●

5 ♥, ◆

6 ◉, ♣

7 ▲, ●

8 ■, ▲

② 규칙 찾기(2) 152쪽

1 ▲, ■

2 ♥, ▶

3 ▼, ■

4 ♥, ★

5 ♣, ●, ♣

6 ◆, ●

③ 규칙 찾기(3) 153쪽

1

2 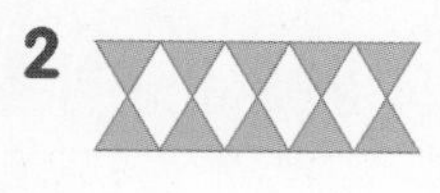

3

4 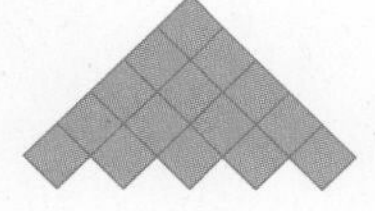

5 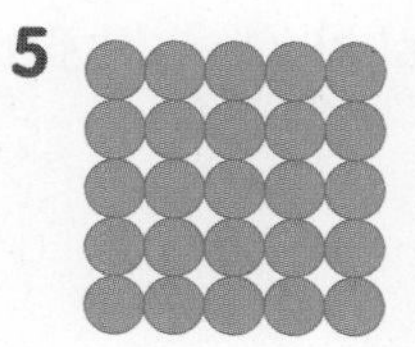

④ 소리 규칙 만들기 154쪽

1 1, 1, 3, 2, 1, 1 / 예 1, 1, 3, 2가 반복되고 있습니다.

2 1, 3, 2, 1, 3 / 예 1, 3, 2가 반복되고 있습니다.

⑤ 무늬 만들기 155쪽

1

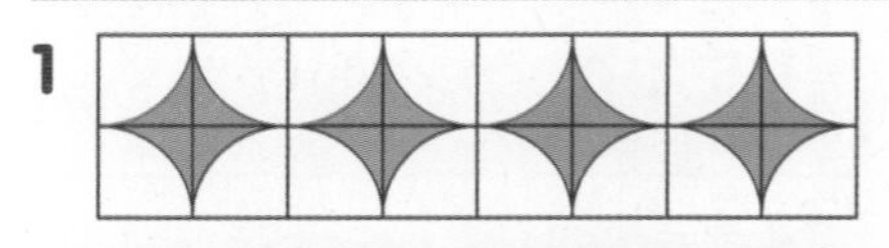

2

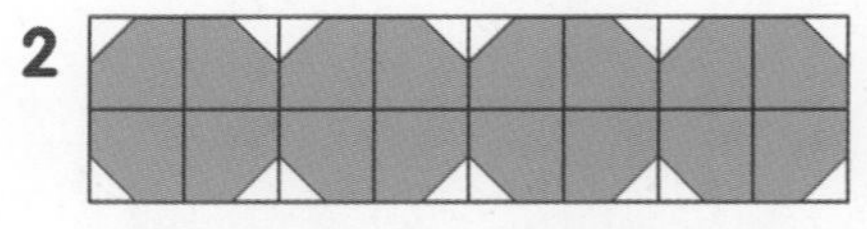

3

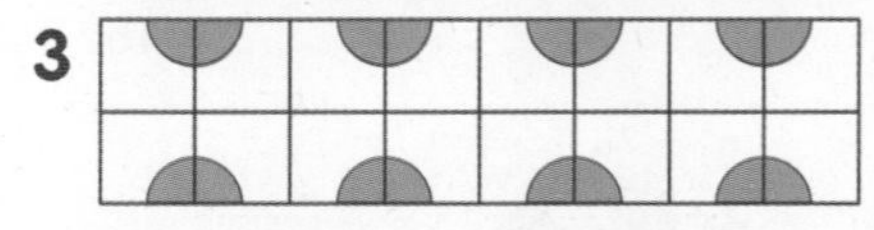

4

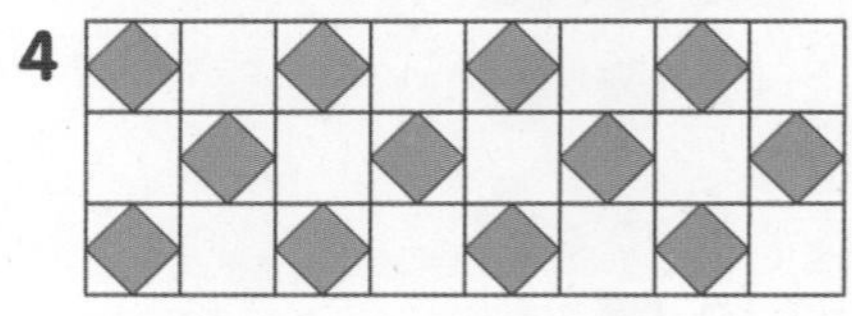

5

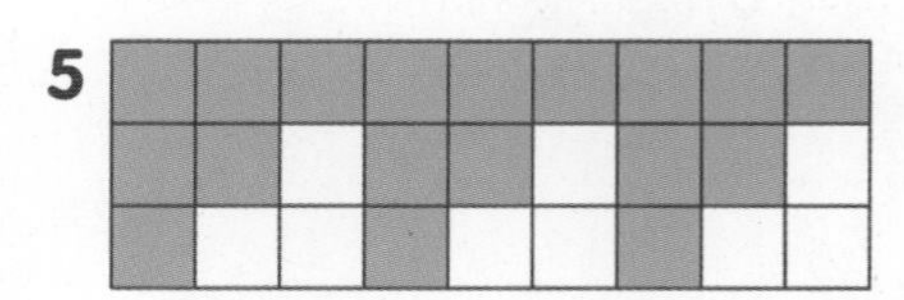

6

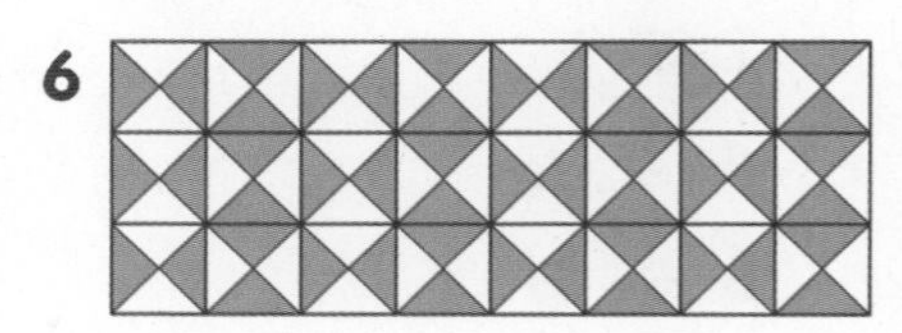

⑥ 쌓은 모양에서 규칙 찾기 155쪽

1 1, 3 **2** 1

3 3, 2 **4** 1, 2

⑦ 규칙을 찾아 쌓기나무의 수 구하기 156쪽

1 7개 **2** 8개

3 10개 **4** 9개

⑧ 덧셈표 완성하고 규칙 찾기 157쪽

1 (위에서부터) 18 / 10, 14 / 20 / 22

2 짝수에 ○표 **3** 2

4 (1) ○ (2) ×

5 예 ↘ 방향으로 갈수록 4씩 커집니다.

⑨ 곱셈표 완성하고 규칙 찾기 157쪽

1 (위에서부터) 15 / 21 / 81

2 홀수에 ○표 **3** 14

4 10 **5** 2

6 예 만나는 수는 서로 같습니다.

⑩ 덧셈표에서 규칙 찾기 158쪽

1

5	6		
	7	8	9
7	8	9	
	9	10	11

2

			13	14
		13	14	
12	13	14	15	16
	14		16	
			17	

3

	12	13	14	15
		14	15	
13	14	15	16	17
	15	16		

⑪ 곱셈표에서 규칙 찾기 158쪽

1

	2	3	4	
2	4	6	8	
		9	12	15

2

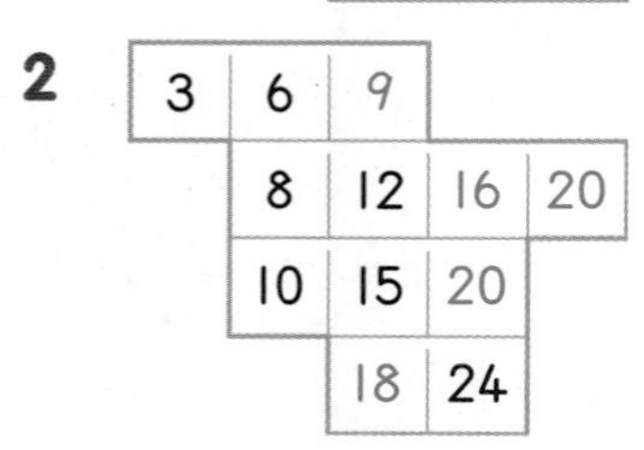

3	6	9		
	8	12	16	20
	10	15	20	
		18	24	

3

	42	48	54
42	49	56	63
48	56	64	
54		72	81

⑫ 생활에서 규칙 찾기 159쪽

1 (1) 1 (2) 7 (3) 6 (4) 8

2 (1)

(2)

⑬ 숫자판에서 규칙 찾기 159쪽

1 (1) 1 (2) 3 (3) 2 (4) 4

2 (1) 1 (2) 6 (3) 7 (4) 5

⑭ 상자의 수 구하기 160쪽

1 2, 2, 2 / 2 / 1, 3, 5, 7, 16

2 15개

⑮ 의자의 번호 구하기 161쪽

1 ㉗, ㊳ / 11, 11, 11 / 11 / 38

2 52번

단원 평가 ❶ 162쪽~163쪽

1 ★

2

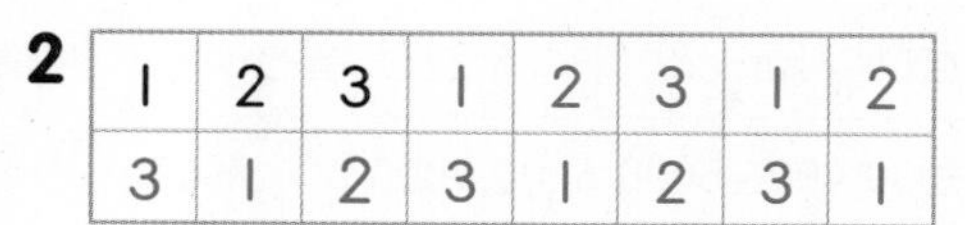

1	2	3	1	2	3	1	2
3	1	2	3	1	2	3	1

3

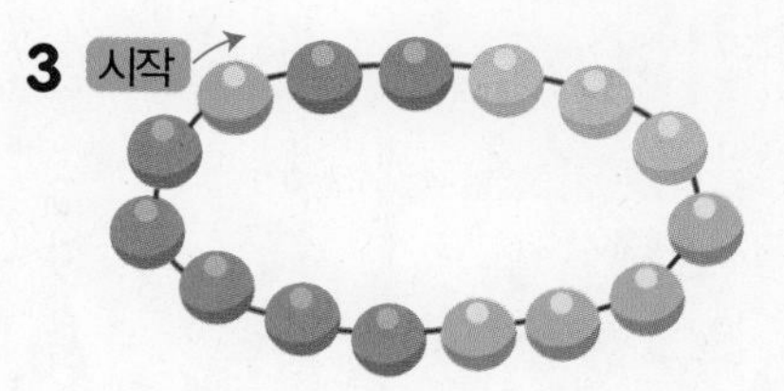

4 (위에서부터) 9 / 11 / 11, 12

5 1

6

×	3	4	5	6	7
3	9	12	15	18	21
4	12	16	20	24	28
5	15	20	25	30	35
6	18	24	30	36	42
7	21	28	35	42	49

7 ㉡

8 예 ① 오른쪽으로 갈수록 1씩 커집니다.
② 위쪽으로 갈수록 3씩 커집니다.

9 10개

10 6일, 13일, 20일, 27일

단원 평가 ❷ 164쪽~165쪽

1 ◆, ♥

2 (○) ( )

3 1 / 1

4

10	11		
	12	13	
12	13	14	15
	14		

5 (위에서부터) 5 / 24, 36 / 35 / 8, 40

6 예 위쪽으로 갈수록 5씩 커집니다.

7

8 11시 45분

9 32개

10 19번

1 천을 알아볼까요 8쪽~9쪽

1 10, 1000, 천

2 (1) 1000 (2) 300 (3) 400

3 (1) 200 (2) 500

4 (1) 예

(2) 예

2 (1) 900보다 100만큼 더 큰 수는 1000입니다.
(2) 1000은 700보다 300만큼 더 큰 수입니다.
(3) 1000은 600보다 400만큼 더 큰 수입니다.

3 (1) 1000은 800보다 200만큼 더 큰 수이므로 □ 안에 알맞은 수는 200입니다.
(2) 1000은 500보다 500만큼 더 큰 수이므로 □ 안에 알맞은 수는 500입니다.

4 (1) 1000은 100이 10개인 수이므로 100원짜리 10개를 묶습니다.
(2) 1000은 900보다 100만큼 더 큰 수이고, 10이 10개인 수는 100이므로 100원짜리 9개와 10원짜리 10개를 묶습니다.

2 몇천을 알아볼까요 10쪽~11쪽

1 (1) 6, 6000 (2) 9, 9000

2

천	이천	삼천	사천	오천	육천	칠천	팔천	구천
1000	2000	3000	4000	5000	6000	7000	8000	9000

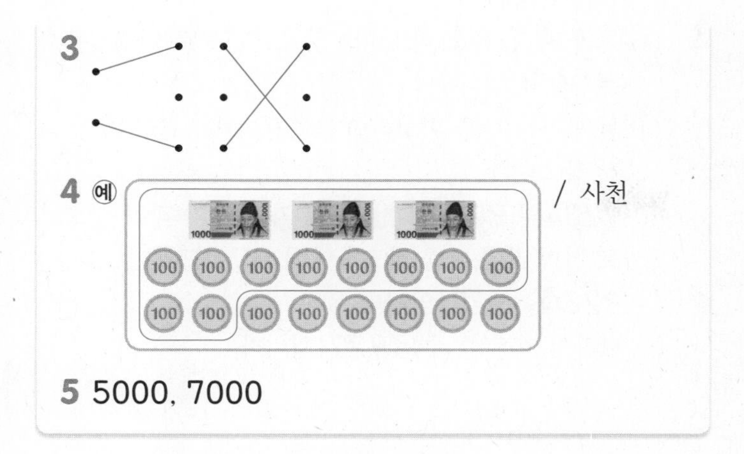

5 5000, 7000

1 (1) 1000이 6개이므로 6000입니다.
(2) 1000이 9개이므로 9000입니다.

3 • 1000씩 3묶음이므로 3000이고, 3000은 삼천이라고 읽습니다.
• 1000씩 6병이므로 6000이고, 6000은 육천이라고 읽습니다.

4 4000은 1000이 4개인 수이므로 1000원짜리 3개와 100원짜리 10개를 묶으면 4000이 됩니다. 4000은 사천이라고 읽습니다.

5 (1) 100이 50개인 수는 5000입니다.
(2) 100이 10개인 수는 1000이므로 천 모형이 6개, 백 모형이 10개인 수는 7000입니다.

3 네 자리 수를 알아볼까요 12쪽~13쪽

1 (1) 2, 3, 5, 4, 2354, 이천삼백오십사
(2) 6, 2, 5, 7, 6257, 육천이백오십칠

2 (1) 5072, 오천칠십이 (2) 3409, 삼천사백구

3 예 (1000) (1000) (1000) (1000) (100) (100) (1) (1) (1) (1) (1)

2 (1) 1000이 5개, 10이 7개, 1이 2개이면 5072이고, 오천칠십이라고 읽습니다.
(2) 1000이 3개, 100이 4개, 1이 9개이면 3409이고, 삼천사백구라고 읽습니다.

3 4205는 1000이 4개, 100이 2개, 1이 5개인 수입니다.
따라서 (1000)을 4개, (100)을 2개, (1)을 5개 그립니다.

4 각 자리의 숫자는 얼마를 나타낼까요 14쪽~15쪽

1 (1) 1, 5, 7
(2) 7, 0, 8
(3) 8, 0, 9

2 4000, 700, 80, 1

3

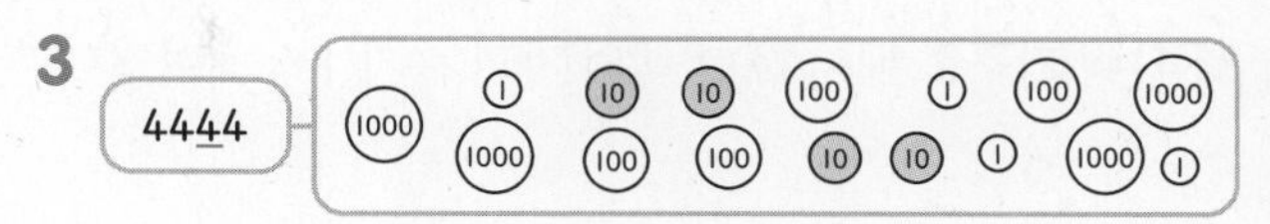

4 (1) 10 (2) 30, 8

5 (1) 600 (2) 400 (3) 7000 (4) 50

3 4444에서 십의 자리 숫자 4가 나타내는 수는 40이므로 10을 4개 색칠합니다.

4 (1)

	천의 자리	백의 자리	십의 자리	일의 자리
6215 ➡	6	2	1	5

(2)

	천의 자리	백의 자리	십의 자리	일의 자리
5038 ➡	5	0	3	8

5 (1) 2669에서 백의 자리 숫자 6이 나타내는 수는 600입니다.
(2) 3404에서 백의 자리 숫자 4가 나타내는 수는 400입니다.
(3) 7078에서 천의 자리 숫자 7이 나타내는 수는 7000입니다.
(4) 5555에서 십의 자리 숫자 5가 나타내는 수는 50입니다.

5 뛰어 세어 볼까요 16쪽~17쪽

1 4000, 8000 / 9300, 9700 / 9920, 9960, 9980 / 9991, 9996, 9997

2 (1) 5283, 5293, 5303
(2) 7087, 8087, 9087

3 (1) 1700, 1800, 2000
(2) 2030, 2040, 2050

4 6801, 6701, 6601, 6501, 6401, 6301

2 (1) 10씩 뛰어 세면 십의 자리 수가 1씩 커집니다.
(2) 1000씩 뛰어 세면 천의 자리 수가 1씩 커집니다.

3 (1) 1500부터 100씩 뛰어 세면 1500 − 1600 − 1700 − 1800 − 1900 − 2000이 됩니다.
(2) 2000부터 10씩 뛰어 세면 2000 − 2010 − 2020 − 2030 − 2040 − 2050이 됩니다.

4 100씩 거꾸로 뛰어 세면 백의 자리 수가 1씩 작아집니다.

6 수의 크기를 비교해 볼까요 18쪽~19쪽

1 (1) 갈습니다에 ○표 (2) 3357 (3) 3357

2 (1) 2, 7 / 5, 3 / $<$
(2) 7, 5 / 2, 9 / $>$

3 (1) 3995 3996 3997 3998 3999 4000 4001 4002 4003 4004
/ $>$
(2) 5030 5040 5050 5060 5070 5080 5090 5100 5110 5120
/ $<$

4 (1) 3097에 ○표 (2) 9271에 ○표

1 천 모형의 수를 비교하면 3개로 같고, 백 모형의 수를 비교하면 $2<3$이므로 3357이 3296보다 큽니다.
십 모형의 수나 일 모형의 수는 비교할 필요가 없습니다.

2 (1) 천의 자리 수를 비교하면 $2<5$이므로 $2704<5236$입니다.
(2) 천의 자리 수는 4로 같고 백의 자리 수를 비교하면 $7>2$이므로 $4715>4290$입니다.

3 (1) 수직선에서 4002가 3998보다 오른쪽에 있으므로 4002가 3998보다 큽니다.
➡ $4002>3998$
(2) 수직선에서 5100이 5050보다 오른쪽에 있으므로 5100이 5050보다 큽니다.
➡ $5050<5100$

4 (1) 천의 자리 수를 비교하면 $2<3$이므로 가장 큰 수는 3097입니다.
(2) 천의 자리 수를 비교하면 $8<9$이므로 8907이 가장 작습니다.
9234와 9271의 천, 백의 자리 수가 각각 같으므로 십의 자리 수를 비교하면 $3<7$이므로 $9234<9271$입니다.
따라서 가장 큰 수는 9271입니다.

기본기 강화 문제

① 1000의 크기 알아보기 20쪽

2 500	3 600	4 10
5 30	6 50	7 1
8 4	9 9	

② 몇천 알아보기 21쪽

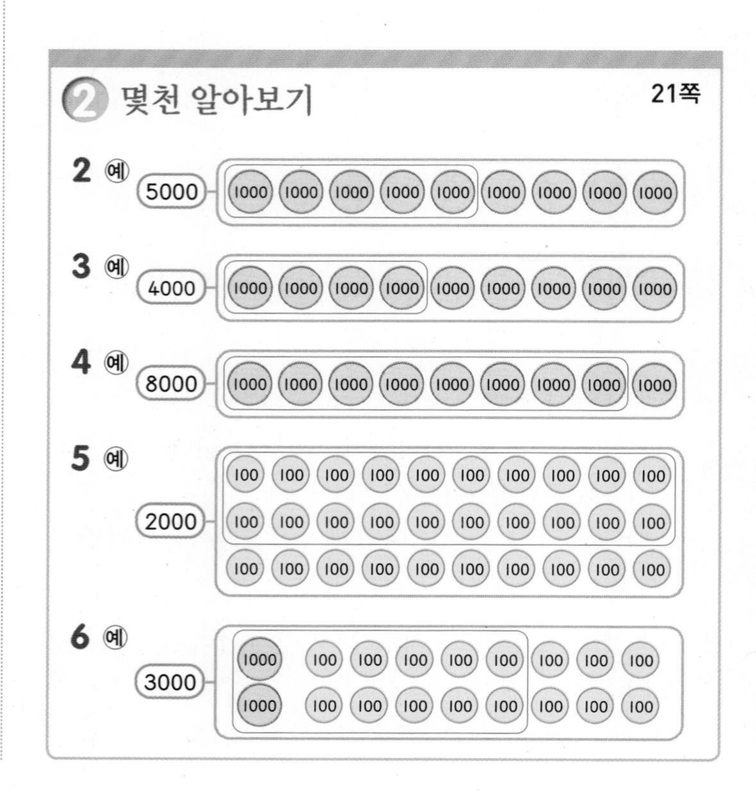

5 100이 10개인 수는 1000이므로 (100)을 10개 묶으면 1000이 됩니다.

2000은 1000이 2개인 수이므로 (100)을 20개 묶으면 2000이 됩니다.

6 100이 10개인 수는 1000이므로 (100)을 10개 묶으면 1000이 됩니다.

3000은 1000이 3개인 수이므로 (1000) 2개와 (100) 10개를 묶으면 3000이 됩니다.

③ 네 자리 수 쓰고 읽기 22쪽

쓰기	읽기
5374	오천삼백칠십사
3259	삼천이백오십구
1682	천육백팔십이
4385	사천삼백팔십오
9217	구천이백십칠
8426	팔천사백이십육
5764	오천칠백육십사
6913	육천구백십삼
2175	이천백칠십오
3841	삼천팔백사십일
7451	칠천사백오십일
9662	구천육백육십이
4048	사천사십팔
7503	칠천오백삼
6810	육천팔백십
4070	사천칠십
1900	천구백
2007	이천칠
8030	팔천삼십

④ 네 자리 수 나타내기 22쪽

1 4, 2

2 1, 4, 0, 3

3 5612

4 7048

1 1942는 1000이 1개, 100이 9개, 10이 4개, 1이 2개인 수입니다.

⑤ 뛰어 세기 23쪽

1 7251, 8251

2 8672, 8772, 8872, 8972, 9072

3 5033, 5043, 5053, 5063, 5073

4 4176, 4156, 4146, 4136, 4126

⑥ 수 배열표 채우기 23쪽

1 (1) 1000씩 (2) 100씩
(3) 5150, 6150

2 (1) 100씩 (2) 10씩
(3) 2660, 2870

1 (1) 천의 자리 수가 1씩 커지므로 1000씩 뛰어 센 것입니다.

(2) 백의 자리 수가 1씩 커지므로 100씩 뛰어 센 것입니다.

(3) ➡ 방향으로 천의 자리 수가 1씩 커지고 있으므로 1000씩 뛰어 센 것입니다.
따라서 3150, 4150의 다음 수는 5150, 6150입니다.

⑦ 가장 큰 수, 가장 작은 수 찾기 24쪽

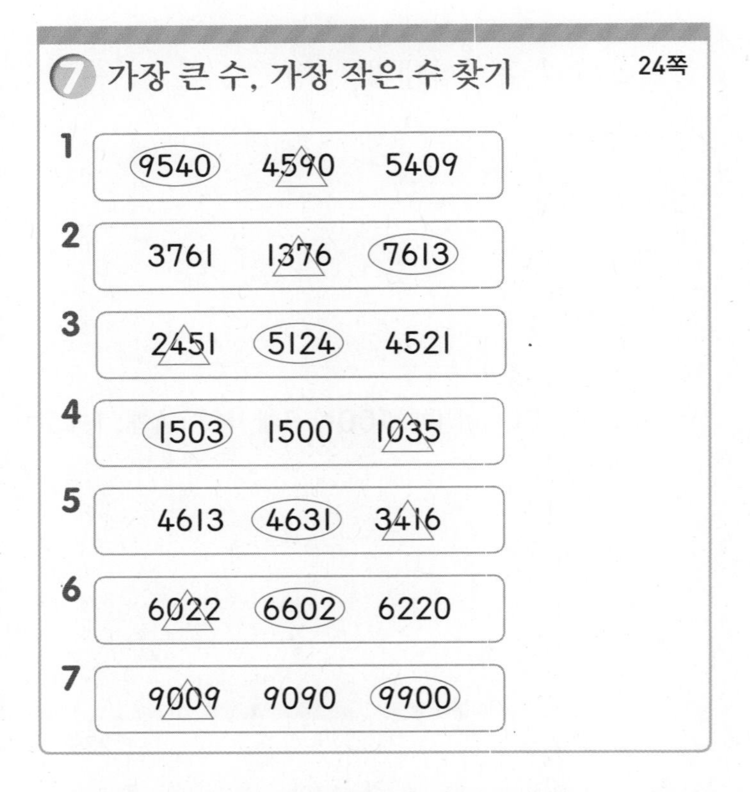

4 천의 자리 수가 모두 같으므로 백의 자리 수를 비교하면 5 > 0이므로 1035가 가장 작습니다.
1500과 1503의 십의 자리 수가 같으므로 일의 자리 수를 비교하면 0 < 3이므로 1503이 가장 큽니다.

⑧ 수 카드로 네 자리 수 만들기 24쪽

1 2457

2 6532, 2356

3 8620, 2068

4 9410, 1049

1 수 카드의 수의 크기를 비교하면 7 > 5 > 4 > 2입니다.
가장 큰 수는 천의 자리부터 순서대로 큰 수를 놓습니다.
➡ 7542
가장 작은 수는 천의 자리부터 순서대로 작은 수를 놓습니다. ➡ 2457

3 수 카드의 수의 크기를 비교하면 8 > 6 > 2 > 0입니다.
가장 큰 수는 천의 자리부터 순서대로 큰 수를 놓습니다.
➡ 8620
가장 작은 수는 천의 자리에는 0이 올 수 없으므로 둘째로 작은 2를 놓고 백의 자리부터 순서대로 작은 수를 놓습니다. ➡ 2068

⑨ 낱말 만들기 25쪽

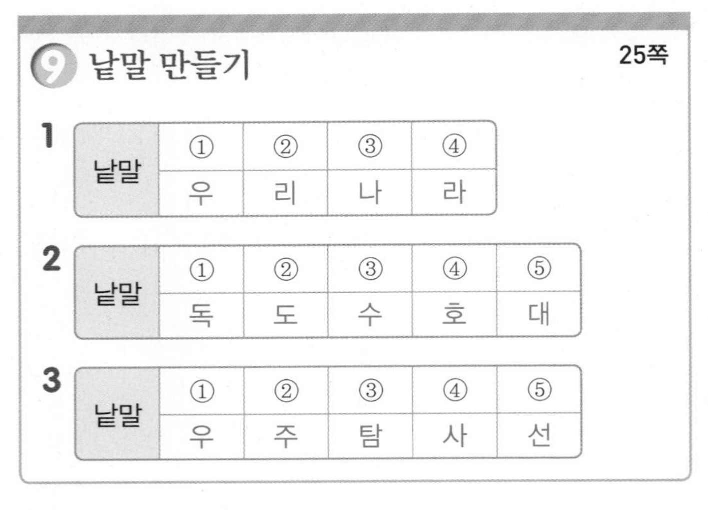

1

낱말	①	②	③	④
	우	리	나	라

2

낱말	①	②	③	④	⑤
	독	도	수	호	대

3

낱말	①	②	③	④	⑤
	우	주	탐	사	선

1 6792 ➡ 6000 ➡ 우, 2156 ➡ 100 ➡ 리,
9230 ➡ 30 ➡ 나, 5328 ➡ 8 ➡ 라

2 4902 ➡ 4000 ➡ 독, 1537 ➡ 1000 ➡ 도,
2584 ➡ 500 ➡ 수, 3024 ➡ 4 ➡ 호,
7929 ➡ 20 ➡ 대

3 4503 ➡ 3 ➡ 우, 8862 ➡ 800 ➡ 주,
5184 ➡ 5000 ➡ 탐, 3047 ➡ 40 ➡ 사,
1963 ➡ 900 ➡ 선

⑩ 지폐를 동전으로 바꾸기 26쪽

1 10, 10, 10, 30 / 30, 30

2 8개

2 준규는 4000원을 가지고 있습니다. 4000원을 모두 500원짜리 동전으로 바꾸면 동전은 모두 몇 개가 될까요?

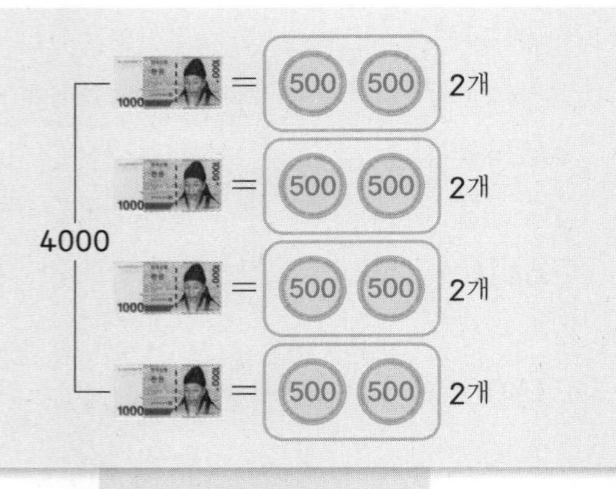

4000은 500이 몇 개?

1000은 500이 2개
1000은 500이 2개
1000은 500이 2개
1000은 500이 2개
4000은 500이 8개

➡ 4000은 500이 8개인 수이므로 4000원을 모두 500원짜리 동전으로 바꾸면 동전은 모두 8개가 됩니다.

11 네 자리 수의 크기 비교하기 27쪽

1 > / 십 / 2, 1, 2019 / 준서

2 지후

2 지후는 2020년에, 하린이는 2024년에 태어났습니다. 둘 중 먼저 태어난 사람은 누구일까요?

	천의 자리	백의 자리	십의 자리	일의 자리
지후	2	0	2	0
하린	2	0	2	4

➡ 두 수의 크기를 비교합니다.

2020과 2024 중 더 작은 수는?

	천의 자리	백의 자리	십의 자리	일의 자리
2020	2	0	2	0
2024	2	0	2	4

➡ 2020 < 2024

천, 백, 십의 자리 수가 각각 같으므로 일의 자리 수를 비교합니다.
0 < 4이므로 더 작은 수는 2020입니다.
따라서 둘 중 먼저 태어난 사람은 지후입니다.

단원 평가 ❶ 28쪽~29쪽

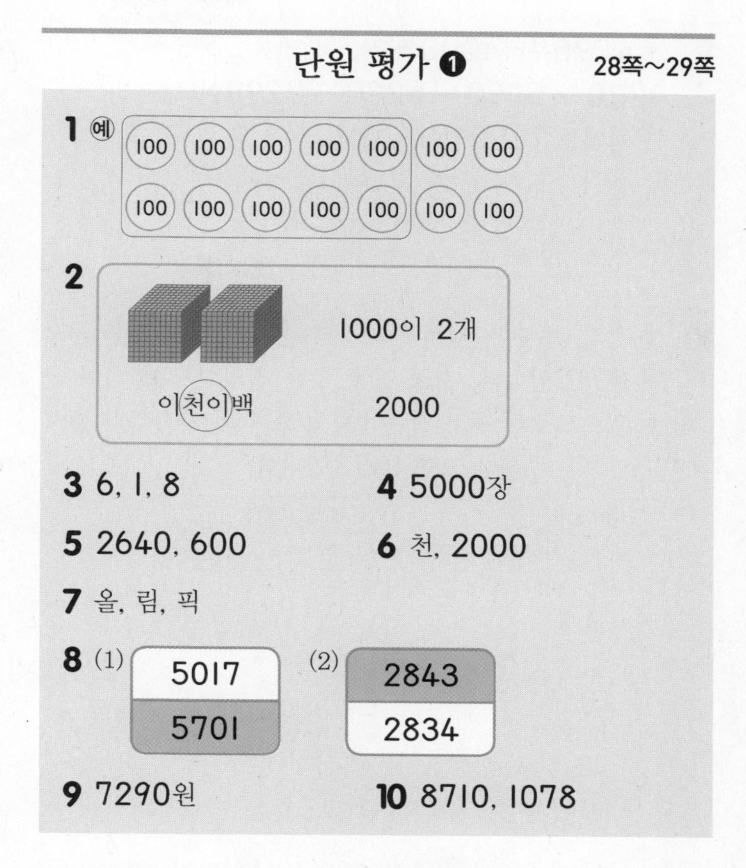

1 1000은 100이 10개인 수이므로 100원짜리 동전 10개를 묶으면 1000이 됩니다.

2 천 모형 2개는 1000이 2개이므로 2000입니다. 2000은 이천이라고 읽습니다.

3 6318은 1000이 6개, 100이 3개, 10이 1개, 1이 8개인 수입니다.

4 1000이 5개인 수는 5000이므로 수민이가 산 학종이는 모두 5000장입니다.

5 2640은 1000이 2개, 100이 6개, 10이 4개, 1이 0개인 수이므로
2640 = 2000 + 600 + 40입니다.

6 어느 자리 수가 몇씩 작아지는지 살펴봅니다. 천의 자리 수가 2씩 작아지므로 2000씩 거꾸로 뛰어 센 것입니다.

7 ① 1000씩 뛰어 세어 4427이 되는 글자는 '올'입니다.
② 100씩 뛰어 세어 2518이 되는 글자는 '림'입니다.
③ 10씩 뛰어 세어 5129가 되는 글자는 '픽'입니다.
따라서 낱말을 완성하면 '올림픽'입니다.

8 천의 자리 수부터 순서대로 비교합니다.
(1) 천의 자리 수는 5로 같고 백의 자리 수를 비교하면 0 < 7이므로 5017 < 5701입니다.
(2) 천의 자리 수는 2로 같고 백의 자리 수는 8로 같고 십의 자리 수를 비교하면 4 > 3이므로 2843 > 2834입니다.

서술형 문제

9 예 4290부터 1000씩 뛰어 세면
4290 — 5290 — 6290 — 7290이므로
12월에는 7290원이 됩니다.

단계	문제 해결 과정
①	4290부터 1000씩 뛰어 세었나요?
②	12월에 얼마가 되는지 구했나요?

서술형 문제

10 예 가장 큰 수는 천의 자리부터 순서대로 큰 수를 놓으면 8710입니다. 가장 작은 수는 천의 자리에 0이 올 수 없으므로 둘째로 작은 1을 놓고 백의 자리부터 순서대로 작은 수를 놓으면 1078입니다.

단계	문제 해결 과정
①	가장 큰 수를 구했나요?
②	가장 작은 수를 구했나요?

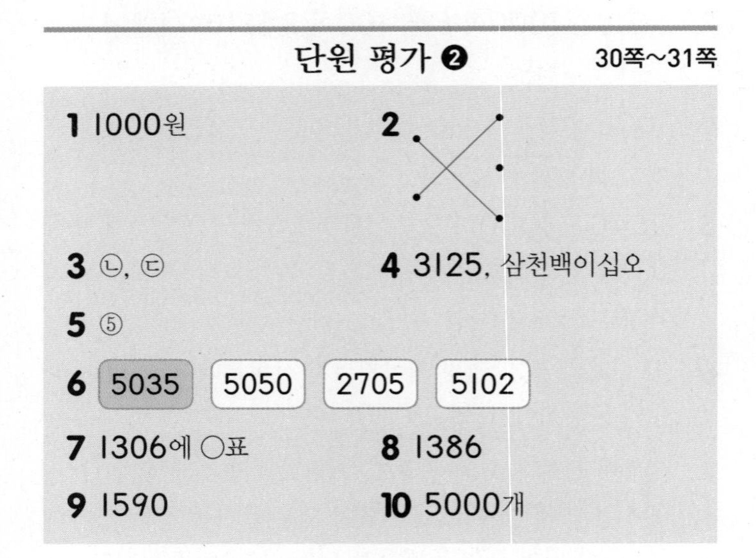

단원 평가 ❷ 30쪽~31쪽

1 1000원
2
3 ㉡, ㉢
4 3125, 삼천백이십오
5 ⑤
6 5035 5050 2705 5102
7 1306에 ○표
8 1386
9 1590
10 5000개

1 10이 10개이면 100입니다.
900보다 100만큼 더 큰 수는 1000이므로 모두 1000원입니다.

3 ㉠ 5820
㉡ 육천삼십사 ➡ 6034
㉢ 4059
㉣ 팔천사백오십일 ➡ 8451

4 천 모형 3개, 백 모형 1개, 십 모형 2개, 일 모형 5개이므로 3125입니다.
3125는 삼천백이십오라고 읽습니다.

5 ① 6410 ➡ 6000 ② 9462 ➡ 60
③ 1608 ➡ 600 ④ 3678 ➡ 600
⑤ 2836 ➡ 6
따라서 6이 나타내는 수가 가장 작은 수는 ⑤ 2836입니다.

6
- 5035는 오천삼십오라고 읽습니다.
- 5050은 오천오십이라고 읽습니다.
- 2705는 이천칠백오라고 읽습니다.
- 5102는 오천백이라고 읽습니다.

7 주어진 수 중 백의 자리 숫자가 3인 수는 1306, 3333, 1370입니다. 세 수를 천의 자리 수부터 비교하면 1 < 3으로 3333이 가장 큽니다. 1306과 1370의 천의 자리 수와 백의 자리 수가 각각 같으므로 십의 자리 수를 비교하면 0 < 7로 1306이 가장 작습니다.

서술형 문제

8 예 ⬇ 위의 수들은 백의 자리 수가 1씩 커지므로 100씩 뛰어 센 것입니다.
따라서 ㉡에 알맞은 수는 1386입니다.

단계	문제 해결 과정
①	⬇ 위의 수들의 규칙을 찾았나요?
②	㉡에 알맞은 수를 구했나요?

9 1520과 1550 사이에 눈금 세 칸이 있으므로 눈금 한 칸이 나타내는 수는 10입니다. ㉠은 1550보다 눈금 네 칸만큼 오른쪽에 있으므로 1550보다 40만큼 더 큰 수입니다.
따라서 ㉠이 나타내는 수는 1590입니다.

서술형 문제

10 예 100이 10개 ➡ 1000
100이 50개 ➡ 5000
따라서 50통에 들어 있는 사탕의 수는 모두 5000개입니다.

단계	문제 해결 과정
①	100이 50개인 수를 구했나요?
②	50통에 들어 있는 사탕 수를 구했나요?

2 곱셈구구

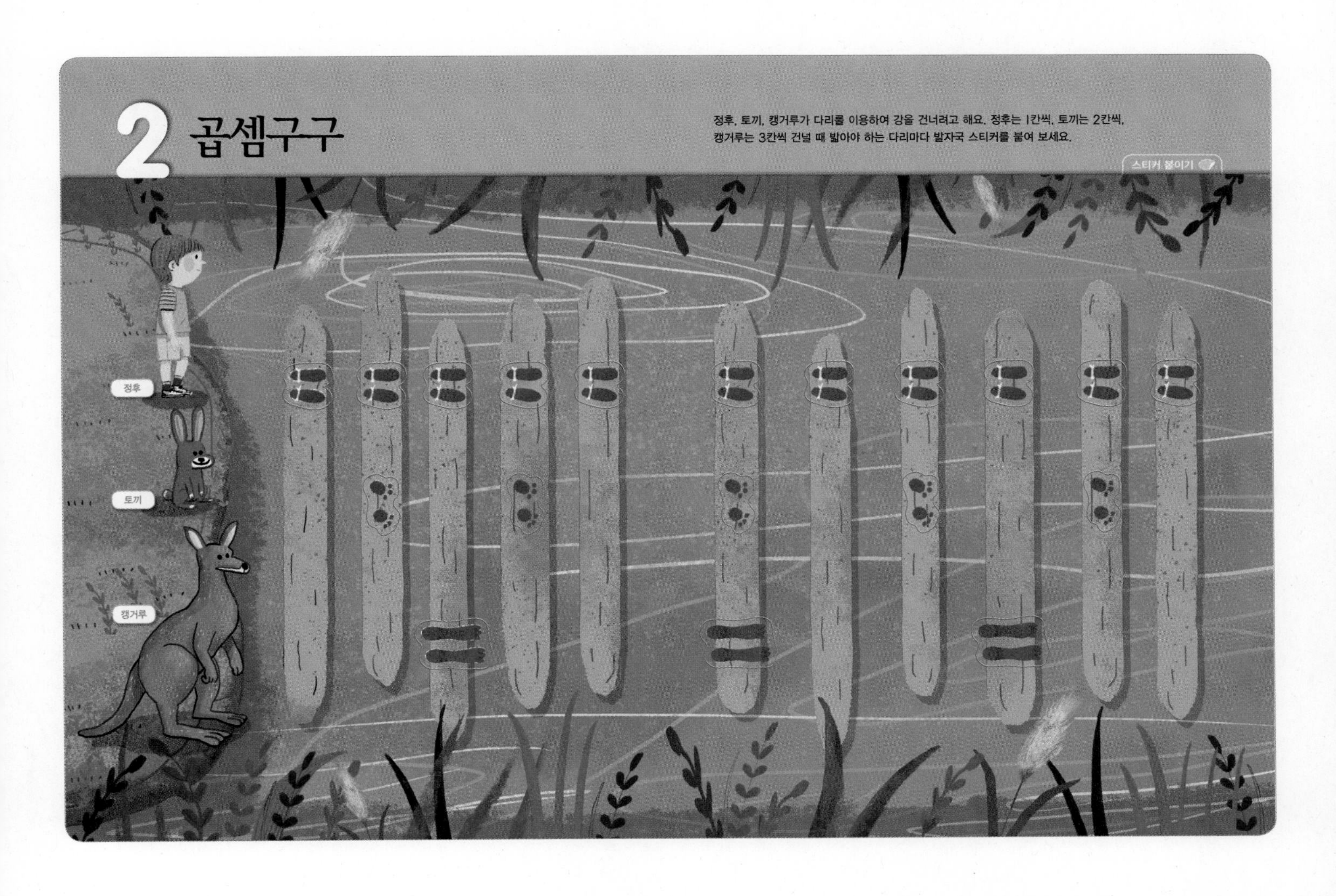

1 2단 곱셈구구를 알아볼까요 34쪽~35쪽

1 2, 2, 2, 2, 2, 2, 14 / 7, 14

2 (1) 3 / 3, 6 (2) 4 / 4, 8

3 2×8 (●● 8묶음)

2×9 (●● 8묶음, ○○ 1묶음)

/ 16, 1, 2

4 5, 10 / 6, 12 / 2

1 2씩 7묶음입니다.

3 $2 \times 8 = 16$)+2
$2 \times 9 = 18$

4 • 오리 5마리의 다리 수는 2씩 5묶음입니다.
➡ $2 \times 5 = 10$
• 오리 6마리의 다리 수는 2씩 6묶음입니다.
➡ $2 \times 6 = 12$

2 5단 곱셈구구를 알아볼까요 36쪽~37쪽

1 6 / 5

2 20 / 5, 25 / 5

3 8 / 8, 40 / 40 cm

4 5, 5, 10 / 2, 2, 10

1 5씩 6묶음입니다.

2 꼬치 1개에 소시지를 5개씩 꽂았으므로 꼬치가 1개씩 늘어날수록 소시지는 5개씩 많아집니다.
꼬치 4개에 있는 소시지는
$5+5+5+5=5 \times 4=20$(개)이고,
꼬치 5개에 있는 소시지는
$5+5+5+5+5=5 \times 5=25$(개)입니다.

3 $5 \times 8 = 40$(cm)

4 구슬이 2씩 5묶음입니다. ➡ $2 \times 5 = 10$
구슬이 5씩 2묶음입니다. ➡ $5 \times 2 = 10$

참고 곱하는 두 수의 순서를 바꾸어도 곱은 같습니다.
➡ $2 \times 5 = 5 \times 2$

3 3단, 6단 곱셈구구를 알아볼까요 39쪽

1 3, 3, 9 / 4, 4, 12

2 5, 5, 30 / 6, 6, 36

3 8, 24 / 3, 24 / 4, 24

4 (위에서부터) 18, 24 / 18, 24

1 $3 \times 3 = 9$) +3
$3 \times 4 = 12$

2 $6 \times 5 = 30$) +6
$6 \times 6 = 36$

3 • 구슬은 3씩 8묶음이므로 구슬의 수는 3×8로 구할 수 있습니다.
• 3씩 8묶음은 3씩 7묶음보다 3만큼 더 큰 수이므로 구슬의 수는 3×7에 3을 더하여 구할 수도 있습니다.
• 구슬은 6씩 4묶음이므로 구슬의 수는 6×4로 구할 수도 있습니다.

4 4단, 8단 곱셈구구를 알아볼까요 41쪽

1

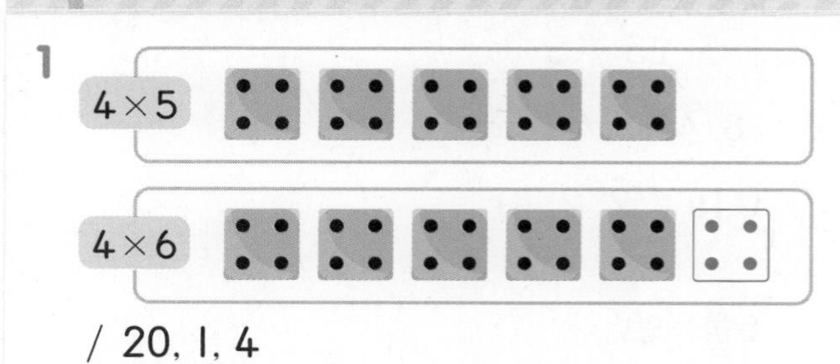

/ 20, 1, 4

2 5, 40 / 6, 48 / 8

3 (1) 4, 16 (2) 2, 16

1 주어진 주사위의 한 면에 눈이 4개씩 있으므로 주사위 하나를 더 그리면 주사위 눈이 4개 늘어납니다.
따라서 4×6은 4×5보다 4만큼 더 큽니다.

3 (1) 마카롱은 4씩 4묶음 있으므로 모두
$4 \times 4 = 16$(개)입니다.
(2) 마카롱은 8씩 2묶음 있으므로 모두
$8 \times 2 = 16$(개)입니다.

5 7단 곱셈구구를 알아볼까요 42쪽~43쪽

1 7, 7, 7, 7, 35 / 5, 35

2 3, 3, 21 / 4, 4, 28

3 (1) (위에서부터) 7, 42 / 7 (2) 7, 7, 42

4 8, 56

1 7씩 5묶음입니다.

2 $7 \times 3 = 21$) +7
$7 \times 4 = 28$

4 달팽이가 이동한 거리는 7씩 8번이므로
$7 \times 8 = 56$(cm)입니다.

6 9단 곱셈구구를 알아볼까요 44쪽~45쪽

1 9, 9, 9, 9, 9, 54 / 6, 54

2 4, 4, 36 / 5, 5, 45

3 27, 36

4 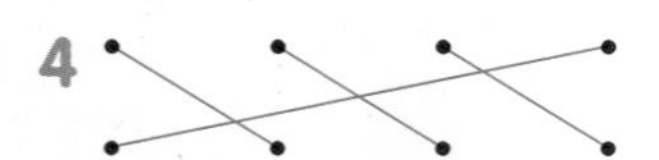

5 6, 6, 18 / 3, 3, 18 / 2, 2, 18

1 9씩 6묶음입니다.

2 $9 \times 4 = 36$) +9
$9 \times 5 = 45$

4 $9 \times 2 = 18$, $9 \times 4 = 36$,
$9 \times 9 = 81$, $9 \times 6 = 54$

7 1단 곱셈구구와 0의 곱을 알아볼까요 47쪽

1 6, 0 / 6, 6

2 (1) 0, 5, 10, 15
(2) 27, 18, 9, 0

3 (1) $1 \times 3 = 3$, $2 \times 1 = 2$, $3 \times 0 = 0$
(2) 5점

1 • 0과 어떤 수의 곱은 항상 0입니다.
• 1과 어떤 수의 곱은 항상 어떤 수입니다.

3 (1) 서하가 맞힌 화살은 0점 2개, 1점 3개, 2점 1개, 3점 0개입니다.
(2) $0 + 3 + 2 + 0 = 5$(점)

8 곱셈표를 만들어 볼까요 48쪽~49쪽

1 (1) 6, 9, 3 (2) 4

2 (1)

×	2	3	4	5	6	7	8	9
2	4	6	8	10	12	14	16	18
3	6	9	12	15	18	21	(24)	27
4	8	12	16	20	(24)	28	32	36
5	10	15	20	25	30	35	40	45
6	12	18	(24)	30	36	42	48	54
7	14	21	28	35	42	49	56	63
8	16	(24)	32	40	48	56	64	72
9	18	27	36	45	54	63	72	81

(2) 7, 7 (3) 6, 6 (4) (위에서부터) 8, 6 / 3, 4

2 (1) 세로줄과 가로줄의 수가 만나는 칸에 두 수의 곱을 써넣습니다.
$2 \times 7 = 14$, $3 \times 7 = 21$, $4 \times 7 = 28$,
$5 \times 5 = 25$, $6 \times 6 = 36$, $8 \times 6 = 48$,
$8 \times 7 = 56$, $8 \times 8 = 64$, $8 \times 9 = 72$
(3) 곱셈에서는 곱하는 두 수의 순서를 바꾸어도 곱은 같습니다.

9 곱셈구구를 이용하여 문제를 해결해 볼까요 50쪽~51쪽

1 (1) 5, 2, 17 (2) 3, 17

2 6, 42

3 4, 8, 32

4 8, 9, 72

5 4, 18

4 케이블카 한 대에 8명이 탈 수 있으므로 케이블카 9대에는 모두 $8 \times 9 = 72$(명)이 탈 수 있습니다.

기본기 강화 문제

① 덧셈식을 곱셈식으로 나타내기 52쪽

2 20 / 4 / 4, 20

3 30 / 5 / 5, 30

4 28 / 7 / 7, 28

5 48 / 6 / 6, 48

② 몇씩 묶고 곱셈식으로 나타내기 52쪽

2 예 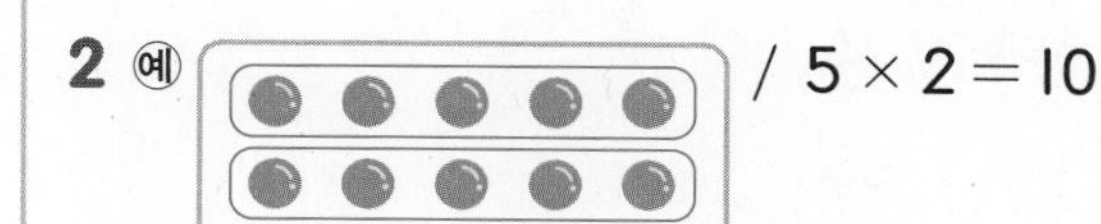 / $5 \times 2 = 10$

3 예 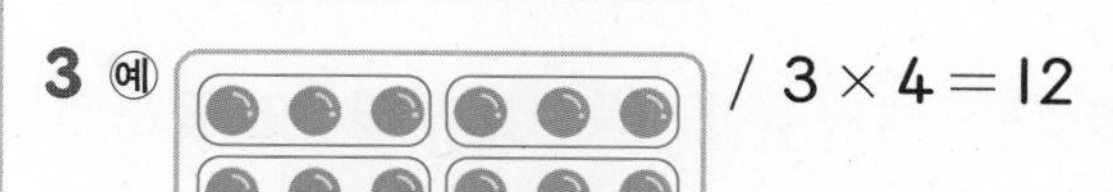 / $3 \times 4 = 12$

4 예 / $4 \times 3 = 12$

③ 수직선에 곱셈구구 나타내기 53쪽

2 0 5 10 15 20 25 30 35 40 45
/ $5 \times 4 = 20$

3 0 7 14 21 28 35 42 49 56 63
/ $7 \times 7 = 49$

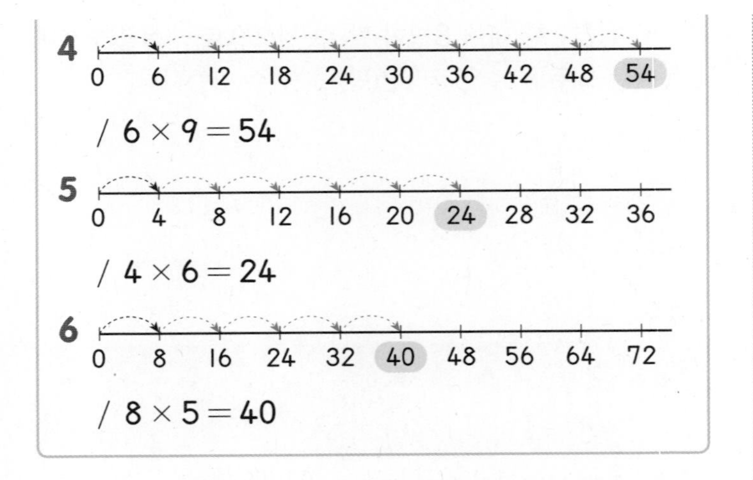

4 / $6 \times 9 = 54$

5 / $4 \times 6 = 24$

6 / $8 \times 5 = 40$

④ 곱셈구구 알아보기

54쪽

1 (위에서부터) 6, 24

2 (위에서부터) 5, 30

3 (위에서부터) 4, 28

4 (위에서부터) 3, 24

5 (위에서부터) 7, 63

1 6단 곱셈구구에서 곱하는 수가 1씩 커지면 곱은 6씩 커집니다.

2 5단 곱셈구구에서 곱하는 수가 1씩 커지면 곱은 5씩 커집니다.

⑤ 곱셈구구의 곱 찾기

54쪽

1 12, 4, 14에 ○표 **2** 10, 40, 35에 ○표

3 21, 15, 9에 ○표 **4** 18, 36, 54에 ○표

5 16, 8, 28에 ○표 **6** 40, 16, 32에 ○표

1 2단 곱셈구구를 외워 봅니다.

2 참고 5단 곱셈구구는 일의 자리 숫자가 0, 5입니다.

⑥ 색칠하기

55쪽

1	7	41	35	68	9	50	96	55	29	3
40	42	7	56	80	17	86	6	41	48	67
28	56	49	63	14	10	79	55	36	87	9
85	14	42	21	78	72	30	9	2	45	15
11	32	63	28	76	88	3	96	75	1	60
61	37	35	7	10	39	9	4	59	38	97
23	2	21	14	95	86	22	20	89	71	5
31	11	42	56	44	2	53	15	1	94	45
13	23	63	14	20	90	8	69	93	29	33
48	2	7	21	9	83	17	43	8	82	21
62	25	49	35	63	28	42	7	49	14	55
1	81	96	56	14	21	42	35	28	35	3
8	26	57	99	63	73	93	17	63	57	17
73	68	17	14	49	85	66	56	7	19	99
51	90	21	29	28	88	42	19	35	92	2
65	95	52	16	53	11	74	99	57	66	1

7단 곱셈구구를 외워 봅니다.
$7 \times 1 = 7$, $7 \times 2 = 14$, $7 \times 3 = 21$, $7 \times 4 = 28$, $7 \times 5 = 35$, $7 \times 6 = 42$, $7 \times 7 = 49$, $7 \times 8 = 56$, $7 \times 9 = 63$

⑦ 순서 바꾸어 곱하기

56쪽

2 $6 \times 4 = 24$, $4 \times 6 = 24$
또는 $3 \times 8 = 24$, $8 \times 3 = 24$

3 $8 \times 5 = 40$, $5 \times 8 = 40$

4 $3 \times 7 = 21$, $7 \times 3 = 21$

2 3씩 8묶음, 8씩 3묶음으로 생각하여 $3 \times 8 = 24$, $8 \times 3 = 24$로 나타낼 수도 있습니다.

8 곱하는 수와 곱의 관계 56쪽

1 2, 2 / 16

2 8 / 2, 2 / 16

3 2, 2 / 18

4 3, 3 / 18

5 6 / 4, 4 / 24

1 곱하는 수가 2배가 되면 곱도 2배가 됩니다.

4 곱하는 수가 3배가 되면 곱도 3배가 됩니다.

9 케이크의 무게 비교하기 57쪽

2 7 × 3 = 21이므로 21 > 19입니다.

3 8 × 4 = 32이므로 35 > 32입니다.

4 7 × 7 = 49이므로 42 < 49입니다.

5 6 × 5 = 30, 6 × 6 = 36이므로 30 < 36입니다.

6 4 × 5 = 20, 3 × 5 = 15이므로 20 > 15입니다.

7 4 × 7 = 28, 3 × 9 = 27이므로 28 > 27입니다.

8 5 × 7 = 35, 8 × 6 = 48이므로 35 < 48입니다.

10 곱해서 더해 보기 58쪽

1 20, 8, 28

2 21, 21, 42

3 8, 10, 18

4 8, 56, 64

5 9, 12, 21

1 4씩 5묶음과 4씩 2묶음의 합은 4씩 7묶음과 같습니다.

11 연결 모형의 수 구하기 58쪽

1 2, 8 / 2, 10 / 10, 18

2 5, 15 / 2, 4 / 15, 4, 19
3, 9 / 2, 10 / 9, 10, 19

1
- 연결 모형을 나누어 1 × 2와 4 × 4를 더하면 2 + 16 = 18(개)입니다.
- 연결 모형을 나누어 4 × 2와 5 × 2를 더하면 8 + 10 = 18(개)입니다.

2
- 연결 모형을 나누어 3 × 5와 2 × 2를 더하면 15 + 4 = 19(개)입니다.
- 연결 모형을 나누어 3 × 3과 5 × 2를 더하면 9 + 10 = 19(개)입니다.

12 곱이 같은 곱셈구구 알아보기 59쪽

1 8, 4, 2

2 9, 6, 3, 2

3 8, 6, 4, 3

4 9, 6, 4

13 얻은 점수 구하기 60쪽

1 7, 14 / 3, 3 / 14, 3, 17

2 15점

2 은성이가 화살 10개를 쏘아서 3점짜리 과녁에 5개를 맞히고 0점짜리 과녁에 5개를 맞혔습니다. 은성이가 얻은 점수는 모두 몇 점일까요?

3점짜리에 맞힌 점수

3점짜리 과녁에 5개 ➡ $3+3+3+3+3$

➕

0점짜리에 맞힌 점수

0점짜리 과녁에 5개 ➡ $0+0+0+0+0$

3×5와 0×5의 합은?

3점짜리 과녁에 5개 ➡ $3+3+3+3+3$
$=3\times5=15$(점)

0점짜리 과녁에 5개 ➡ $0+0+0+0+0$
$=0\times5=0$(점)

따라서 은성이가 화살 10개를 쏘아서 얻은 점수는 모두 $15+0=15$(점)입니다.

14 다르게 배열하기

61쪽

1 36 / 4 / 4 **2** 4줄

2 지우개가 한 줄에 8개씩 2줄로 놓여 있습니다. 지우개를 한 줄에 4개씩 놓는다면 모두 몇 줄이 될까요?

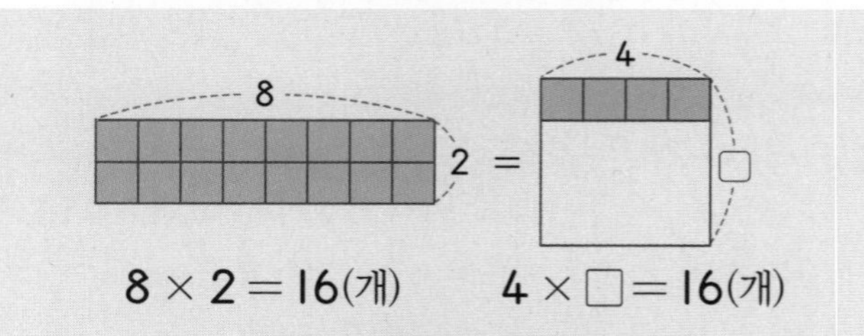

$8\times2=16$(개) $4\times\square=16$(개)

$8\times2=4\times\square$에서 $\square$는?

지우개의 수는 같으므로
$8\times2=16$ ➡ $4\times\square=16$입니다.
4단 곱셈구구에서 곱이 16인 경우는
$4\times1=4$, $4\times2=8$, $4\times3=12$,
$4\times4=16$이므로 $4\times\square=16$에서 $\square=4$입니다.
따라서 지우개를 한 줄에 4개씩 놓는다면 모두 4줄이 됩니다.

단원 평가 ❶

62쪽~63쪽

1 5, 10 **2** 8, 40

3

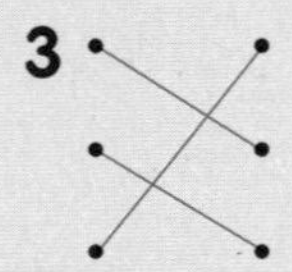

4 7, 14, 21, 28, 35에 ○표

5

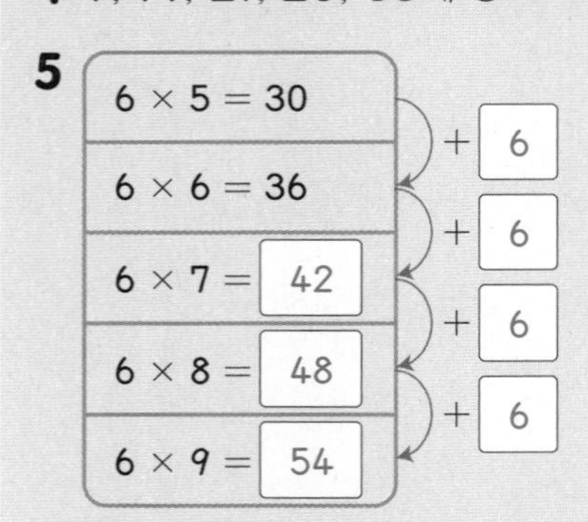

6 2, 16 / 4, 16

7

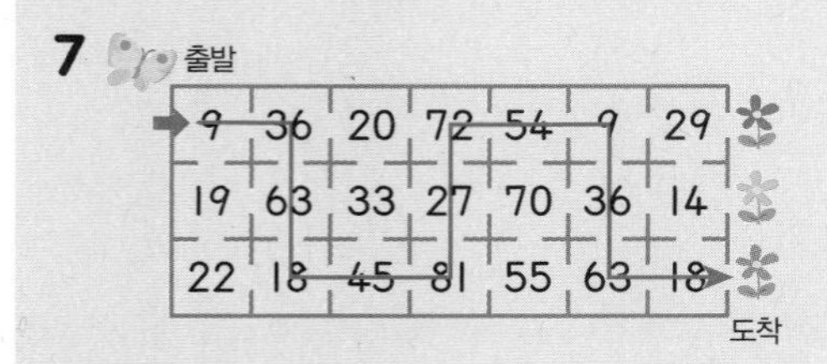

8 32살 **9** 0, 0, 3, 10

10 ㉠, ㉢, ㉡

1 바나나가 2개씩 5묶음 있으므로 $2\times5=10$입니다.

2 5씩 8번 뛰어 세었으므로 $5\times8=40$입니다.

3 곱하는 두 수의 순서를 바꾸어도 곱은 같습니다.
$3\times9=9\times3$, $1\times5=5\times1$,
$2\times7=7\times2$

4 $7\times1=7$, $7\times2=14$, $7\times3=21$,
$7\times4=28$, $7\times5=35$

5 6단 곱셈구구는 곱하는 수가 1씩 커지면 곱은 6씩 커집니다.

6 8씩 묶으면 2묶음입니다. ➡ $8\times2=16$
4씩 묶으면 4묶음입니다. ➡ $4\times4=16$

7 $9\times1=9$, $9\times4=36$, $9\times7=63$,
$9\times2=18$, $9\times5=45$, $9\times9=81$,
$9\times3=27$, $9\times8=72$, $9\times6=54$,
$9\times1=9$, $9\times4=36$, $9\times7=63$,
$9\times2=18$

서술형 문제

8 예 8의 4배는 $8 \times 4 = 32$입니다.
따라서 정후 이모의 나이는 32살입니다.

단계	문제 해결 과정
①	곱셈식을 바르게 세웠나요?
②	정후 이모의 나이를 바르게 구했나요?

9 $4 \times 0 = 0$(점), $0 \times 2 = 0$(점),
$1 \times 3 = 3$(점), $5 \times 2 = 10$(점)

서술형 문제

10 예 ㉠, ㉡, ㉢의 곱을 각각 구해 보면 ㉠ $8 \times 2 = 16$,
㉡ $6 \times 7 = 42$, ㉢ $5 \times 7 = 35$입니다.
따라서 곱이 작은 것부터 차례로 기호를 쓰면 ㉠, ㉢, ㉡입니다.

단계	문제 해결 과정
①	㉠, ㉡, ㉢의 곱을 각각 구했나요?
②	곱이 작은 것부터 차례로 기호를 썼나요?

단원 평가 ❷

64쪽~65쪽

1 4, 8

2

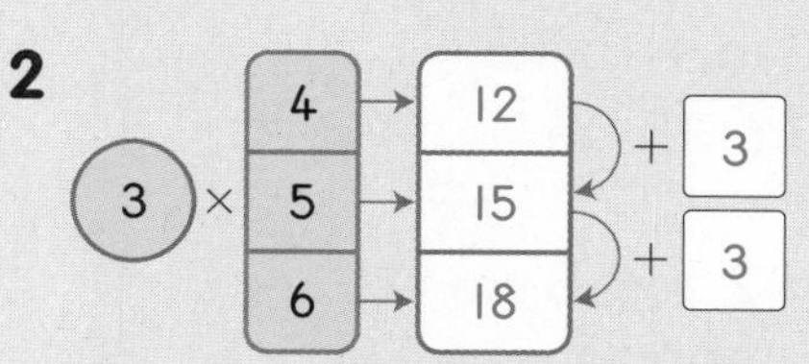

3 7

4

×	3	4	5	6	7	8	9
6	18	24	30	36	42	48	54
7	21	28	35	42	49	56	63
8	24	32	40	48	56	64	72
9	27	36	45	54	63	72	81

5 48

6 $<$

7 5, 35 / 35문제

8 3점

9 56

10 57장

1 피자가 한 접시에 2조각씩 4접시 있으므로
$2 \times 4 = 8$입니다.

2 $3 \times 4 = 12$, $3 \times 5 = 15$, $3 \times 6 = 18$
3단 곱셈구구는 곱하는 수가 1씩 커지면 곱은 3씩 커집니다.

3 $9 \times \square = 63$이고 9단 곱셈구구에서 $9 \times 7 = 63$이므로 $\square = 7$입니다.

5 6단 곱셈구구에 있는 수 중에서 $8 \times 5 = 40$보다 큰 수는 42, 48, 54입니다. 이 중에서 8단 곱셈구구에도 있는 수는 $8 \times 6 = 48$에서 48입니다.

6 $6 \times 4 = 24$, $5 \times 5 = 25$ ➡ $24 < 25$

7 수학 문제를 하루에 7문제씩 5일 동안 풀었으므로
서원이가 5일 동안 푼 수학 문제는 모두
$7 \times 5 = 35$(문제)입니다.

서술형 문제

8 예 고리 3개를 걸었고, 2개는 걸지 못했습니다.
$1 \times 3 = 3$, $0 \times 2 = 0$이므로 연재의 점수는
$3 + 0 = 3$(점)입니다.

단계	문제 해결 과정
①	고리를 던진 결과를 곱셈식으로 나타냈나요?
②	연재의 점수를 바르게 구했나요?

9 ..., $8 \times 6 = 48$, $8 \times 7 = 56$, $8 \times 8 = 64$, ...
이므로 8단 곱셈구구의 수 중에서 십의 자리 숫자가 5인 수는 56입니다.
따라서 어떤 수는 56입니다.

서술형 문제

10 예 파란색 색종이는 $3 \times 7 = 21$(장), 노란색 색종이는
$4 \times 9 = 36$(장)입니다.
따라서 종현이가 가지고 있는 색종이는 모두
$21 + 36 = 57$(장)입니다.

단계	문제 해결 과정
①	종현이가 가지고 있는 색종이가 몇 장인지 구하는 곱셈식을 바르게 세웠나요?
②	종현이가 가지고 있는 색종이는 모두 몇 장인지 구했나요?

1 cm보다 더 큰 단위를 알아볼까요 68쪽~69쪽

1 (1) 3 m / 3 미터
(2) 1 m 50 cm / 1 미터 50 센티미터

2 (1) 180 (2) 4, 70 (3) 246 (4) 3, 15

3 (1) 203 cm에 ○표
(2) 6 m 50 cm에 ○표

4 (1) 120 cm (2) 20 cm

5 서아

2 (1) 1 m 80 cm = 1 m + 80 cm
= 100 cm + 80 cm
= 180 cm

(2) 470 cm = 400 cm + 70 cm
= 4 m + 70 cm
= 4 m 70 cm

(3) 2 m 46 cm = 2 m + 46 cm
= 200 cm + 46 cm
= 246 cm

(4) 315 cm = 300 cm + 15 cm
= 3 m + 15 cm
= 3 m 15 cm

3 (1) 2 m 3 cm = 2 m + 3 cm
= 200 cm + 3 cm
= 203 cm

(2) 650 cm = 600 cm + 50 cm
= 6 m + 50 cm
= 6 m 50 cm

4 (2) 120 cm는 1 m보다 20 cm 더 깁니다.

5 8 m 17 cm = 817 cm, 8 m 2 cm = 802 cm이므로 802 < 810 < 817입니다. 따라서 가장 짧은 길이를 말한 사람은 서아입니다.

2 자로 길이를 재어 볼까요 70쪽~71쪽

1 (○)(   )

2 ① 0 ② 143 / 143, 1, 43

3 115 cm에 ○표, 1 m 15 cm에 ○표

4 1, 80

1 왼쪽은 줄자, 오른쪽은 곧은 자입니다. 줄자가 곧은 자보다 길기 때문에 1 m보다 긴 길이를 잴 때는 줄자로 한 번에 재는 것이 편리합니다.

3 눈금 한 칸의 길이는 1 cm이므로 줄자의 눈금을 읽으면 115입니다.
따라서 은채의 키는 115 cm = 1 m 15 cm입니다.

4 야구방망이의 한끝을 줄자의 눈금 0에 맞추었을 때 액자의 다른 쪽 끝에 있는 줄자의 눈금을 읽으면 180입니다. 따라서 전체 길이는 180 cm = 1 m 80 cm입니다.

3 길이의 합을 구해 볼까요 72쪽~73쪽

1 2, 70

2 (1) 5, 50 (2) 6, 20 (3) 8, 79

3 4, 75

4 (1) 924, 9, 24 (2) 687, 6, 87

5 74, 80

2 m는 m끼리, cm는 cm끼리 더합니다.

3 2 m 5 cm + 2 m 70 cm = 4 m 75 cm

4 (1) 504 cm + 420 cm = 924 cm
➡ 924 cm = 900 cm + 24 cm
= 9 m + 24 cm
= 9 m 24 cm
(2) 473 cm + 214 cm = 687 cm
➡ 687 cm = 600 cm + 87 cm
= 6 m + 87 cm
= 6 m 87 cm

5 집에서 병원까지의 거리가 60 m 50 cm이고, 병원에서 학교까지의 거리가 14 m 30 cm이므로 집에서 병원을 거쳐 학교까지 가는 거리는
60 m 50 cm + 14 m 30 cm = 74 m 80 cm입니다.

4 길이의 차를 구해 볼까요 74쪽~75쪽

1 1, 30

2 (1) 4, 20 (2) 2, 91 (3) 3, 25 (4) 5, 34

3 2, 48

4 (1) 420, 4, 20 (2) 107, 1, 7

2 m는 m끼리, cm는 cm끼리 뺍니다.

3 4 m 62 cm − 2 m 14 cm = 2 m 48 cm

4 (1) 540 cm − 120 cm = 420 cm
➡ 420 cm = 4 m 20 cm
(2) 286 cm − 179 cm = 107 cm
➡ 107 cm = 1 m 7 cm

5 길이를 어림해 볼까요 76쪽~77쪽

1 3

2 5

3 6

4 (1) 50 m (2) 1 m (3) 2 m

1 약 1 m의 3배 정도이기 때문에 칠판의 길이는 약 3 m입니다.

2 약 1 m의 5배 정도이기 때문에 밧줄의 길이는 약 5 m입니다.

3 약 1 m의 6배 정도이기 때문에 버스의 길이는 약 6 m입니다.

기본기 강화 문제

① 1 m 알아보기 78쪽

2 50　　3 80
4 30　　5 60

② 1 m보다 긴 길이 알아보기 78쪽

1 40　　2 1, 70　　3 1, 30
4 120　　5 150

③ 알맞은 단위 고르기 79쪽

1 cm에 ○표　　2 m에 ○표
3 cm에 ○표　　4 m에 ○표

④ 길이를 다른 단위로 나타내기 79쪽

1 3　　2 700　　3 3 / 3, 70
4 791　　5 5, 72　　6 206
7 548　　8 6, 8　　9 701

⑤ 줄자로 길이 재기 80쪽

1 130, 1, 30　　2 205, 2, 5
3 170, 1, 70　　4 145, 1, 45

4 빗자루의 한끝이 줄자의 눈금 10에 맞추어져 있고 다른 쪽 끝에 있는 눈금이 155이므로 빗자루의 길이는 155 cm보다 10 cm만큼 더 짧은 길이입니다.
따라서 빗자루의 길이는 145 cm = 1 m 45 cm입니다.

⑥ 길이의 합과 차 구하기 81쪽

1 3, 78　　2 1, 6
3 14, 30　　4 4, 18

1 2 m 42 cm + 1 m 36 cm = 3 m 78 cm
2 2 m 42 cm − 1 m 36 cm = 1 m 6 cm
3 9 m 24 cm + 5 m 6 cm = 14 m 30 cm
4 9 m 24 cm − 5 m 6 cm = 4 m 18 cm

⑦ 동물의 몸길이 알아보기 82쪽

1 바다거북　　2 220 cm
3 4 m 40 cm　　4 3 m 5 cm

3 310 cm = 3 m 10 cm이므로
1 m 30 cm + 3 m 10 cm = 4 m 40 cm입니다.
4 435 cm = 4 m 35 cm이므로
4 m 35 cm − 1 m 30 cm = 3 m 5 cm입니다.

⑧ 몇 배하여 길이 어림하기 83쪽

1 7　　2 12　　3 15

1 약 1 m의 7배 정도이기 때문에 축구 골대의 길이는 약 7 m입니다.
2 약 3 m의 4배 정도이기 때문에 주차장의 길이는 약 12 m입니다.
3 약 5 m의 3배 정도이기 때문에 건물의 높이는 약 15 m입니다.

9 단위가 다른 길이 비교하기 83쪽

1 $<$	2 $<$
3 $=$	4 $>$
5 $<$	6 $>$
7 $<$	8 $<$

4 4 m 22 cm ➡ 424 cm $>$ 422 cm

5 4 미터 58 센티미터 $=$ 4 m 58 cm $=$ 458 cm
➡ 458 cm $<$ 485 cm

6 1 미터 90 센티미터 $=$ 1 m 90 cm $=$ 190 cm
➡ 194 cm $>$ 190 cm

7 2 m $+$ 8 cm $=$ 2 m 8 cm $=$ 208 cm
➡ 208 cm $<$ 280 cm

8 5 m $+$ 70 cm $=$ 5 m 70 cm $=$ 570 cm
➡ 507 cm $<$ 570 cm

10 길이의 차 구하기 84쪽

1 20 / 20	2 2 m 10 cm

2 빨간색 털실의 길이는 5 m 50 cm이고 파란색 털실의 길이는 3 m 40 cm입니다. 빨간색 털실은 파란색 털실보다 몇 m 몇 cm 더 긴지 구해 보세요.

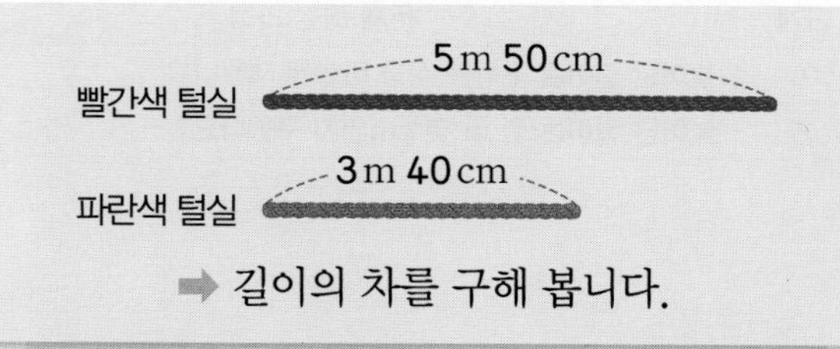

➡ 길이의 차를 구해 봅니다.

5 m 50 cm − 3 m 40 cm는?

빨간색 털실의 길이가 더 길므로 빨간색 털실의 길이에서 파란색 털실의 길이를 뺍니다.
이때 m는 m끼리, cm는 cm끼리 뺍니다.

```
  5 m 50 cm ← 빨간색 털실
− 3 m 40 cm ← 파란색 털실
  2 m 10 cm
```

따라서 빨간색 털실은 파란색 털실보다 2 m 10 cm 더 깁니다.

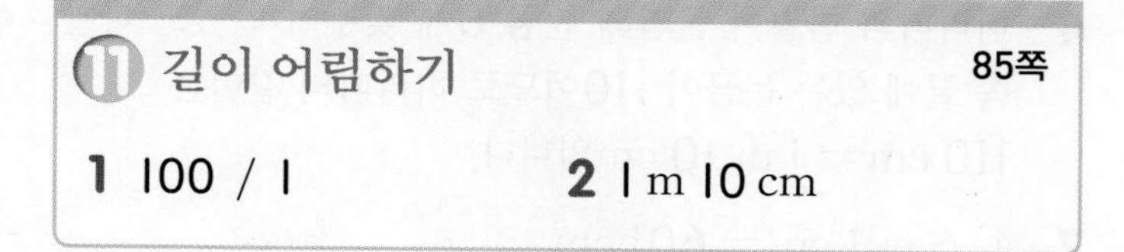

11 길이 어림하기 85쪽

1 100 / 1	2 1 m 10 cm

2 예준이의 한 뼘의 길이는 11 cm입니다. 피아노의 높이는 예준이의 뼘으로 10번 잰 길이와 비슷합니다. 피아노의 높이는 약 몇 m 몇 cm일까요?

11 cm를 10번 더하면?

예준이의 한 뼘의 길이로 잰 횟수만큼 더하여 길이를 어림합니다.

11 m 11 m 11 m 11 m 11 m 11 m 11 m 11 m 11 m 11 m

11 cm $+$ 11 cm $+$ 11 cm $+$ 11 cm $+$ 11 cm
$+$ 11 cm $+$ 11 cm $+$ 11 cm $+$ 11 cm $+$ 11 cm
$=$ 110 cm
100 cm $=$ 1 m이므로 피아노의 높이는 약 1 m 10 cm입니다.

단원 평가 ❶ 86쪽~87쪽

1 ②	2 m에 ○표
3 (1) 6 / 6, 5 (2) 200 / 210	
4 110, 1, 10	5 (1) 160 cm (2) 6 m
6 9, 73	7 ㉣, ㉢, ㉠, ㉡
8 1 m 22 cm	9 태호
10 5 m 61 cm	

4 허리띠의 한끝이 줄자의 눈금 0에 맞추어져 있고 다른 쪽 끝에 있는 눈금이 110이므로 허리띠의 길이는 110 cm = 1 m 10 cm입니다.

7 ㉡ 6 m 1 cm = 601 cm
㉢ 6 m 12 cm = 612 cm
➡ $621 > 612 > 610 > 601$입니다.
따라서 길이가 긴 것부터 차례로 기호를 쓰면 ㉣, ㉢, ㉠, ㉡입니다.

8 6 m 80 cm − 5 m 58 cm = 1 m 22 cm

서술형 문제
9 예 1 m 10 cm와의 차를 각각 구합니다.
윤아: 1 m 20 cm − 1 m 10 cm = 10 cm
태호: 1 m 10 cm − 1 m 5 cm = 5 cm
따라서 키가 1 m 10 cm에 더 가까운 사람은 태호입니다.

단계	문제 해결 과정
①	1 m 10 cm와의 차를 각각 구했나요?
②	1 m 10 cm에 가까운 사람을 찾았나요?

서술형 문제
10 예 이어 붙인 전체 길이는 두 막대의 길이의 합과 같습니다.
3 m 43 cm + 2 m 18 cm
= 5 m 61 cm

단계	문제 해결 과정
①	이어 붙인 전체 길이를 구하는 식을 바르게 세웠나요?
②	이어 붙인 전체 길이는 몇 m 몇 cm인지 구했나요?

단원 평가 ❷

88쪽~89쪽

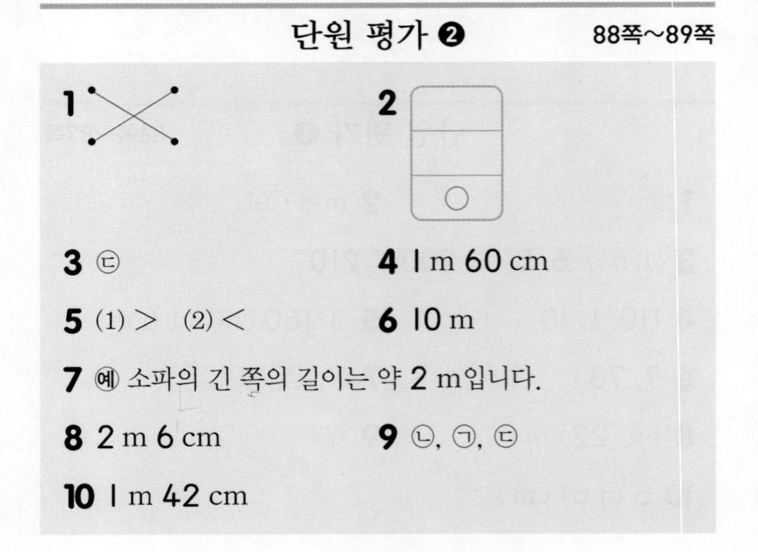

3 ㉢ 108 cm = 1 m 8 cm

4 액자의 한끝이 줄자의 눈금 0에 맞추어져 있고 다른 쪽 끝에 있는 눈금이 160이므로 액자의 길이는 160 cm = 1 m 60 cm입니다.

5 (1) 5 m 90 cm = 590 cm
➡ $602\text{ cm} > 590\text{ cm}$
(2) 4 m 35 cm = 435 cm
➡ $435\text{ cm} < 437\text{ cm}$

6 나무 사이의 간격은 약 2 m의 5배 정도이므로 2 + 2 + 2 + 2 + 2 = 10 (m)입니다.
따라서 약 10 m입니다.

8 (나래의 기록) + (재희의 기록)
= 1 m 4 cm + 102 cm
= 1 m 4 cm + 1 m 2 cm
= 2 m 6 cm

서술형 문제
9 예 주어진 길이를 모두 몇 m 몇 cm로 바꾸면
㉠ 778 cm = 7 m 78 cm, ㉡ 8 m, ㉢ 7 m 8 cm
입니다. $8\text{ m} > 7\text{ m } 78\text{ cm} > 7\text{ m } 8\text{ cm}$이므로 길이가 긴 것부터 차례로 기호를 쓰면 ㉡, ㉠, ㉢입니다.

단계	문제 해결 과정
①	주어진 길이를 몇 m 몇 cm로 바꾸었나요?
②	길이가 긴 것부터 차례로 기호를 썼나요?

서술형 문제
10 예 잡아당긴 고무줄의 길이에서 처음 고무줄의 길이를 뺍니다.
3 m 62 cm − 2 m 20 cm = 1 m 42 cm
따라서 고무줄이 처음보다 1 m 42 cm 늘어났습니다.

단계	문제 해결 과정
①	늘어난 길이를 구하는 식을 바르게 세웠나요?
②	늘어난 길이는 몇 m 몇 cm인지 구했나요?

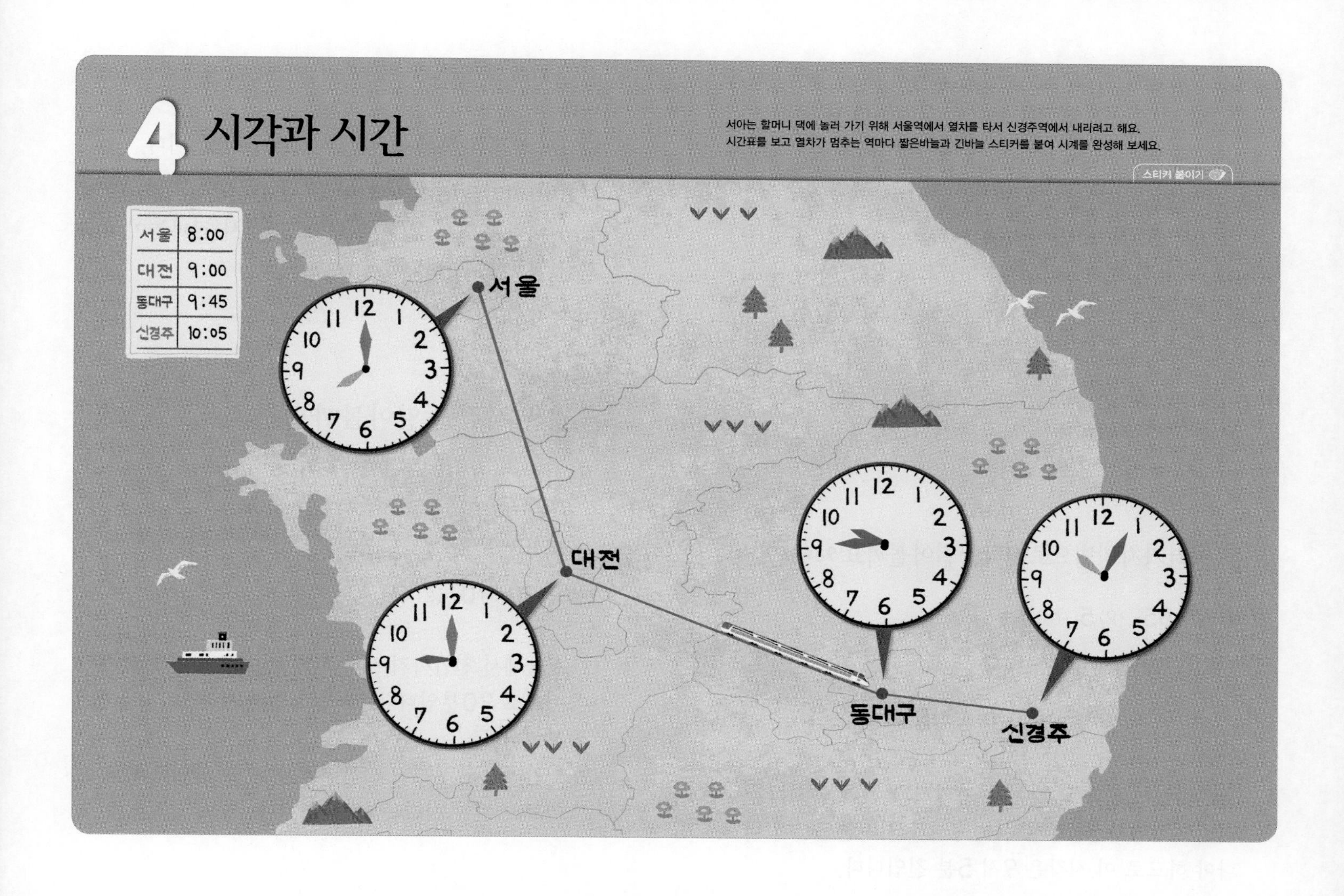

1 몇 시 몇 분을 읽어 볼까요(1) 92쪽~93쪽

1 5, 5 / 10

2 10, 15, 25, 30, 35, 45, 50

3 4 / 7 / 35

4 (1) 4, 50 (2) 10, 15

5 (1)  (2) 

1 숫자 눈금 한 칸은 작은 눈금으로 5칸이므로 5분, 숫자 눈금 두 칸은 작은 눈금으로 10칸이므로 10분이 지납니다.

2 숫자 눈금이 나타내는 시각(분)은 5단 곱셈구구와 같습니다.

3 짧은바늘은 숫자 3과 4 사이를 가리키므로 3시 ■분을 나타내고, 긴바늘은 7을 가리키므로 35분을 나타냅니다. 따라서 시계가 나타내는 시각은 3시 35분입니다.

4 (1) 짧은바늘이 4와 5 사이에 있고 긴바늘은 10을 가리키므로 4시에서 50분 지난 4시 50분입니다.
(2) 짧은바늘이 10과 11 사이에 있고 긴바늘은 3을 가리키므로 10시에서 15분 지난 10시 15분입니다.

5 (1) 긴바늘이 가리키는 숫자가 1이면 5분을 나타내므로 긴바늘이 1을 가리키도록 그립니다.
(2) 긴바늘이 가리키는 숫자가 9이면 45분을 나타내므로 긴바늘이 9를 가리키도록 그립니다.

2 몇 시 몇 분을 읽어 볼까요(2) 94쪽~95쪽

1 (1) 20분에 ○표 (2) 1분에 ○표 / 22분에 ○표

2 (1) (왼쪽에서부터) 4 / 2 / 42
(2) (왼쪽에서부터) 11, 12 / 6, 4 / 11, 34

3 (1) 6, 38 (2) 1, 11

4 5, 23 / 예 책을 읽습니다.

1 (2) 긴바늘이 가리키는 눈금은 4에서 작은 눈금으로 2칸 더 간 곳으로 $20+2=22$(분)입니다.

3 (1) 6시에서 긴바늘이 숫자 눈금으로 7칸, 작은 눈금으로 3칸 더 갔으므로
6시 35분 + 1분 + 1분 + 1분 = 6시 38분입니다.
(2) 1시에서 긴바늘이 숫자 눈금으로 2칸, 작은 눈금으로 1칸 더 갔으므로 1시 10분 + 1분 = 1시 11분입니다.

4 긴바늘이 4에서 작은 눈금으로 3칸 더 간 곳을 가리키므로 시계가 나타내는 시각은 5시 20분 + 1분 + 1분 + 1분 = 5시 23분입니다.

3 여러 가지 방법으로 시각을 읽어 볼까요 96쪽~97쪽

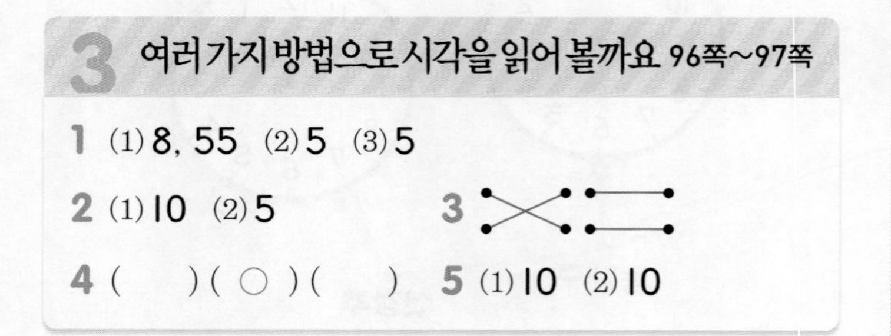

1 짧은바늘이 8과 9 사이를 가리키고 긴바늘이 11을 가리키므로 8시 55분입니다. 9시가 되려면 5분이 더 지나야 하므로 이 시각은 9시 5분 전입니다.

2 (1) 4시 50분에서 5시가 되려면 10분이 더 지나야 하므로 5시 10분 전입니다.
(2) 11시 55분에서 12시가 되려면 5분이 더 지나야 하므로 12시 5분 전입니다.

4 7시 10분 전은 7시가 되기 10분 전의 시각이므로 6시 50분입니다.

5 (1) 9시 55분에서 10시가 되려면 5분이 더 지나야 하므로 10시 5분 전입니다.
(2) 5시 50분에서 6시가 되려면 10분이 더 지나야 하므로 6시 10분 전입니다.

4 1시간을 알아볼까요 98쪽

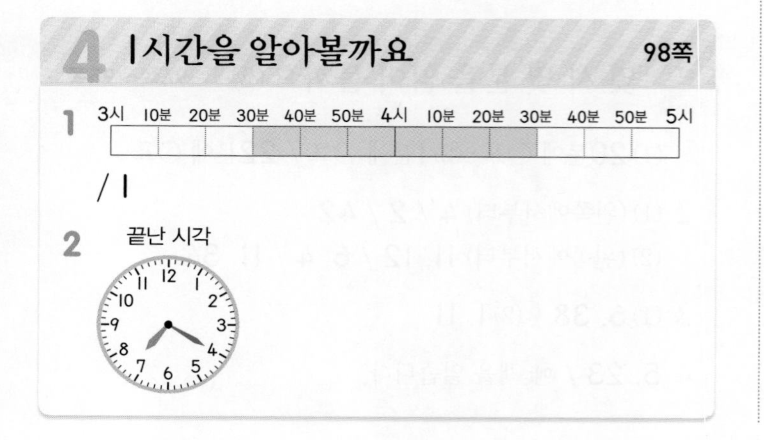

1 시간 띠에 색칠한 칸수를 세어 보면 6칸이므로 60분입니다.
따라서 요리를 하는 데 걸린 시간은 1시간입니다.

2 시작한 시각은 6시 20분이고, 60분은 1시간이므로 끝난 시각은 7시 20분입니다. 따라서 긴바늘이 4를 가리키도록 그립니다.

5 걸린 시간을 알아볼까요 99쪽

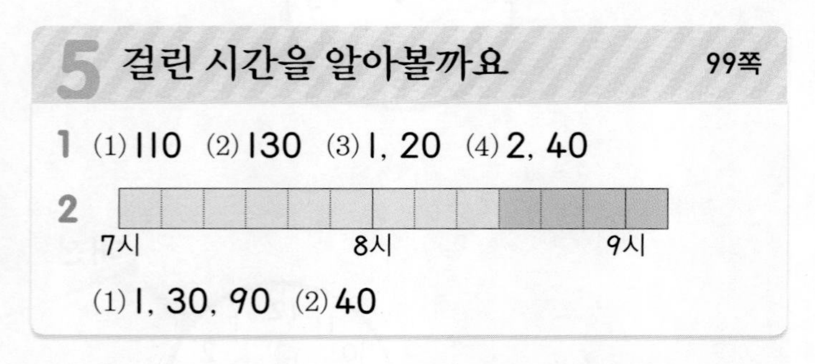

2 (1) 서울에서 천안까지 시간 띠의 칸수를 세어 보면 9칸이므로 90분입니다. 따라서 걸린 시간은 1시간 30분입니다.
(2) 천안에서 공주까지 시간 띠의 칸수를 세어 보면 4칸이므로 걸린 시간은 40분입니다.

6 하루의 시간을 알아볼까요 100쪽~101쪽

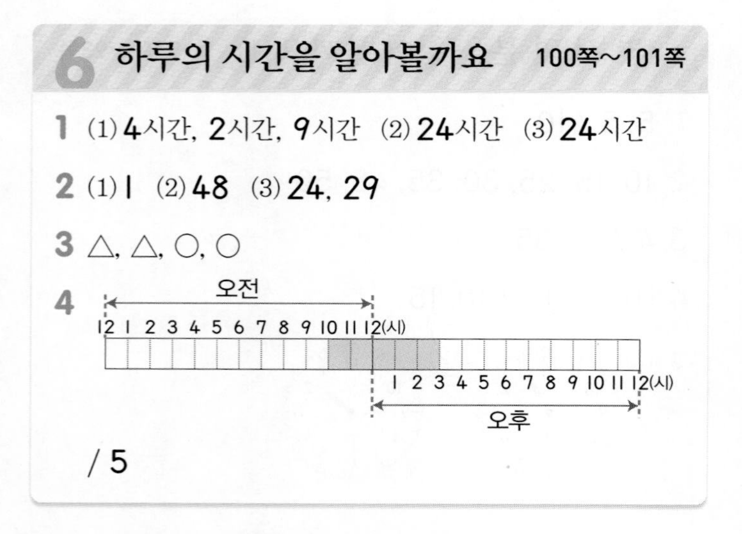

1 (2) 계획한 일을 하는 데 걸리는 시간을 모두 더하면
$2+4+2+5+2+9=24$(시간)입니다.
(3) 하루는 오전 12시간, 오후 12시간으로 모두 24시간입니다.

3 전날 밤 12시부터 낮 12시까지는 오전이고 낮 12시부터 밤 12시까지는 오후입니다.

4 오전 10시부터 오후 3시까지 색칠하면 5칸이므로 송현이 동생이 유치원에 있었던 시간은 5시간입니다.

7 달력을 알아볼까요 102쪽~103쪽

1 (1) 30일 (2) 화요일 (3) 6월 11일, 일요일

2 (1) 7월 (2) 5일

일	월	화	수	목	금	토
1	2	3	4	5	6	7
8	9	10	11	12	13	14
15	16	17	18	(19)	20	21
22	23	24	25	26	27	28
29	30	31				

3 (1) 7 (2) 3 (3) 12, 21 (4) 2, 7

4 10월

일	월	화	수	목	금	토
	1	2	3	4	5	6
7	8	9	10	11	12	13
14	15	16	17	18	19	20
21	22	23	24	25	26	27
28	29	30	31			

(1) 31
(2) 목
(3) 9, 1

1 (1) 이달의 마지막날이 30일이므로 이달은 30일까지 있습니다.
(3) 6월 4일로부터 1주일 후는 7일 뒤인 6월 11일이고, 6월 11일은 6월 4일과 같은 요일인 일요일입니다.

2 (2) 학예회 날인 7월 19일이 되기 전 매주 수요일과 금요일에 노래 연습을 하기로 했으므로 노래 연습을 하는 날은 4일, 6일, 11일, 13일, 18일로 모두 5일입니다.

3 (2) 21일 = 7일 + 7일 + 7일
= 1주일 + 1주일 + 1주일 = 3주일
(3) 1년 = 12개월임을 이용합니다.
(4) 12개월 = 1년임을 이용하여 31개월에는 1년이 몇 번 있는지 알아봅니다.

4 (2) 10월 31일의 다음날은 11월 1일입니다. 10월 31일이 수요일이므로 11월 1일은 목요일입니다.
(3) 시작하는 달에 관계없이 12개월은 1년입니다.

기본기 강화 문제

① 긴바늘이 가리키는 시각 읽기 104쪽

1 15 **2** 25 **3** 40
4 45 **5** 55

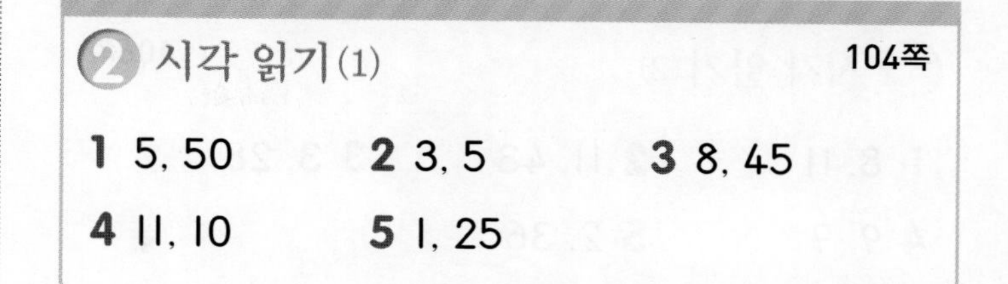
② 시각 읽기(1) 104쪽

1 5, 50 **2** 3, 5 **3** 8, 45
4 11, 10 **5** 1, 25

1 짧은바늘이 5와 6 사이에 있고 긴바늘이 10을 가리키므로 5시 50분입니다.

2 짧은바늘이 3과 4 사이에 있고 긴바늘이 1을 가리키므로 3시 5분입니다.

3 짧은바늘이 8과 9 사이에 있고 긴바늘이 9를 가리키므로 8시 45분입니다.

4 짧은바늘이 11과 12 사이에 있고 긴바늘이 2를 가리키므로 11시 10분입니다.

5 짧은바늘이 1과 2 사이에 있고 긴바늘이 5를 가리키므로 1시 25분입니다.

③ 긴바늘 그려 넣기(1) 105쪽

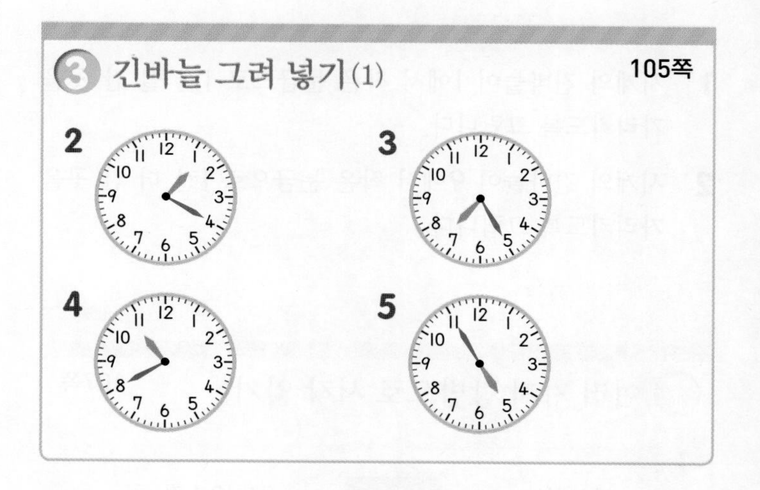

④ 같은 시각끼리 연결하기 105쪽

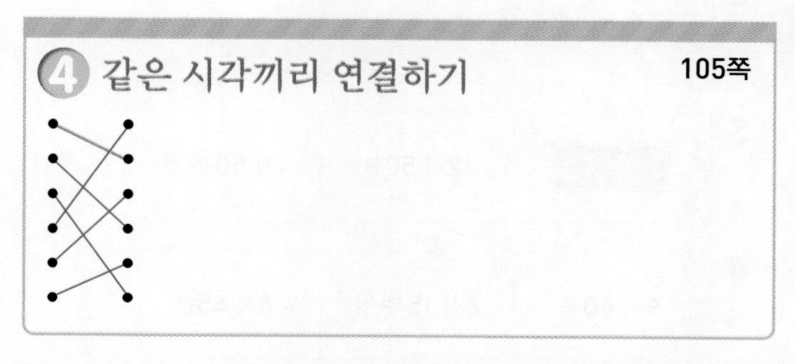

짧은바늘이 10과 11 사이에 있고 긴바늘이 7에서 작은 눈금으로 3칸 더 간 곳을 가리키므로 10시 38분입니다.

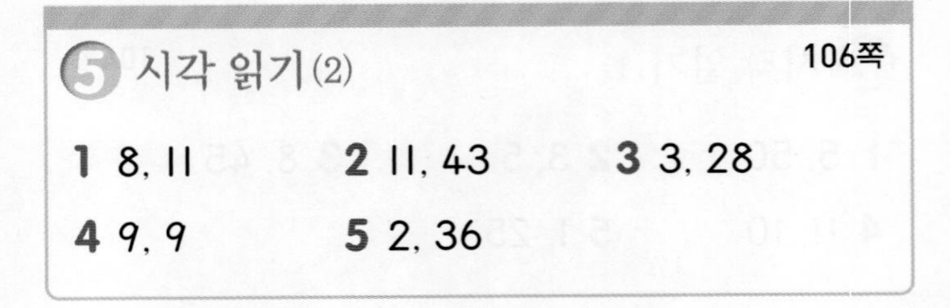

5 시각 읽기(2) 106쪽

1 8, 11　　2 11, 43　　3 3, 28

4 9, 9　　5 2, 36

1 8시에서 긴바늘이 숫자 눈금으로 2칸, 작은 눈금으로 1칸 더 갔으므로 8시 10분 + 1분 = 8시 11분입니다.

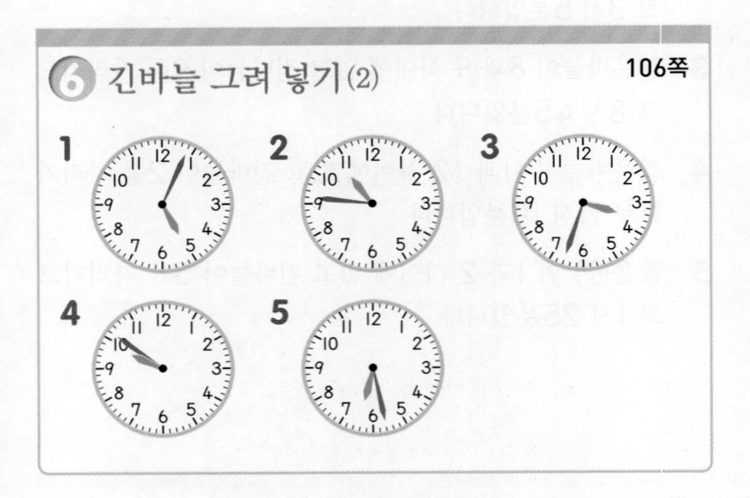

6 긴바늘 그려 넣기(2) 106쪽

1 시계의 긴바늘이 1에서 작은 눈금으로 1칸 덜 간 곳을 가리키도록 그립니다.

2 시계의 긴바늘이 9에서 작은 눈금으로 1칸 더 간 곳을 가리키도록 그립니다.

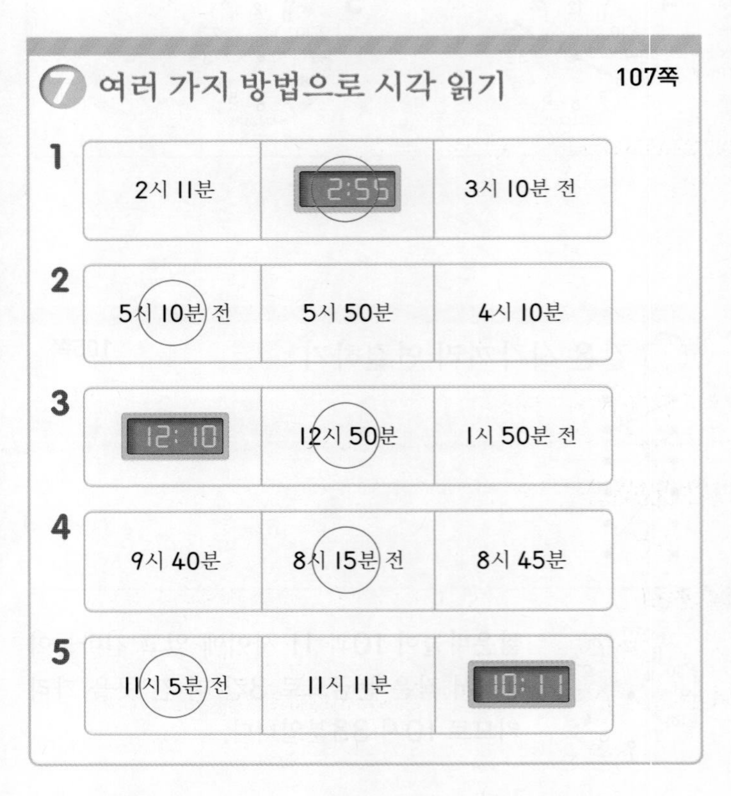

7 여러 가지 방법으로 시각 읽기 107쪽

1	2시 11분	2:55	3시 10분 전
2	5시 10분 전	5시 50분	4시 10분
3	12:10	12시 50분	1시 50분 전
4	9시 40분	8시 15분 전	8시 45분
5	11시 5분 전	11시 11분	10:11

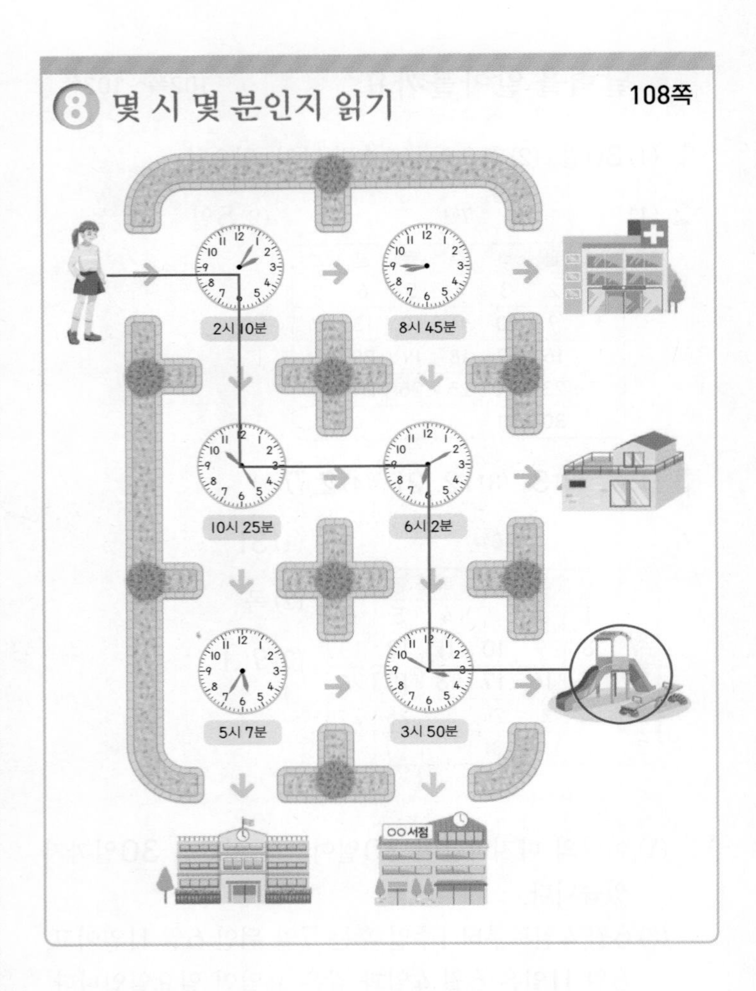

8 몇 시 몇 분인지 읽기 108쪽

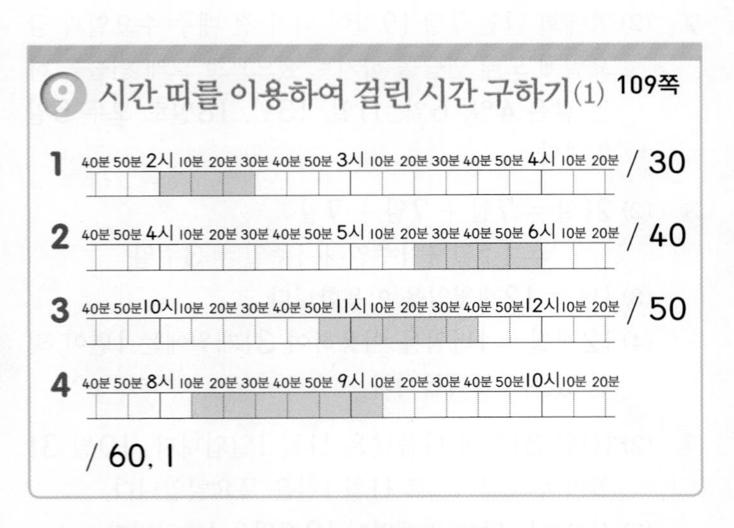

9 시간 띠를 이용하여 걸린 시간 구하기(1) 109쪽

1 / 30

2 / 40

3 / 50

4 / 60, 1

1 시간 띠의 1칸은 10분을 나타내고 2시부터 2시 30분까지 색칠하면 3칸이므로 30분입니다.

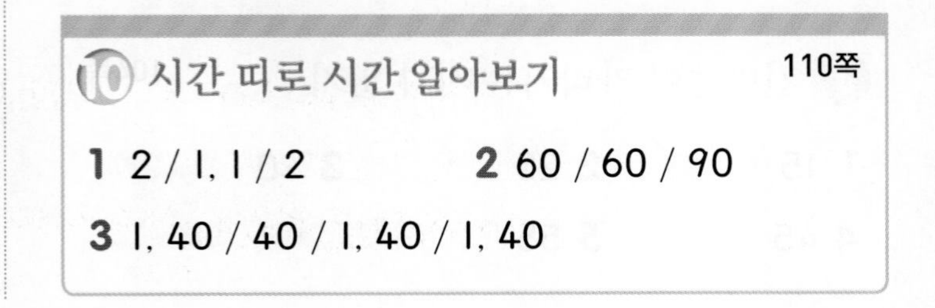

10 시간 띠로 시간 알아보기 110쪽

1 2 / 1, 1 / 2　　2 60 / 60 / 90

3 1, 40 / 40 / 1, 40 / 1, 40

1 시간 띠의 한 칸이 10분이므로 6칸은 60분(= 1시간)입니다.

⑪ 1시간 알아보기 110쪽

1 1, 1, 1 / 3 2 10 / 1, 10 / 1, 10
3 30 / 30 / 2, 30 4 60, 60, 50 / 170
5 60, 60, 60, 20 / 200

1 1시간은 60분입니다.

⑫ 긴 바늘이 돈 후의 시각 111쪽

1 3 2 9, 30 3 4, 45
4 1, 19 5 6, 28

4 긴바늘이 두 바퀴 도는 데 걸리는 시간은 2시간입니다. 현재 시각이 11시 19분이므로 긴바늘이 두 바퀴 돈 후의 시각은 1시 19분입니다.

5 긴바늘이 세 바퀴 도는 데 걸리는 시간은 3시간입니다. 현재 시각이 3시 28분이므로 긴바늘이 세 바퀴 돈 후의 시각은 6시 28분입니다.

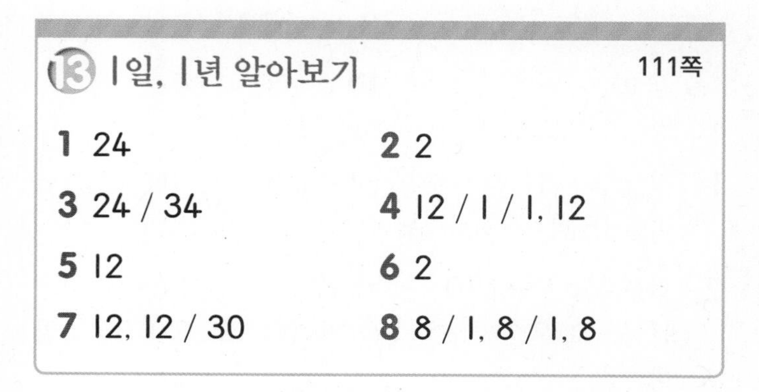

⑬ 1일, 1년 알아보기 111쪽

1 24 2 2
3 24 / 34 4 12 / 1 / 1, 12
5 12 6 2
7 12, 12 / 30 8 8 / 1, 8 / 1, 8

2 48시간 = 24시간 + 24시간 = 1일 + 1일 = 2일

6 24개월 = 12개월 + 12개월 = 1년 + 1년 = 2년

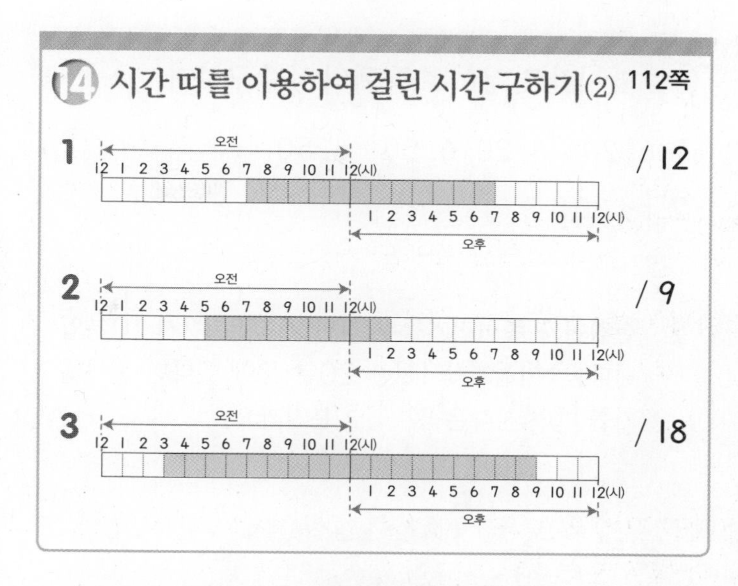

⑭ 시간 띠를 이용하여 걸린 시간 구하기(2) 112쪽

1 시간 띠의 한 칸은 1시간을 나타내고 오전 7시부터 오후 7시까지 색칠하면 모두 12칸이므로 12시간입니다.

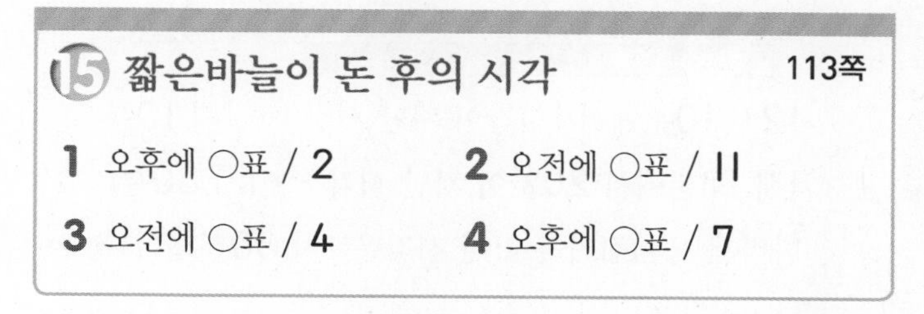

⑮ 짧은바늘이 돈 후의 시각 113쪽

1 오후에 ○표 / 2 2 오전에 ○표 / 11
3 오전에 ○표 / 4 4 오후에 ○표 / 7

1 짧은바늘이 한 바퀴 도는 데 걸리는 시간은 12시간입니다. 현재 시각이 오전 2시이므로 짧은바늘이 한 바퀴 돈 후의 시각은 오후 2시입니다.

3 짧은바늘이 두 바퀴 도는 데 걸리는 시간은 24시간입니다. 현재 시각이 오전 4시이므로 짧은바늘이 두 바퀴 돈 후의 시각은 오전 4시입니다.

⑯ 달력 알아보기 113쪽

1 수 2 6, 13, 20, 27
3 7 4 24
5 일 6 7, 4

5 7월 31일 다음날은 8월 1일입니다.
7월 31일이 토요일이므로 8월 1일은 일요일입니다.

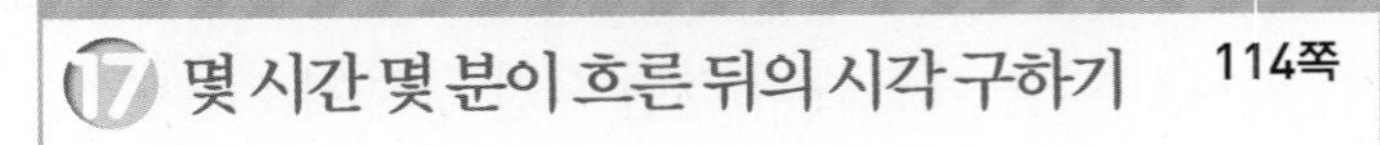

⑰ 몇 시간 몇 분이 흐른 뒤의 시각 구하기 114쪽

1 6, 20 / 6, 20, 6, 50 / 6, 50

2 1시 30분

2 현겸이가 종이접기를 시작한 시각은 12시 10분입니다. 종이접기를 1시간 20분 동안 했다면 종이접기를 **마친 시각은 몇 시 몇 분**일까요?

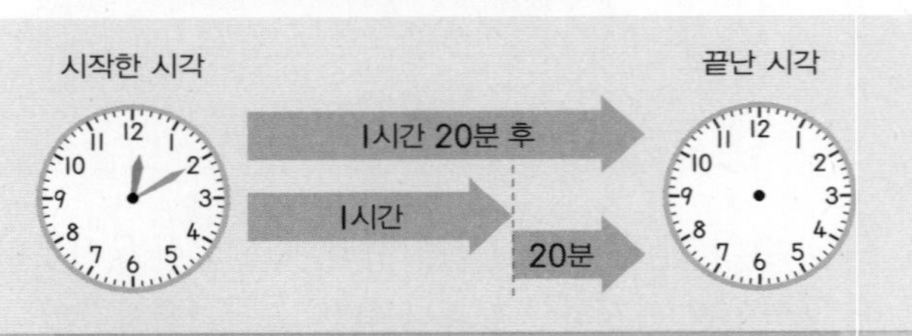

12시 10분에서 1시간 20분이 지난 시각은?

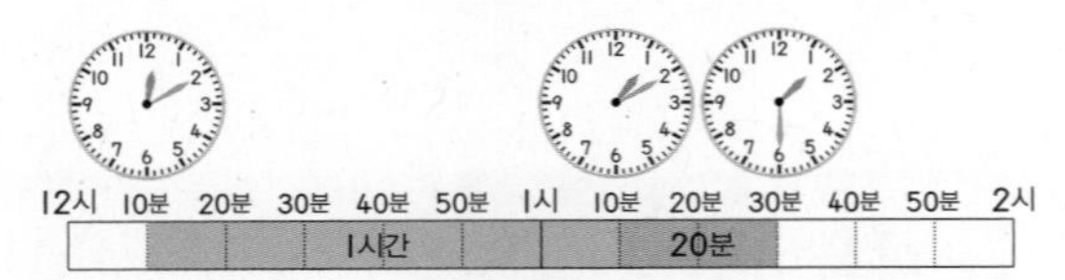

12시 10분에서 1시간이 지난 시각 ➡ 1시 10분

1시 10분에서 20분이 지난 시각 ➡ 1시 30분

따라서 종이접기를 마친 시각은 1시 30분입니다.

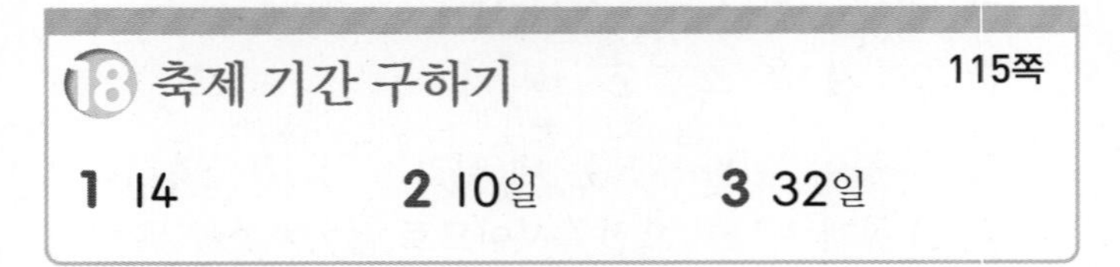

⑱ 축제 기간 구하기 115쪽

1 14 **2** 10일 **3** 32일

2 해인이네 가족은 1월 25일부터 2월 3일까지 가족 여행을 가기로 했습니다. **여행 기간은 모두 며칠**일까요?

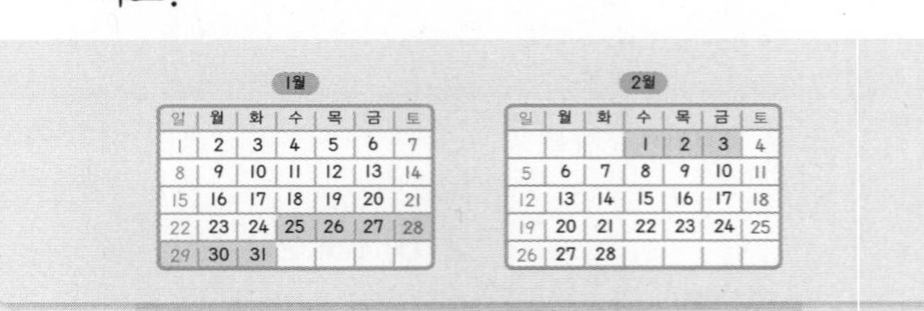

(1월의 여행 기간) + (2월의 여행 기간)

1월							2월		
25일	26일	27일	28일	29일	30일	31일	1일	2일	3일

따라서 여행 기간은 모두 $7 + 3 = 10$(일)입니다.

3 3월 30일부터 4월 마지막 날까지 봄꽃 축제가 열립니다. **축제가 열리는 기간은 모두 며칠**일까요?

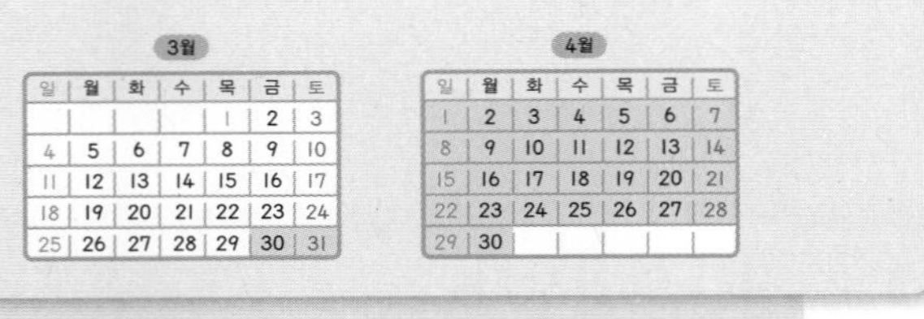

(3월에 열리는 기간) + (4월에 열리는 기간)

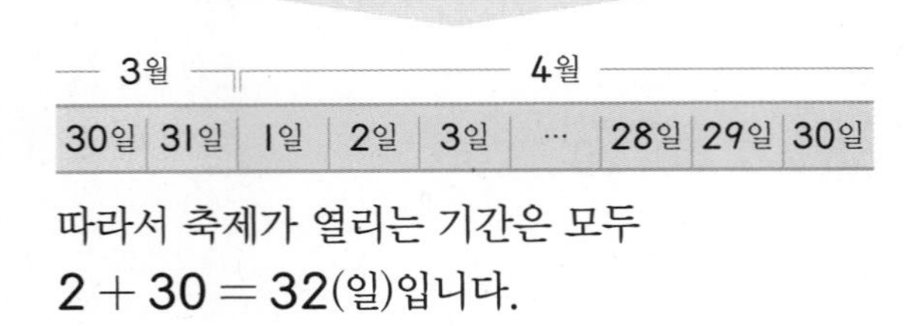

3월		4월						
30일	31일	1일	2일	3일	…	28일	29일	30일

따라서 축제가 열리는 기간은 모두 $2 + 30 = 32$(일)입니다.

단원 평가 ❶ 116쪽~117쪽

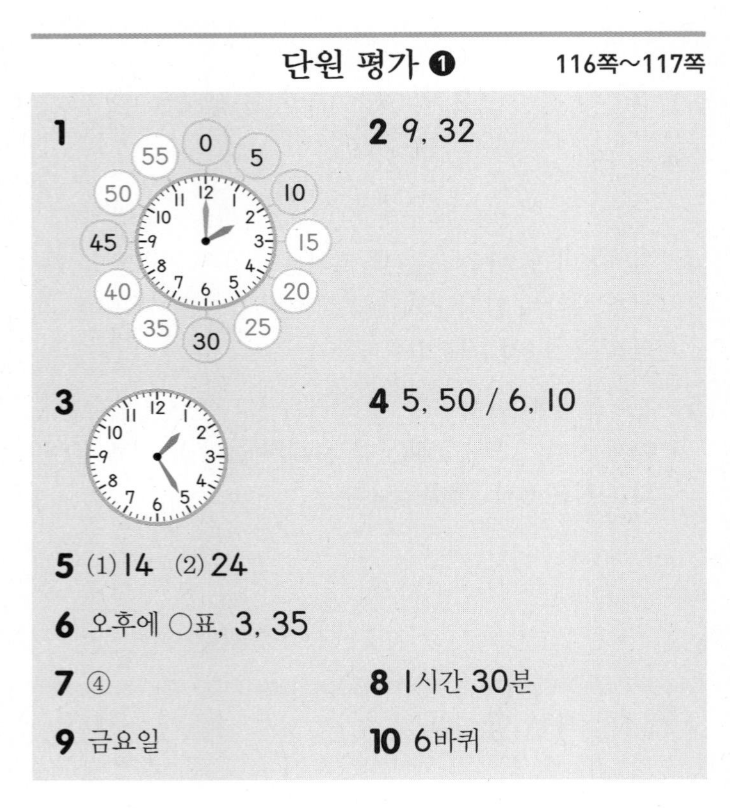

1 (시계 그림) **2** 9, 32

3 (시계 그림) **4** 5, 50 / 6, 10

5 (1) 14 (2) 24

6 오후에 ○표, 3, 35

7 ④ **8** 1시간 30분

9 금요일 **10** 6바퀴

1 긴바늘이 가리키는 숫자가 1이면 5분, 2이면 10분, 3이면 15분, ...을 나타냅니다.

2 짧은바늘이 9와 10 사이에 있고 긴바늘이 6에서 작은 눈금으로 2칸 더 간 곳을 가리키므로 9시 32분입니다.

3 시계에서 25분을 나타내는 숫자가 5이므로 긴바늘이 숫자 5를 가리키도록 그립니다.

4 시계가 나타내는 시각은 5시 50분이고, 이 시각은 6시가 되기 10분 전의 시각이므로 6시 10분 전이라고도 합니다.

5 (1) 2주일 = 1주일 + 1주일 = 7일 + 7일 = 14일
(2) 2년 = 1년 + 1년 = 12개월 + 12개월 = 24개월

6 짧은바늘이 한 바퀴 도는 데 걸리는 시간은 12시간입니다.

7 3월, 7월, 10월, 12월은 31일까지 있고, 11월은 30일까지 있습니다.

서술형 문제
8 예 가람이가 출발한 시각은 4시 10분이고 삼촌 댁에 도착한 시각은 5시 40분입니다. 따라서 삼촌 댁까지 가는 데 걸린 시간은 1시간 30분입니다.

단계	문제 해결 과정
①	집에서 출발한 시각과 삼촌 댁에 도착한 시각을 알았나요?
②	삼촌 댁까지 가는 데 걸린 시간을 구했나요?

9 9월은 30일까지 있고
30 − 7 − 7 − 7 − 7 = 2(일)이므로
9월 30일은 9월 2일과 같은 금요일입니다.

서술형 문제
10 예 2시부터 8시까지는 6시간입니다. 따라서 긴 바늘은 한 시간에 한 바퀴를 돌므로 모두 6바퀴를 돌아야 합니다.

단계	문제 해결 과정
①	2시부터 8시까지 몇 시간인지 구했나요?
②	긴 바늘이 몇 바퀴 돌아야 하는지 구했나요?

단원 평가 ❷

118쪽~119쪽

1 (1) 오전 (2) 오후
2 (선 잇기)
3 6, 10
4 (1) 85 (2) 2, 50 (3) 32
5

6 태하
7 31시간
8 7시 10분
9 13일, 월요일
10 62일

1 (1) 오전: 전날 밤 12시부터 낮 12시까지
(2) 오후: 낮 12시부터 밤 12시까지

2
- 3시 57분은 짧은바늘이 3과 4 사이에 있고 긴바늘이 11에서 작은 눈금으로 2칸 더 간 곳을 가리킵니다.
- 10시 24분은 짧은바늘이 10과 11 사이에 있고 긴바늘이 4에서 작은 눈금으로 4칸 더 간 곳을 가리킵니다.

3 짧은바늘이 6과 7 사이에 있고 긴바늘이 2를 가리키므로 6시 10분입니다.

4 (1) 1시간 25분 = 60분 + 25분
= 85분
(2) 170분 = 60분 + 60분 + 50분
= 2시간 50분
(3) 2년 8개월 = 12개월 + 12개월 + 8개월
= 32개월

5 6시 25분에서 1시간 후는 7시 25분이므로 긴바늘은 5를 가리키도록 그립니다.

6 9시 10분 전은 8시 50분이므로 학교에 더 빨리 도착한 사람은 태하입니다.

7 오전 10시부터 다음날 오전 10시까지는 24시간이고 오전 10시부터 오후 5시까지는 7시간입니다.
따라서 첫날 오전 10시부터 다음날 오후 5시까지는 24 + 7 = 31(시간)입니다.

서술형 문제
8 예 6시 10분 20분 30분 40분 50분 7시 10분 20분

따라서 공부를 끝낸 시각은 7시 10분입니다.

단계	문제 해결 과정
①	시간 띠에 공부한 시간을 나타냈나요?
②	공부를 끝낸 시각을 구했나요?

9 지후의 생일은 9월 3일이므로 연수의 생일은 3 + 10 = 13(일)입니다.
같은 요일은 7일마다 반복되므로 3 + 7 = 10(일)은 금요일이고 13일은 월요일입니다.

서술형 문제
10 예 각 월의 날수는 7월이 31일, 8월이 31일입니다. 따라서 진구는 세계위인전집을 모두 31 + 31 = 62(일) 동안 읽었습니다.

단계	문제 해결 과정
①	7월과 8월의 날수를 알았나요?
②	책을 모두 며칠 동안 읽었는지 구했나요?

1 자료를 분류하여/조사하여 표로 나타내 볼까요 123쪽

1 (1) 소희, 서인, 지혜, 도현 / 세림, 이준, 태민 / 하율, 고운, 설아

(2) 2, 4, 3, 3, 12

2 6, 4, 3, 7 / 20

1 좋아하는 과일별 학생 수를 세어 보면 포도는 2명, 귤은 4명, 사과는 3명, 복숭아는 3명입니다.
➡ (합계) $= 2 + 4 + 3 + 3 = 12$(명)

2 태권도는 ○표, 줄넘기는 △표, 농구는 ∨표, 축구는 /표로 서로 다른 표시를 하여 빠뜨리지 않고 세어 봅니다.

좋아하는 운동

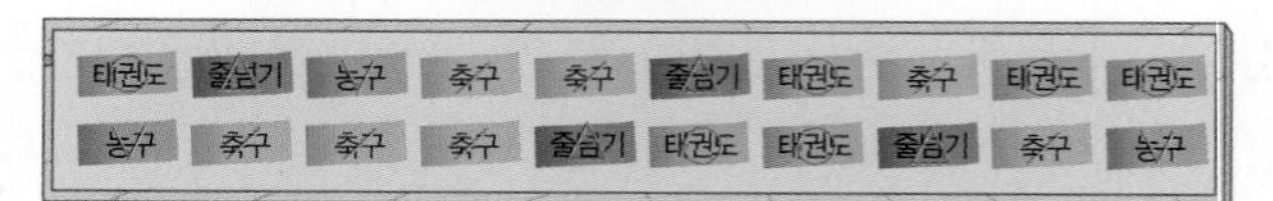

➡ (합계) $= 6 + 4 + 3 + 7 = 20$(명)

2 자료를 분류하여 그래프로 나타내 볼까요 125쪽~127쪽

1 ㉠, ㉢

2 세훈이네 모둠 학생들이 가지고 있는 색깔별 붙임딱지 수

3		○	
2		○	○
1	○	○	○
학생 수(명) / 색깔	파란색	초록색	노란색

3 (1) 가람이가 가진 학용품의 수

6				○
5				○
4	○			○
3	○		○	○
2	○		○	○
1	○	○	○	○
수(개) / 학용품	볼펜	가위	지우개	연필

(2) 학용품의 수

(3)

가람이가 가진 학용품의 수

연필	/	/	/	/	/	/
지우개	/	/	/			
가위	/					
볼펜	/	/	/	/		
학용품 / 수(개)	1	2	3	4	5	6

4

연주하는 악기별 학생 수

바이올린	×	×	×	×						
리코더	×	×	×	×	×	×	×	×	×	×
피아노	×	×	×	×	×	×				
악기 / 학생 수(명)	1	2	3	4	5	6	7	8	9	10

5

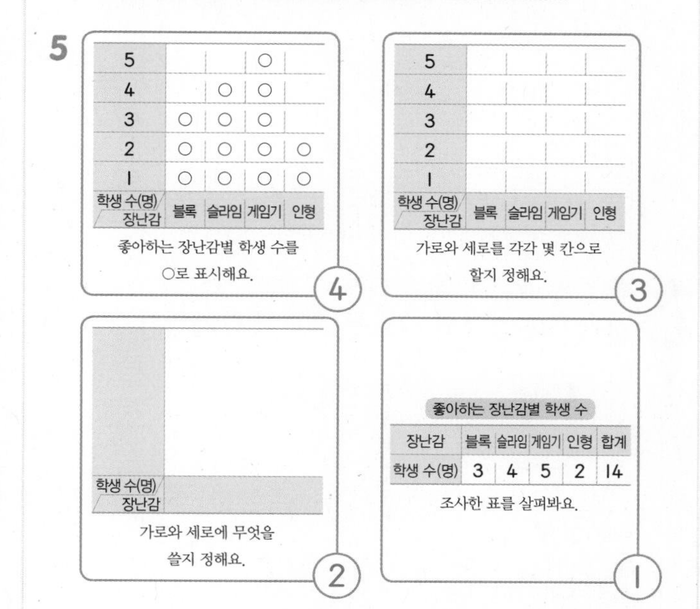

1 그래프에 ○, ×, / 등을 이용하여 나타낼 때 기호는 한 칸에 하나씩 표시하고 아래에서 위로, 또는 왼쪽에서 오른쪽으로 빈칸 없이 채워서 표시해야 합니다.

3 참고 (1)의 그래프와 (3)의 그래프의 같은 점과 다른 점
- 같은 점: 학용품 종류와 학용품의 수가 같습니다.
- 다른 점: 학용품과 수(개)의 위치가 다릅니다.
  표시하는 기호가 다릅니다.

4 가로에 연주하는 악기별 학생 수, 세로에 악기의 종류를 나타낸 그래프이므로 왼쪽에서 오른쪽으로 빈칸 없이 한 칸에 하나씩 ×를 연주하는 악기별 학생 수만큼 표시하여 그래프를 완성합니다.

3 표와 그래프를 보고 무엇을 알 수 있을까요 128쪽~129쪽

1 (1) 8 (2) 30

2 (1) 기혁 (2) 나린 (3) 현아

3 33 /

좋아하는 놀이 기구별 학생 수

정글짐	△	△	△	△									
시소	△	△	△	△	△	△	△						
그네	△	△	△	△	△	△	△	△	△	△	△	△	△
미끄럼틀	△	△	△	△	△	△	△	△	△				
놀이 기구 / 학생 수(명)	1	2	3	4	5	6	7	8	9	10	11	12	13

(1) 표에 ○표 (2) 그래프에 ○표

1 (2) 표에서 합계가 30명이므로 조사한 학생은 모두 30명입니다.

2 그래프에서 ○의 수는 학생별 읽은 책 수를 나타냅니다.
(1) ○의 수가 가장 많은 사람은 기혁이므로 책을 가장 많이 읽은 사람은 기혁입니다.
(2) ○의 수가 가장 적은 사람은 나린이므로 책을 가장 적게 읽은 사람은 나린입니다.
(3) ○의 수가 은결이와 같은 사람은 현아입니다.

3 (합계) $= 9 + 13 + 7 + 4 = 33$(명)
(1) 표에서 합계가 조사한 전체 학생 수와 같으므로 표와 그래프 중 조사한 전체 학생 수를 알아보기 더 편리한 것은 표입니다.
(2) 그래프에서 △의 수가 좋아하는 놀이 기구별 학생 수를 나타내므로 표와 그래프 중 수를 읽지 않아도 가장 많은 학생들이 좋아하는 놀이 기구를 알아보기 더 편리한 것은 그래프입니다.

기본기 강화 문제

① 자료를 표로 나타내기 130쪽

1 1, 3, 2, 4, 10

2 4, 4, 8, 16

3 12, 8, 6, 4, 30

1 각 동물의 수를 세어 보면 코끼리 1마리, 기린 3마리, 토끼 2마리, 말 4마리입니다.
➡ (합계) = 1 + 3 + 2 + 4 = 10(마리)

2 각 음표별로 수를 세어 보면 ♩는 4번, ♩는 4번, ♪는 8번입니다.
➡ (합계) = 4 + 4 + 8 = 16(번)

3 각 날씨별로 수를 세어 보면 ☀는 12일, ☁는 8일, ☂는 6일, ❄는 4일입니다.
➡ (합계) = 12 + 8 + 6 + 4 = 30(일)
이 달의 날수는 30일이므로 합계가 30일이 되는지 확인합니다.

② 조각 수 구하기 131쪽

1 3, 4, 2, 6 / 15
2 4, 3, 6, 2 / 15

1 사용한 조각 수를 세어 표로 나타냅니다.
(합계) = 3 + 4 + 2 + 6 = 15(개)

2 (합계) = 4 + 3 + 6 + 2 = 15(개)

③ 표를 그래프로 나타내기 132쪽

1 좋아하는 악기별 학생 수

5			○
4			○
3	○		○
2	○	○	○
1	○	○	○
학생 수(명) / 악기	드럼	장구	피아노

/ 학생 수, 5

2 키우고 싶은 동물별 학생 수

도마뱀	△	△					
앵무새	△						
햄스터	△	△	△				
고양이	△	△	△	△	△		
강아지	△	△	△	△	△	△	△
동물 / 학생 수(명)	1	2	3	4	5	6	7

/ 동물, 7

1 표를 그래프로 나타낼 때 가로와 세로에 각각 악기와 학생 수를 나타냅니다. 따라서 가로에 악기를 나타낸다면 세로에는 학생 수를 나타내야 합니다. 또한 피아노를 좋아하는 학생 수가 5명으로 가장 많으므로 세로에 학생 수를 나타낼 때 세로는 적어도 5칸으로 나누어야 합니다.

2 강아지를 좋아하는 학생 수가 7명으로 가장 많으므로 가로에 학생 수를 나타낼 때 가로는 적어도 7칸으로 나누어야 합니다.
학생 수에 맞게 왼쪽에서부터 오른쪽으로 빈칸 없이 △를 표시합니다.

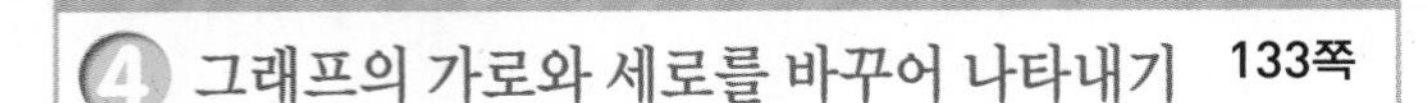

④ 그래프의 가로와 세로를 바꾸어 나타내기 133쪽

1 좋아하는 전통 놀이별 학생 수

제기차기	/	/		
연날리기	/	/	/	/
투호 놀이	/			
전통 놀이 / 학생 수(명)	1	2	3	4

2 예 장래희망별 학생 수

운동선수	○	○			
가수	○	○	○	○	○
선생님	○	○	○	○	
의사	○	○	○		
장래희망 / 학생 수(명)	1	2	3	4	5

3 종류별 장난감 수

5	△		
4	△	△	
3	△	△	△
2	△	△	△
1	△	△	△
수(개) / 장난감	자동차	인형	퍼즐

2 의사 항목과 선생님 항목의 순서를 바꾸어 써도 됩니다.

5 표의 내용 알아보기 134쪽

1 (1) 6표 (2) 21명 (3) 2표

2 (1) 8명
(2) 노란색 / 예 승원이네 반에서 가장 많은 학생들이 좋아하는 색깔이기 때문입니다.

1 (2) 후보별 득표 수를 모두 더하면
$3+7+6+5=21$(명)이므로 투표를 한 학생은 모두 21명입니다.
(3) 규하는 7표, 희준이는 5표를 얻었으므로 규하는 희준이보다 $7-5=2$(표) 더 많이 얻었습니다.

6 그래프의 내용 알아보기 134쪽

1 탄산수, 녹차 **2** 과학책, 역사책

1 그래프에서 △의 수는 좋아하는 음료별 학생 수를 나타냅니다.
△의 수가 가장 많은 음료는 탄산수이므로 가장 많은 학생들이 좋아하는 음료는 탄산수입니다.
△의 수가 가장 적은 음료는 녹차이므로 가장 적은 학생들이 좋아하는 음료는 녹차입니다.

2 그래프에서 /의 수는 읽은 종류별 책 수를 나타냅니다.
/의 수가 가장 많은 책은 과학책이므로 주희가 가장 많이 읽은 책은 과학책입니다.
/의 수가 가장 적은 책은 역사책이므로 주희가 가장 적게 읽은 책은 역사책입니다.

7 자료를 표와 그래프로 나타내기 135쪽

1 타고 싶은 놀이 기구별 학생 수

놀이 기구	학생 수(명)
청룡열차	3
범퍼카	4
회전목마	6
바이킹	3
합계	16

타고 싶은 놀이 기구별 학생 수

6			○	
5			○	
4		○	○	
3	○	○	○	○
2	○	○	○	○
1	○	○	○	○
학생 수(명) / 놀이 기구	청룡열차	범퍼카	회전목마	바이킹

(1) 3명 (2) 회전목마 (3) 회전목마, 범퍼카

1 (2) 그래프에서 ○의 수는 타고 싶은 놀이 기구별 학생 수를 나타냅니다.
○의 수가 가장 많은 놀이 기구는 회전목마이므로 가장 많은 학생들이 타고 싶어 하는 놀이 기구는 회전목마입니다.
(3) 회전목마를 타고 싶은 학생은 6명으로 가장 많고, 범퍼카를 타고 싶은 학생은 4명으로 회전목마 다음으로 많습니다.

8 그래프 보고 기준보다 많은 항목 찾기 136쪽~137쪽

1 가희, 진율 / 2 **2** 코끼리, 기린

3 자전거, 휴대 전화

2 하빈이네 모둠 학생들이 동물원에서 보고 싶은 동물을 조사하여 그래프로 나타냈습니다. **4명보다 많은 학생이 보고 싶어 하는 동물**을 모두 찾아 써 보세요.

보고 싶은 동물별 학생 수

6					△
5	△				△
4	△		△		△
3	△	△	△		△
2	△	△	△	△	△
1	△	△	△	△	△
학생 수(명) / 동물	코끼리	호랑이	원숭이	하마	기린

➡ 4명보다 많은 학생은 5명부터입니다.
4명보다 많은 학생이 보고 싶어 하는 동물을 찾아봅니다.

그래프에서 △의 수가 4개보다 많은 동물은?

△의 수 = 보고 싶은 동물별 학생 수

그래프에서 △의 수가 4개보다 많은 동물은 코끼리, 기린입니다. 따라서 4명보다 많은 학생이 보고 싶어 하는 동물은 코끼리, 기린입니다.

3 소담이네 학교 학생들이 받고 싶은 생일 선물을 조사하여 그래프로 나타냈습니다. **6명보다 많은 학생이 받고 싶어 하는 선물**을 모두 찾아 써 보세요.

받고 싶은 생일 선물별 학생 수

인형	/	/	/	/	/				
로봇	/	/	/	/	/	/			
옷	/	/	/	/					
신발	/	/							
자전거	/	/	/	/	/	/	/	/	/
휴대 전화	/	/	/	/	/	/	/		
선물 / 학생 수(명)	1	2	3	4	5	6	7	8	9

➡ 6명보다 많은 학생은 7명부터입니다.
6명보다 많은 학생이 받고 싶어 하는 생일 선물을 찾아봅니다.

그래프에서 /의 수가 6개보다 많은 선물은?

/의 수 = 받고 싶은 생일 선물별 학생 수

그래프에서 /의 수가 6개보다 많은 선물은 자전거, 휴대 전화입니다. 따라서 6명보다 많은 학생이 받고 싶어 하는 선물은 자전거, 휴대 전화입니다.

단원 평가 ❶ 138쪽~139쪽

1 강아지 **2** 6, 4, 2, 3, 15

3 2명 **4** 15명

5 6, 2 /

월별 비 온 날수

6		○		
5	○	○		
4	○	○	○	
3	○	○	○	
2	○	○	○	○
1	○	○	○	○
날수(일) / 월	9월	10월	11월	12월

6 12월, 11월, 9월, 10월

7 4일 **8** 그래프

9 수영 **10** 테이프

1 자료에서 태경이를 찾아보면 태경이가 기르고 있는 동물은 강아지입니다.

2 기르고 있는 동물별 학생 수를 세어 보면 강아지는 6명, 고양이는 4명, 토끼는 2명, 금붕어는 3명입니다.
➡ (합계) $= 6 + 4 + 2 + 3 = 15$(명)

3 **2**의 표를 보면 토끼를 기르고 있는 학생은 2명입니다.

4 **2**의 표에서 합계가 15명이므로 조사한 학생은 모두 15명입니다.

5 그래프에서 10월은 6일, 12월은 2일이므로 표에 각각의 날수를 써넣습니다.
표에서 9월은 5일, 11월은 4일이므로 그래프에 ○를 9월은 5개, 11월은 4개 그립니다.

6 그래프에서 ○의 수가 적은 월부터 차례로 쓰면 12월, 11월, 9월, 10월입니다.

7 비가 가장 많이 온 월은 10월이고 가장 적게 온 월은 12월입니다. 따라서 10월과 12월의 비 온 날수의 차는 $6 - 2 = 4$(일)입니다.

서술형 문제

9 예 배드민턴을 좋아하는 학생은 5명이므로 ○의 수가 5개보다 많은 운동을 찾으면 수영입니다.

단계	문제 해결 과정
①	배드민턴을 좋아하는 학생 수를 구했나요?
②	그래프에서 ○의 수가 5개보다 많은 운동을 찾았나요?

서술형 문제

10 예 그래프에서 /의 수가 가장 많은 학용품은 테이프입니다. 따라서 가장 많이 주문해야 하는 학용품은 테이프입니다.

단계	문제 해결 과정
①	그래프에서 /의 수가 가장 많은 학용품을 찾았나요?
②	가장 많이 주문해야 하는 학용품을 바르게 썼나요?

단원 평가 ❷ 140쪽~141쪽

1 좋아하는 채소별 학생 수

5				△
4	△		△	△
3	△	△	△	△
2	△	△	△	△
1	△	△	△	△
학생 수(명) / 채소	당근	호박	감자	오이

2 채소, 학생 수 **3** 호박

4 그래프 **5** 6번

6 3, 4, 5, 2, 14

7 학생별 공이 들어간 횟수

슬기	/	/			
찬혁	/	/	/	/	/
민영	/	/	/	/	
준태	/	/	/		
이름 / 횟수(번)	1	2	3	4	5

8 찬혁 **9** 4명

10 5명

1 좋아하는 채소별 학생 수만큼 △를 그립니다.

2 그래프의 가로에는 좋아하는 채소를, 세로에는 좋아하는 채소별 학생 수를 나타냈습니다.

3 1의 그래프에서 △의 수가 가장 적은 것을 찾으면 호박입니다.

4 가장 적은 학생들이 좋아하는 채소를 한눈에 알 수 있는 것은 그래프입니다.

5 공 던지기를 한 결과를 보면 순서가 6째까지 있으므로 학생들은 공을 각각 6번씩 던졌습니다.

6 공 던지기를 한 결과를 보고 ○표의 수를 세어 보면 준태 3번, 민영 4번, 찬혁 5번, 슬기 2번입니다.
➡ (합계) $= 3 + 4 + 5 + 2 = 14$(번)

7 표를 보고 학생별 공이 들어간 횟수만큼 /를 그립니다.

서술형 문제
8 예 그래프에서 /의 수가 가장 많은 학생은 찬혁입니다. 따라서 공이 가장 많이 들어간 학생은 찬혁입니다.

단계	문제 해결 과정
①	그래프에서 /가 가장 많은 학생은 누구인지 찾았나요?
②	공이 가장 많이 들어간 학생은 누구인지 찾았나요?

9 피자를 좋아하는 학생은 5명이므로 마카롱을 좋아하는 학생은 $5 \times 2 = 10$(명)입니다.
따라서 떡볶이를 좋아하는 학생은
$26 - 7 - 10 - 5 = 4$(명)입니다.

서술형 문제
10 예 하늘마을 6명, 숲속마을 4명, 바다마을 5명이므로 별빛마을은 $20 - 6 - 4 - 5 = 5$(명)입니다.

단계	문제 해결 과정
①	하늘마을, 숲속마을, 바다마을에 살고 있는 학생 수를 각각 구했나요?
②	별빛마을에 살고 있는 학생 수를 구했나요?

1 무늬에서 규칙을 찾아볼까요 144쪽~145쪽

1 (1) ★ ★ ★ ★ ★ ★ ★ ★
★ ★ ★ ★ ★ ★ ★ ★
★ ★ ★ ★ ★ □ ★ ★

(2) ★

2 (1) ◆ (2) ▼

3

1	2	3	1	2	3	1
2	3	1	2	3	1	2
3	1	2	3	1	2	3

/ 예 1, 2, 3이 반복됩니다.

4 ◇, ◇

5 ★, ★

1 (1) 노란색, 파란색, 빨간색이 반복됩니다.

2 (1) ◆, ●, ◆가 반복됩니다.
(2) 모양은 ▽, □, ♡가 반복되고, 색깔은 파란색, 빨간색이 반복됩니다.

3 모양을 수로 바꾸어 규칙을 나타낼 수도 있습니다.

4 ④①③②일 때 ①→②→③→④의 순서로 색칠합니다.

5 ●과 ★이 각각 1개씩 늘어나며 반복됩니다.

2 쌓은 모양에서 규칙을 찾아볼까요 146쪽

1 (1) 2, 1

2 (1) 오른쪽에 ○표, 1 (2) 6

2 쌓기나무의 수가 3개, 4개, 5개로 1개씩 늘어납니다. 따라서 다음에 이어질 모양에 쌓을 쌓기나무는 $5+1=6$(개)입니다.

3 생활에서 규칙을 찾아볼까요 147쪽

1 (1) ○ (2) × **2** 2 / 3

4 덧셈표에서 규칙을 찾아볼까요 148쪽~149쪽

1 (1) 1, 1, 1, 1, 1 / 1 (2) 1, 1, 1, 1, 1 / 1

2

+	0	1	2	3	4	5	6	7
0	0	1	2	3	4	5	6	7
1	1	2	3	4	5	6	7	8
2	2	3	4	5	6	7	8	9
3	3	4	5	6	7	8	9	10
4	4	5	6	7	8	9	10	11
5	5	6	7	8	9	10	11	12
6	6	7	8	9	10	11	12	13
7	7	8	9	10	11	12	13	14

3 ↘에 ○표, 2

4 (○)
( )

5 ㉡, ㉣

2 세로줄과 가로줄이 만나는 곳에 두 수의 합을 써넣습니다.

3 0, 2, 4, 6, 8, 10, 12, 14로 ↘ 방향으로 갈수록 2씩 커집니다.

5 ㉠ 짝수와 홀수가 반복됩니다.
㉢ 같은 줄에서 오른쪽으로 갈수록 1씩 커집니다.

5 곱셈표에서 규칙을 찾아볼까요 150쪽~151쪽

1 (1) 3, 3, 3, 3, 3 / 3, 3 (2) 4, 4, 4, 4, 4 / 4, 4

2~3

×	1	2	3	4	5	6	7
1	1	2	3	4	5	6	7
2	2	4	6	8	10	12	14
3	3	6	9	12	15	18	21
4	4	8	12	16	20	24	28
5	5	10	15	20	25	30	35
6	6	12	18	24	30	36	42
7	7	14	21	28	35	42	49

4 7 **5** (1) ○ (2) × (3) ○

2 세로줄과 가로줄이 만나는 곳에 두 수의 곱을 써넣습니다.

3 5단 곱셈구구이므로 5씩 커집니다. 가로줄(→ 방향)에서 5단 곱셈구구를 찾아 색칠합니다.

4 7단 곱셈구구이므로 7씩 커집니다.

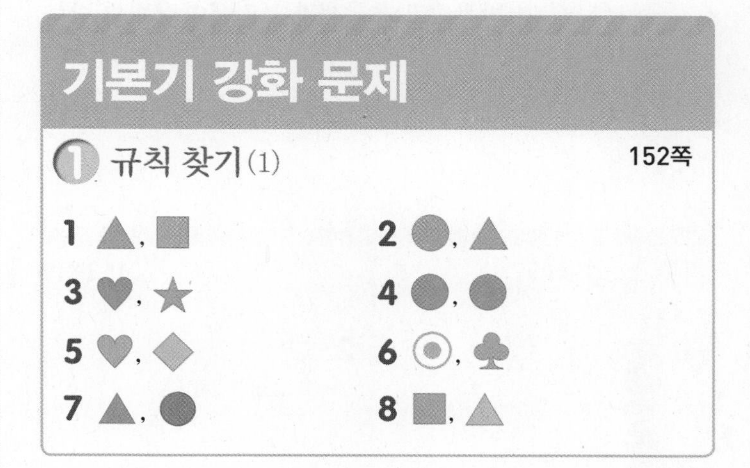

기본기 강화 문제

① 규칙 찾기(1) 152쪽

1 ▲, ■ **2** ●, ▲
3 ♥, ★ **4** ●, ●
5 ♥, ◆ **6** ◉, ♣
7 ▲, ● **8** ■, ▲

1 ■, ▲가 반복됩니다.
따라서 □ 안에 알맞은 모양은 ▲, ■입니다.

2 ■, ●, ▲가 반복됩니다.

3 ●, ♥, ★가 반복됩니다.

4 ◆, ●, ●가 반복됩니다.

5 ♥, ♥, ◆가 반복됩니다.

6 ♣, ◉, ♣가 반복됩니다.

7 ▲, ●, ●, ▲가 반복됩니다.

8 ■, ▲, ●, ▲가 반복됩니다.

② 규칙 찾기(2) 152쪽

1 ▲, ■ **2** ♥, ▶
3 ▼, ■ **4** ♥, ★
5 ♣, ●, ♣ **6** ◆, ●

1 ○, △, □가 반복되고 빨간색과 주황색이 반복됩니다.

2 ◇, ♡, ▷가 반복되고 초록색과 파란색이 2번씩 반복됩니다.

3 ▽, ▽, □가 반복되고 빨간색 1번, 주황색 2번씩 반복됩니다.

4 ☆, ♡가 반복되고 빨간색, 주황색, 파란색이 반복됩니다.

5 ♧, ○, ♧가 반복되고 주황색과 파란색이 반복됩니다.

6 ○, ◇, ○가 반복되고 초록색과 보라색이 2번씩 반복됩니다.

③ 규칙 찾기(3) 153쪽

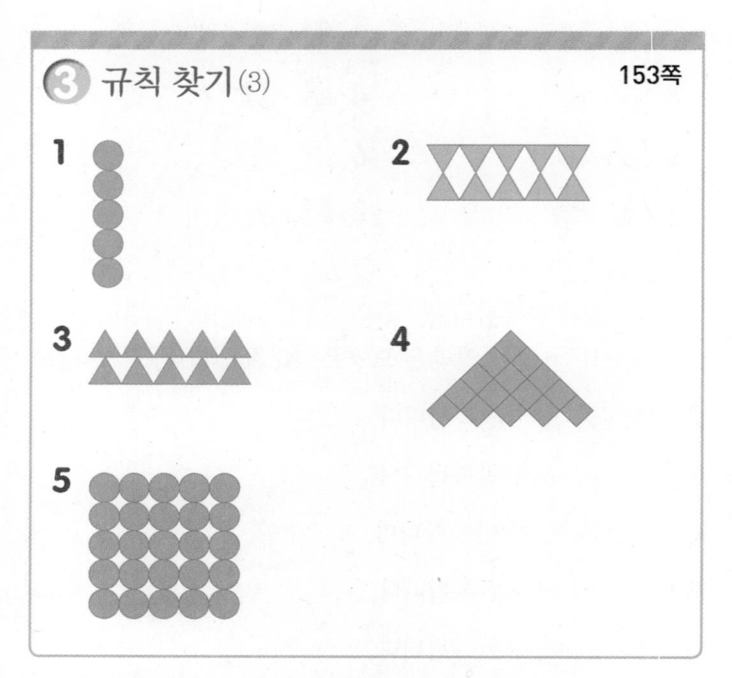

1 ●가 위쪽으로 하나씩 붙는 규칙입니다.

4 ◆가 위에서부터 1개, 2개, 3개, 4개, 5개, ... 아래쪽으로 붙는 규칙입니다.

5 ●의 수가 1개, 2×2(개), 3×3(개), 4×4(개), 5×5(개), ...가 되는 규칙입니다.

④ 소리 규칙 만들기 154쪽

1 1, 1, 3, 2, 1, 1 / 예 1, 1, 3, 2가 반복되고 있습니다.

2 1, 3, 2, 1, 3 / 예 1, 3, 2가 반복되고 있습니다.

⑤ 무늬 만들기 155쪽

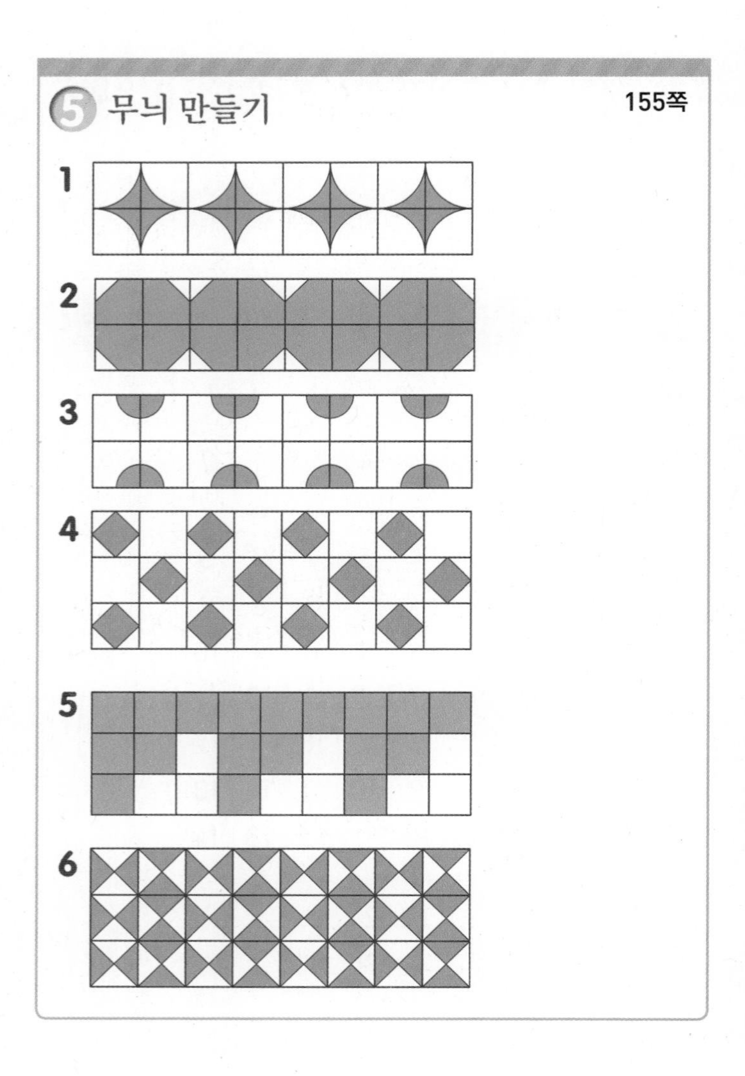

⑥ 쌓은 모양에서 규칙 찾기 155쪽

1 1, 3

2 1

3 3, 2

4 1, 2

⑦ 규칙을 찾아 쌓기나무의 수 구하기 156쪽

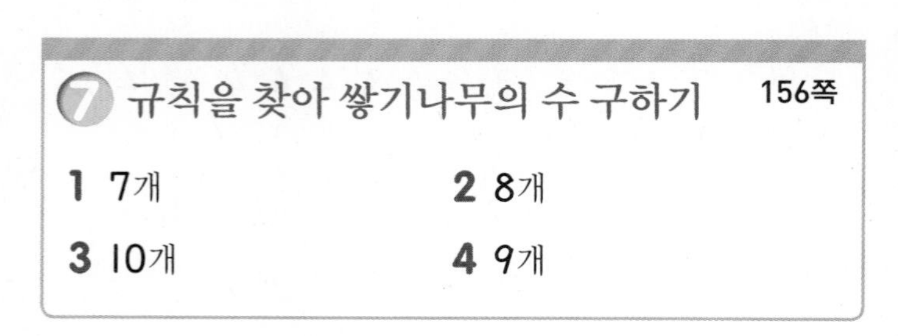

1 7개

2 8개

3 10개

4 9개

1 쌓기나무의 수가 1개, 3개, 5개로 2개씩 늘어나는 규칙입니다. 따라서 빈칸에 필요한 쌓기나무는 모두 7개입니다.

2 쌓기나무의 수가 2개, 4개, 6개로 2개씩 늘어나는 규칙입니다. 따라서 빈칸에 필요한 쌓기나무는 모두 8개입니다.

3 쌓기나무의 수가 1개, 4개, 7개로 3개씩 늘어나는 규칙입니다. 따라서 빈칸에 필요한 쌓기나무는 모두 10개입니다.

4 쌓기나무의 수가 1개, 5개, □개, 13개로 4개씩 늘어나는 규칙입니다. 따라서 빈칸에 필요한 쌓기나무는 모두 9개입니다.

8 덧셈표 완성하고 규칙 찾기 157쪽

1

+	2	4	6	8	10	12	14	16
2	4	6	8	10	12	14	16	18
4	6	8	10	12	14	16	18	20
6	8	10	12	14	16	18	20	22
8	10	12	14	16	18	20	22	24
10	12	14	16	18	20	22	24	26
12	14	16	18	20	22	24	26	28
14	16	18	20	22	24	26	28	30
16	18	20	22	24	26	28	30	32

2 짝수에 ○표 **3** 2

4 (1) ○ (2) ×

5 예 ↘ 방향으로 갈수록 4씩 커집니다.

5 ↖ 방향으로 갈수록 4씩 작아집니다.

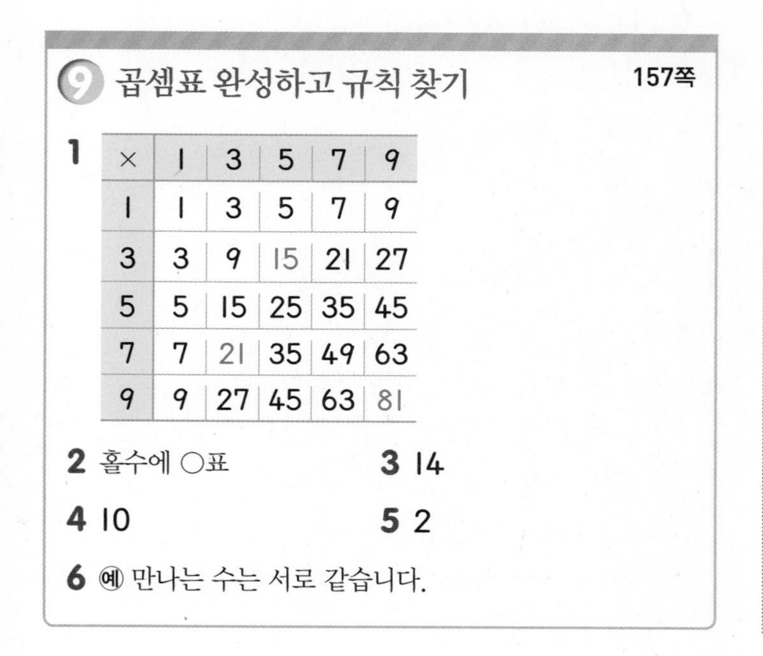

9 곱셈표 완성하고 규칙 찾기 157쪽

1

×	1	3	5	7	9
1	1	3	5	7	9
3	3	9	15	21	27
5	5	15	25	35	45
7	7	21	35	49	63
9	9	27	45	63	81

2 홀수에 ○표 **3** 14

4 10 **5** 2

6 예 만나는 수는 서로 같습니다.

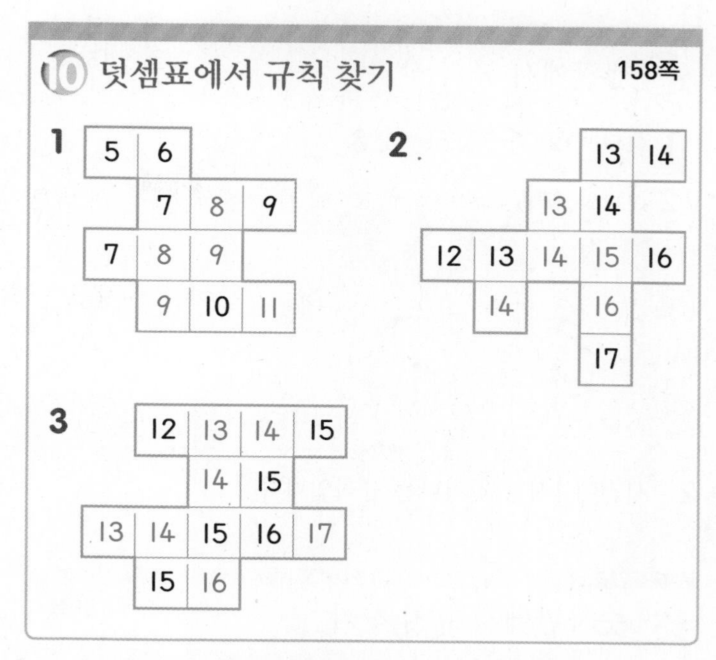

10 덧셈표에서 규칙 찾기 158쪽

1

5	6		
	7	8	9
7	8	9	
	9	10	11

2

			13	14
		13	14	
12	13	14	15	16
	14		16	
			17	

3

	12	13	14	15
		14	15	
13	14	15	16	17
	15	16		

1 오른쪽으로, 아래쪽으로 갈수록 1씩 커집니다.

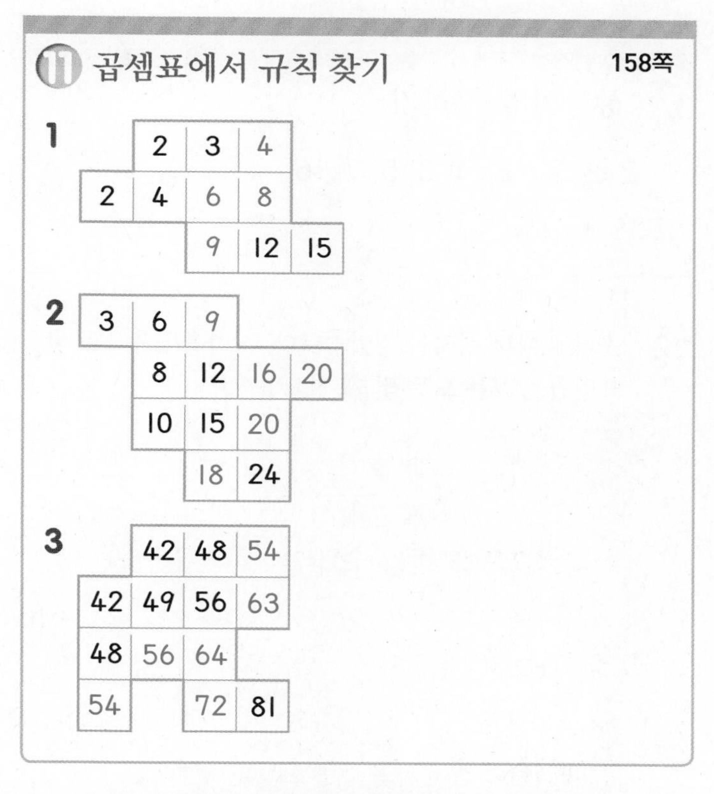

11 곱셈표에서 규칙 찾기 158쪽

1

	2	3	4	
2	4	6	8	
		9	12	15

2

3	6	9		
	8	12	16	20
	10	15	20	
		18	24	

3

	42	48	54
42	49	56	63
48	56	64	
54		72	81

1 첫째 줄은 오른쪽으로 갈수록 1씩 커지므로 1단, 둘째 줄은 오른쪽으로 갈수록 2씩 커지므로 2단, 셋째 줄은 오른쪽으로 갈수록 3씩 커지므로 3단 곱셈구구의 일부입니다.

2 첫째 줄은 3단, 둘째 줄은 4단, 셋째 줄은 5단, 넷째 줄은 6단 곱셈구구의 일부입니다.

3 첫째 줄은 6단, 둘째 줄은 7단, 셋째 줄은 8단, 넷째 줄은 9단 곱셈구구의 일부입니다.

12 생활에서 규칙 찾기 159쪽

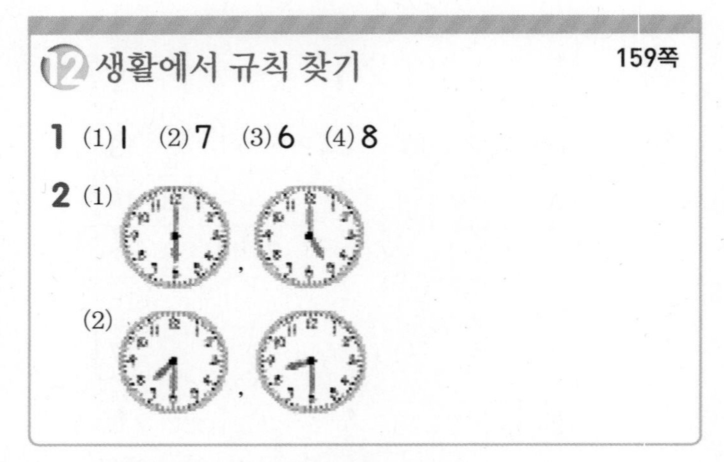

1 (1) 1 (2) 7 (3) 6 (4) 8

2 (1) (clocks), (clocks)
(2) (clocks), (clocks)

2 시간이 1시간씩 지나는 규칙입니다.

13 숫자판에서 규칙 찾기 159쪽

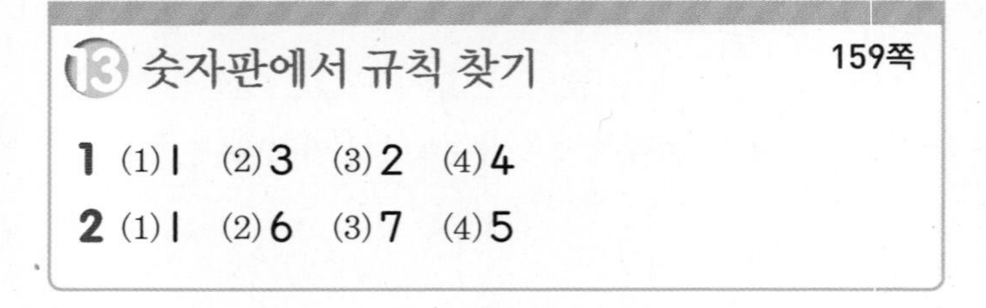

1 (1) 1 (2) 3 (3) 2 (4) 4

2 (1) 1 (2) 6 (3) 7 (4) 5

14 상자의 수 구하기 160쪽

1 2, 2, 2 / 2 / 1, 3, 5, 7, 16

2 15개

2 규칙에 따라 상자를 쌓았습니다. 상자를 5층으로 쌓으려면 **상자는 모두 몇 개** 필요할까요?

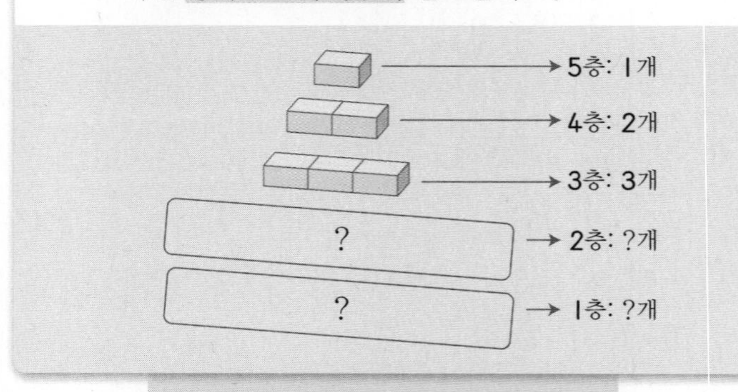

1층~5층 상자의 수를 모두 더하면?

5층	4층	3층	2층	1층
1	2	3	4	5

+1 +1 +1 +1

아래층으로 갈수록 상자의 수가 1개씩 늘어나는 규칙입니다.
따라서 5층으로 쌓을 때 필요한 상자는 모두
$1+2+3+4+5=15$(개)입니다.

15 의자의 번호 구하기 161쪽

1 ㉗, ㊳ / 11, 11, 11 / 11 / 38

2 52번

2 1의 공연장에서 유진이의 자리가 마열 여덟째일 때 유진이가 앉을 **의자의 번호는 몇 번**일까요?

↓ 방향으로 갈수록 번호가 몇씩 커지는지 구합니다.

8부터 11씩 커지는 수를 구하면?

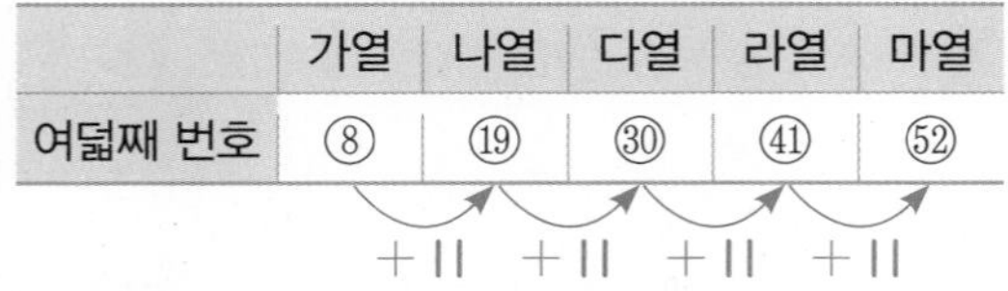

	가열	나열	다열	라열	마열
여덟째 번호	⑧	⑲	㉚	㊶	◯52

+11 +11 +11 +11

↓ 방향으로 의자의 번호는 11씩 커집니다.
따라서 유진이가 앉을 의자의 번호는 52번입니다.

단원 평가 ❶ 162쪽~163쪽

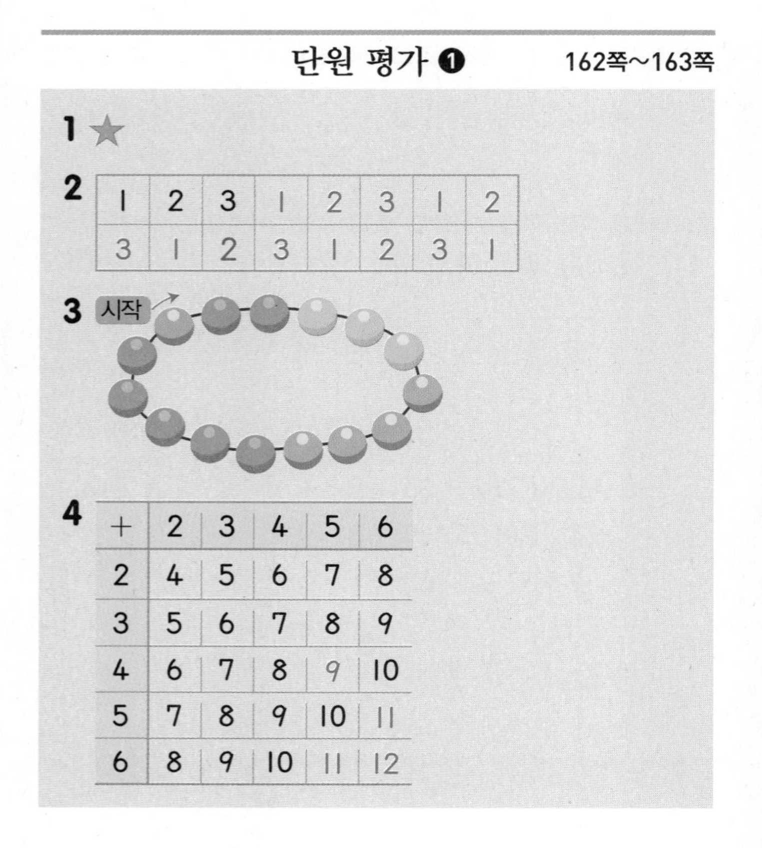

1 ★

2

1	2	3	1	2	3	1	2
3	1	2	3	1	2	3	1

3 시작

4

+	2	3	4	5	6
2	4	5	6	7	8
3	5	6	7	8	9
4	6	7	8	9	10
5	7	8	9	10	11
6	8	9	10	11	12

5 1

6

×	3	4	5	6	7
3	9	12	15	18	21
4	12	16	20	24	28
5	15	20	25	30	35
6	18	24	30	36	42
7	21	28	35	42	49

7 ㉡

8 예 ① 오른쪽으로 갈수록 1씩 커집니다.
② 위쪽으로 갈수록 3씩 커집니다.

9 10개

10 6일, 13일, 20일, 27일

1 ★, ●가 반복됩니다.

3 파란색, 빨간색, 노란색이 1개씩 늘어나는 규칙입니다.

5 6, 7, 8, 9, 10으로 아래쪽으로 갈수록 1씩 커집니다.

6 6단 곱셈구구이므로 6씩 커집니다. 세로줄(↓ 방향)에서 6단 곱셈구구를 찾아 색칠합니다.

7 ㉠ 4단 곱셈구구이므로 4씩 커집니다.
㉡ ↙ 방향으로는 수가 일정하게 커지거나 작아지지 않습니다.
㉢ 점선을 따라 접으면 만나는 수가 서로 같습니다.

8 예 ↘ 방향으로 갈수록 2씩 작아집니다.
↗ 방향으로 갈수록 4씩 커집니다.

서술형 문제
9 예 쌓기나무의 수가 1개, 4개, 7개로 3개씩 늘어납니다. 따라서 다음에 이어질 모양에 쌓을 쌓기나무는 모두 $7+3=10$(개)입니다.

단계	문제 해결 과정
①	쌓기나무의 수가 늘어나는 규칙을 찾았나요?
②	다음에 이어질 모양에 쌓을 쌓기나무는 모두 몇 개인지 구했나요?

서술형 문제
10 예 5월은 31일까지 있고, 아래쪽으로 갈수록 7씩 커집니다.
따라서 화요일의 날짜는 6일, $6+7=13$(일), $13+7=20$(일), $20+7=27$(일)입니다.

단계	문제 해결 과정
①	아래쪽으로 갈수록 날짜가 몇씩 커지는지 찾았나요?
②	화요일의 날짜를 모두 구했나요?

단원 평가 ❷ 164쪽~165쪽

1 ◆, ♥

2 (○) ( )

3 1 / 1

4

10	11		
	12	13	
12	13	14	15
	14		

5

×	3	4	5	6
5	15	20	25	30
6	18	24	30	36
7	21	28	35	42
8	24	32	40	48

6 예 위쪽으로 갈수록 5씩 커집니다.

7

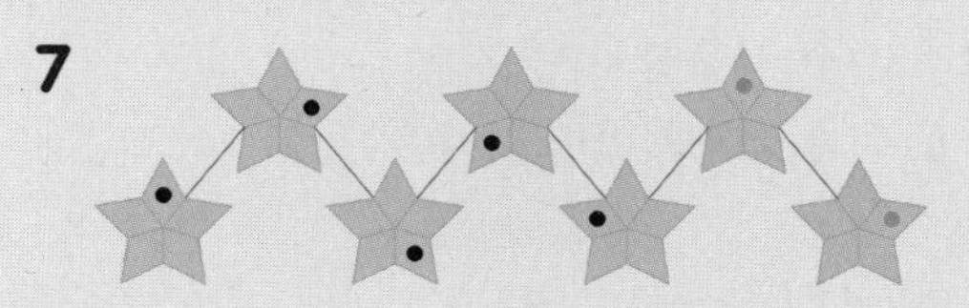

8 11시 45분

9 32개

10 19번

1 ♥, ◆, ♥가 반복됩니다.

2 가 1개씩 늘어납니다.

3 ↙ 방향으로 같은 수들이 있습니다.
↘ 방향으로 2씩 커집니다. 등 여러 가지 규칙이 있습니다.

4 오른쪽으로, 아래쪽으로 갈수록 1씩 커집니다.

5

×	3	4	㉠	6
5	15	20	25	30
6	18	24	30	36
7	21	28	35	42
㉡	24	32	40	48

세로줄과 가로줄이 만나는 곳에 두 수의 곱을 써넣습니다.
$5\times$㉠$=25$에서 $5\times5=25$이므로
㉠$=5$입니다.
㉡$\times3=24$에서 $8\times3=24$이므로
㉡$=8$입니다.

6 ↖ 방향으로 갈수록 4씩 커집니다. ↗ 방향으로 갈수록 6씩 커집니다. 등 여러 가지 규칙이 있습니다.

7 ①②③④⑤ 일 때 ①→②→③→④→⑤의 순서로 움직입니다.

서술형 문제

8 예 평일은 버스가 15분 간격으로 출발합니다. 따라서 ㉠에 알맞은 시각은 11시 30분에서 15분 후인 11시 45분입니다.

단계	문제 해결 과정
①	평일 버스 출발 시각의 규칙을 찾았나요?
②	㉠에 알맞은 시각을 구했나요?

9 쌓기나무의 수가 2개, 6개, 10개로 아래층으로 갈수록 4개씩 늘어납니다. 따라서 4층으로 쌓을 때 필요한 쌓기나무는 모두

$2+6+10+14=32$(개)입니다.

서술형 문제

10 예 사물함 번호가 1, 5, 9로 오른쪽으로 갈수록 4씩 커집니다. 따라서 ♣ 사물함의 번호는

$7+4+4+4=19$(번)입니다.

단계	문제 해결 과정
①	사물함 번호의 규칙을 찾았나요?
②	♣ 사물함의 번호를 구했나요?

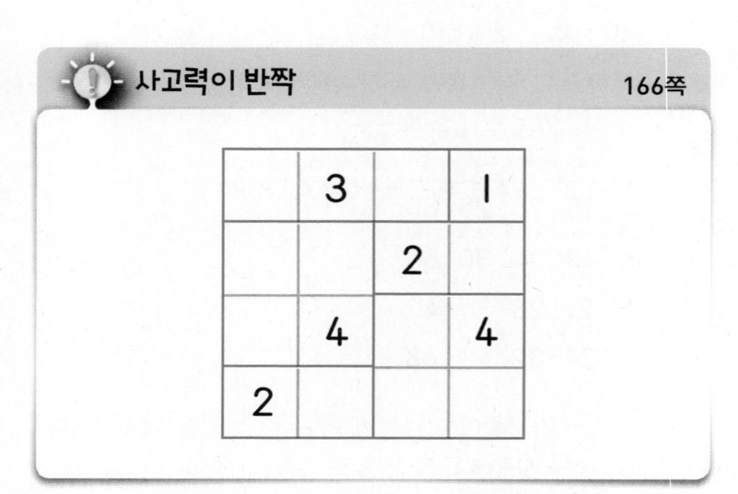

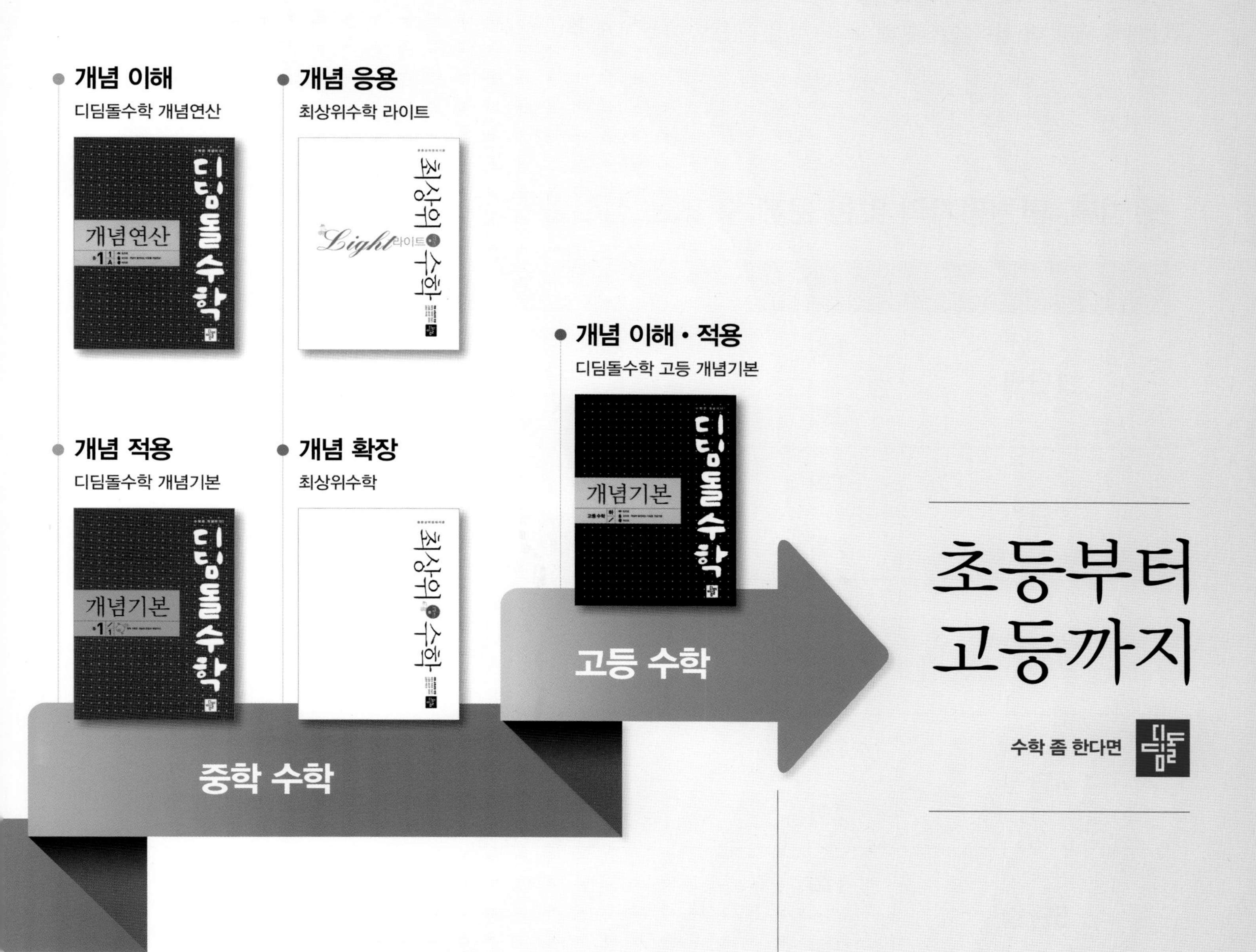

개념을 이해하고, 깨우치고, 꺼내 쓰는
올바른 중고등 개념 학습서

다음에는 뭐 풀지?

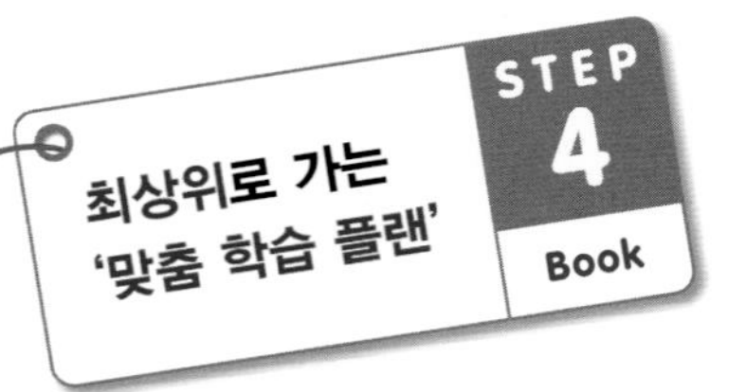

다음에 공부할 책을 고르기 어려우시다면, 현재 성취도를 먼저 체크해 보세요.
최상위로 가는 맞춤 학습 플랜만 있다면 내 실력에 꼭 맞는 교재를 선택할 수 있어요!
단계에 따라 내 실력을 진단해 보고, 다음 학습도 야무지게 준비해 봐요!

첫 번째, 단원평가의 맞힌 문제 수 또는 점수를 모두 더해 보세요.

단원		맞힌 문제 수	점수 (문항당 5점)
1단원	1회		
	2회		
2단원	1회		
	2회		
3단원	1회		
	2회		
4단원	1회		
	2회		
5단원	1회		
	2회		
6단원	1회		
	2회		
합계			

※ 단원평가는 각 단원의 마지막 코너에 있는 20문항 문제지입니다.